辽粳 931

辽优 5218

中鉴100

中鉴100的稻米

中鉴100

中早21

2

中健2号植株群体
及其稻米状

中香1号

3

优IA/974

始穗6/24　　齐穗6/27

I 优974

优 I 66

优 1A/66

4

两优培九

D优多系1号

D优多系1号

II优 7954

甬优 3 号

甬优 3 号

6

D 优 68

协优 559

协优 9308

汕优 111

8

宜香 1577

光亚 2 号

9

冈优 527

D优 527

D 优 527

10

# D 优 527

### D62A／蜀恢 527

D 优 527 近影

甬优 4 号

11

K 优 818

丰华占

华航 1 号植株群体、
稻穗及谷粒

Ⅱ优明 86

中 9A/838

播种：6/17　移栽：7/23

始穗：9/06　齐穗：9/11

中优 838

中优 66

中 9A/66

播种：4/6　始穗：7/2

14

新香优 80

楚粳 23

15

凤稻 14 植株群体及稻穗、稻米状况

高产 优质 抗寒品种

**安粳** 698

安粳 698

粮棉油草良种引种丛书

# 水 稻
# 良种引种指导

SHUIDAO
LIANGZHONG YINZHONG ZHIDAO

曹立勇　唐绍清　主编

金盾出版社

# 内 容 提 要

　　本书是我国水稻良种引种方面的第一本专著。书中在阐述水稻良种引种的重要性、良种标准、种子质量的鉴定与识别、水稻引种方法的基础上,按品种来源、品种特征特性、栽培技术要点、品种适应性及适种地区、选育单位等内容,着重对北方地区、长江流域、华南地区和云贵高原的粳稻、籼稻和杂交稻共308个优良品种,逐一做了详细的介绍,并附录了每个水稻优良品种的供种单位及其地址与邮编。全书内容系统丰富,语言通俗易懂,所介绍良种比较齐全,叙述简明扼要,种植技术先进实用,是认识、选择、引种好水稻良种,提高水稻种植经济效益,增强我国稻米在世界市场竞争力的良师益友。

**图书在版编目(CIP)数据**

　　水稻良种引种指导/曹立勇,唐绍清主编.—北京:金盾出版社,
2004.3
　　(粮棉油草良种引种丛书)
　　ISBN 978-7-5082-2870-9

　　Ⅰ.水… 　Ⅱ.①曹…②唐… 　Ⅲ.水稻-引种 　Ⅳ.S511.022

　　中国版本图书馆 CIP 数据核字(2004)第 007032 号

**金盾出版社出版、总发行**
北京太平路 5 号(地铁万寿路站往南)
邮政编码:100036　电话:68214039　83219215
传真:68276683　网址:www.jdcbs.cn
彩色印刷:北京百花彩印有限公司
黑白印刷:北京金星剑印刷有限公司
装订:东杨庄装订厂
各地新华书店经销
开本:850×1168 1/32　印张:13.5　彩页:16　字数:332 千字
2010 年 9 月第 1 版第 4 次印刷
印数:22001—28000 册　定价:23.00 元

# 《水稻良种引种指导》编著人员

## 顾　问

程式华　胡培松

## 主　编

曹立勇　唐绍清

## 编著者

庄杰云　杨仕华　陈深广　吴明国
沈希宏　袁守江　焦桂爱　占小登

# 序 言

　　种是农业"八字宪法"的核心,它既是生产资料,又是体现现代科学技术的载体。选用具有优良生产性能和加工品质的作物品种,是实现高产高效农业的重要前提。

　　新中国成立以来,我国作物育种工作者培育了一批又一批的农作物优良品种,为农业生产的发展和科学种田水平的提高做出了卓越贡献,使得我国农业能以占全球百分之七的耕地养活占世界百分之二十二的人口,成为举世瞩目和公认的巨大成功。近些年来,随着新的先进、实用技术的运用,我国在粮食、棉花、油料和饲用作物方面,又陆续培育出许多新的优良品种,促进了良种的更新换代,也推动了农业现代化的进一步发展。

　　但是,我国地域辽阔,各地气候、土壤差异较大,生产水平、栽培条件各有不同,而各类作物的每一品种又都有其一定的地区适应性和对栽培条件的要求。在生产实践中,如何正确地选用、引进适合本地区条件的优良品种,并使良种良法配套,做到种得其所,地尽其利,物尽其用,仍然是一个普遍存在和十分现实的问题。

　　为此,金盾出版社邀请有关专家编写了"粮棉油草良种引种指导"丛书,分九个分册,分别介绍了水稻、小麦、玉米、小杂粮、棉花、大豆与花生、油菜与芝麻、饲料作物、牧草等最新育成的优良品种与引种注意事项。编撰者都是活跃在本专业生产与科研第一线的行家,他们深知优良品种都有其地区(包括肥水)适应性,不可能完美无缺,所以在编写中,本着科学、实用的原则,慎选精华,一分为二,既突出优点,又指明缺点,并针对引种经常或可能出现的问题提出指导性意见或应注意事项;同时有部分品种还附有植株、穗部和籽粒的彩色照片,做到图文并茂。我相信,此套丛书的出版,可为作物引种工作者、基层农业干部和技术推广人员,特别是广大从事种植业生产的农户,提供一部便于寻找、检索良种信息和通过比较后确定最适于生产试种品种的工具书,起到宣传、普及农业实用科学技术的作用。

中国农业科学院研究员
中国科学院院士

2003 年 7 月 1 日

# 前 言

目前,食物、人口、环境和能源成为国际社会面临的四大重要问题。全球粮食库存量减少,7亿人面临饥荒,加上未来30年中人口将增加25亿,因而粮食形势非常严峻。水稻作为最主要的粮食作物之一,处于非常重要的地位。优良的水稻品质,在增加粮食、提高效益、节约能源和减少环境污染等方面,均有举足轻重的作用。因此,提高水稻产量,改进稻米品质,增加品种抗性,是农业科学研究与生产的热点和重点。

水稻是高产稳产作物。选育和推广水稻优良品种,对促进我国稻作生产的发展,历来起着极其重要的作用。1949年,我国水稻平均每667平方米(1亩,下同)产量仅51千克,而目前已提高到410千克左右,增长3倍多。这与我国水稻生产大力推广良种,是分不开的。

《水稻良种引种指导》主要介绍了近几年来,通过国家和各省、自治区和直辖市审定的主要杂交水稻组合和常规水稻良种,及其熟期、株高、分蘖力、米质和抗性等性状,栽培技术要点与品种的适宜种植区域,可供各级农业推广部门和广大农民引种、推广作参考。期望本书能为我国加快农业结构调整步伐,促进农业增效和农民增收,产生积极的作用。

在本书编写过程中,我们参考了稻种资源学、作物育种学、水稻育种学、中国水稻、杂交水稻、中国稻米等专著和杂志,并得到了农业部全国种子总站和各省种子管理站的大力支持，在此深表谢意。

　　本书是一部反映近几年来通过国家和各省、自治区、直辖市审定的主要杂交水稻组合和常规水稻良种的专著，涉及面较广。虽然我们在编写时尽了最大努力，但由于时间仓促，所查阅的资料有限，故书中不足之处难免，敬请读者批评指正。

编 著 者

SHUIDAO LIANGZHONG YINZHONG ZHIDAO

# 目　录

## 第三章　水稻良种引种的原则和方法

## 第四章　北方水稻良种引种

# 第五章　长江流域水稻良种引种

## 第六章　华南水稻良种引种

## 第七章　云贵高原稻区水稻良种引种

· 14 ·

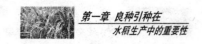
# 第一章 良种引种在水稻生产中的重要性

## 一、水稻生产现状及发展趋势

### (一)水稻生产的现状

民以食为天。在粮食作物中,水稻具有举足轻重的地位。我国有一半以上的人口以稻米为主食。与其它粮食作物相比,水稻产量高而稳,适应性强,稻米食味和营养价值高,所以特别被人们所喜爱。据统计,2002年中国水稻种植面积为2843万公顷,占粮食作物总面积的27.2%;稻谷总产量达到1.757亿吨,占粮食总产量的39.2%。平均667平方米产量为413.3千克,比世界667平方米平均产量高38.3%,在主要产稻国家中名列前茅,稻谷总产量占世界稻谷总产量的32.25%,为世界第一。在增产粮食、养育我国13亿人口的伟大事业中,水稻仍将为谷中之秀。

水稻是高产稳产作物。选育和推广水稻优良品种,对促进我国稻作生产的发展,历来起着极其重要的作用。1949年,我国水稻平均667平方米产量仅126千克,而到目前,水稻平均667平方米产量,已提高到410多千克,增长3倍多。这是与我国大力推广水稻良种是分不开的。

从20世纪50年代至今,我国水稻育种经历了四次飞跃,进入一个蓬勃发展的新时期,1956年,广东省潮阳县的农民育种家洪春利和洪群英,在早籼南特16号田中选得矮秆优良单株,迅速培育出我国第一个矮秆良种矮脚南特,并在我国南方稻区推广,普遍受到欢迎。与此同时,广东省农业科学院引进矮秆品种广西矮仔占,广西壮族自治区农业科学研究所利用矮秆品种秋矮133号,采用杂交育种方法,育成了第一批矮秆早晚籼良种广场矮、珍珠矮和包胎矮等。这批良种以矮秆、多穗、根群发达和株型紧凑为主要特征,表现出独特的增产和稳产性能。从此,我国水稻生产由于密植、足肥和台风引起的倒伏减产,基本上得到控制,水稻产量显著提高。

从20世纪60年代中后期起,我国华南和长江流域各省稻区,相继实现了水稻良种矮秆化。我国的矮化育种,推动着我国南方各省稻作制度的改革,双季稻和三熟制稻作面积得到发展和巩固,对于促进我国水稻良种科学技术的发展,具有重大的现实意义和深远的指导意义。

20世纪60年代后期,我国南方开展水稻杂交优势利用的研究。经过广大农业科技人员和群众的协同努力,很快于1973年实现三系配套,杂交水稻终于培育成功。1974年起,在全国主要稻区掀起了扩大示范推广和研究杂交水稻的热潮。实践证明,杂交水稻具有旺盛的生长势,发达的根群,穗大粒多,光合同化率高,能在水稻良种矮秆化的基础上,进一步提高大面积水稻的产量,推动我国水稻生产向更高的水平发展,也为自花授粉作物的杂交优势的利用研究展示了新的前景。

20世纪70年代辐射诱变在水稻育种上的应用取得许多显著成果。之后,我国单倍体诱导技术在水稻育种上的应用成功,是水稻育种科学技术中又一项重要研究成果。我国的研究表明,应用组织培养技术和细胞遗传学原理,培育单倍体稻株,经染色体加倍和选择鉴定而产生的新品种,具有性状稳定快的优点。我国花药或花粉培育技术不断出现新的研究成果,而且这项育种技术与水稻育种其它技术和途径结合,加快了我国水稻育种工作的步伐,使水稻育种科学不断出现新面貌。

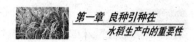

# （二）水稻分子育种的新进展

在最近的十几年中，水稻基因组研究取得了突飞猛进的发展，建立了致密的分子连锁图，定位了大量控制重要性状的主效和微效基因，克隆了控制白叶枯病抗性、稻瘟病抗性、株高、生育期和分蘖等重要性状的功能基因，完成了全基因组 DNA 序列的精细测定，功能基因组研究也已全面展开。随着水稻基因组研究的发展，一种新型的育种技术——分子育种技术，在水稻育种应用中逐步得到发展和完善。

水稻分子育种，在基因导入方法、抗性育种、品种改良和综合性状改良等领域，近年取得了新进展。

## 1. 基因导入方法

1984 年，首次报道了外源基因成功导入高等植物的研究结果，应用根癌农杆菌 Ti 质粒将外源基因导入烟草。20 世纪 80 年代末期，若干研究组先后在水稻转基因上获得成功。1994 年，报道了应用农杆菌介导转化粳稻品种日本晴的成功范例。在农杆菌介导的转化中，外源 DNA 一般以单拷贝或寡拷贝的形式整合入受体基因组中。因此，该方法在水稻转基因研究中得到越来越广泛的应用。

## 2. 抗性育种

与其它作物的转基因研究类似，抗性育种是水稻转基因育种进展最快的领域，涉及抗除草剂、抗虫、抗病和抗逆等多种性状：

第一，在水稻抗除草剂转基因研究中，Bar 基因的应用最多，现国内外都已获得转 Bar 基因的稳定品系，并获得多个抗除草剂转基因杂交水稻组合。

第二，在水稻抗虫转基因研究中，应用了 B.t 毒蛋白基因 *CryIAb*、豇豆胰蛋白酶抑制基因 *CpTI* 和雪花凝集素 *GNA* 等外源基

因。其中以来自苏云金杆菌的 B. t 毒蛋白基因应用最广泛,转 *CryIAb* 基因水稻材料对鳞翅目昆虫具有较强的毒杀作用,特别对螟虫的效果尤为理想。

第三,在水稻抗病转基因研究中,应用了抗菌肽 B 基因(Cecropin B)、几丁质酶基因 *CHI*11、外壳蛋白基因 *CP*、无花粉蛋白基因 *TCS* 等外源基因和 *Xa*21 等水稻野生近缘种或水稻栽培种的基因,提高了水稻对稻瘟病、白叶枯病、纹枯病和细条病等多种病害的抗性。

第四,在水稻抗逆转基因研究中,应用磷酸甘露醇脱氢酶基因、谷胱苷肽转移酶基因和 Naat 铁高效吸收基因,提高了水稻材料对盐害、低温和低铁等不良环境胁迫的耐性。

**3. 品质改良**

营养品质也是迄今为止水稻转基因研究的重要对象。它主要包括两方面的内容:第一,改良稻米和稻米制品本身的营养品质。通过反义 *Wx* 基因的导入,降低了水稻的直链淀粉含量,改良了水稻品种的蒸煮品质;通过反义谷蛋白基因的导入,降低了稻米中的谷蛋白含量,改良了水稻品种的酿酒品质。第二,将水稻作为一种生物反应器,提供人体所需的营养元素和抗病蛋白。通过番茄红素相关基因 $\beta - lcy$ 和 $psy$ 的导入,提高了稻谷中的维生素 A 含量;通过人类抗菌裂解酶基因和转录因子 REB 的导入,使人类母乳中具有杀菌作用的裂解酶蛋白,在水稻胚乳中高效合成。

**4. 综合性状改良**

水稻转基因研究,涉及水稻的抽穗期、株高等其它重要农艺性状。而且,水稻转基因研究在多基因聚合上的应用,日益受到重视。除了多个功能基因的共转化外,转基因技术和分子标记辅助选择的结合,是主要的发展趋势。例如,国际水稻研究所结合利用转抗白叶枯病 *Xa*21 基因和分子标记辅助选择抗稻瘟病基因 *Pi* –

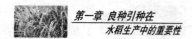

*Za*,获得了兼抗白叶枯病和稻瘟病的优良品系;结合应用常规杂交方法、分子标记辅助选择,以及转 *B. t* 基因材料、转 *Xa*21 基因材料、转激酶基因材料的应用,获得了兼具抗病和抗虫特性的新型水稻品系。

水稻分子标记辅助育种,是在基因定位基础上,借助与有利基因紧密连锁的 *DNA* 标记,在群体中选择具有某些理想基因型和基因型组合的个体,结合经典育种手段,培育新品种。又称为分子标记辅助选择(MAS,marker assisted selection )。

自 1988 年第一张水稻分子连锁图谱发表以来,日本基因组计划和美国 Cornell 大学分别构建了致密的分子连锁图谱。而且,以 PCR 为基础、检测简便的水稻微卫星标记图谱已构建,水稻微卫星标记已达 2 000 余个,水稻 MAS 的标记丰富性、多态性和检测简便性问题已基本解决。水稻 MAS 已取得初步成功,育成品种已开始在生产上应用。如国际水稻研究所开展的水稻抗白叶枯病基因聚合研究,他们以 IR24 为轮回亲本,获得分别携带 *Xa*4、*Xa*5、*Xa*13 和 *Xa*21 的近等基因系,通过几轮杂交和分子标记辅助选择后,获得分别携带 1 个、2 个、3 个和 4 个抗性等位基因的一整套近等基因系。直接和间接应用这些抗白叶枯病聚合品系育成的水稻品种(组合),已在中国、印度与菲律宾等国家的生产上应用。除了抗白叶枯病基因的聚合研究外,国内外还开展了抗稻瘟病基因和广亲和基因等有利基因的聚合研究。

从作物改良的角度来看,功能基因组研究的主要目标,是鉴定一系列基因及调控因子,设计一个适于特定环境的基因型。水稻基因组的序列,提供了剖析单个基因对特定细胞功能贡献的起始点,利用全基因组分析工具和目的性状的生物学知识,鉴定参与目的性状代谢途径的一系列基因和调控因子,在遗传资源中寻找理想的等位基因,最终通过常规育种结合标记辅助选择或遗传工程,将目的基因导入栽培品种。

# 二、水稻良种引种的意义和重要性

## (一)水稻良种引种的意义

广义的引种,泛指从外地区和外国引进水稻新品系、新品种以及为育种和有关理论研究所需要的各种遗传资源材料。从当前生产需要出发,水稻引种系指从外地区或外国引进水稻新品种或新品系,通过适应性试验,直接在本地区或本国推广种植。这项工作虽然并不创造新品种,但却是解决生产发展上迫切需要新品种的迅速有效的途径。

## (二)我国水稻引种的成就

新中国建立以来我国的水稻引种取得了很大的成就,主要表现在:

### 1. 直接利用,推动生产

新中国成立以来,我国的水稻引种工作取得了很大的成绩,如水稻品种广陆矮4号及珍珠矮,从广东引至长江流域各省,三系杂交稻汕优63从福建引至整个南方稻区,至今仍为南方稻区三系杂交稻中种植面积最大的组合,它们一般比当地品种增产显著,在粮食生产中发挥了极大的增产作用。

除此以外,我国还从世界各国引入了大量的水稻品种、品系。许多优异国外品种在我国迅速推广,有效地提高了水稻产量和品质,产生了巨大的经济效益。根据统计,45年来,通过引种在生产上的直接利用,年种植面积在 6.667 万公顷(100 万亩)以上的国外品种有 19 个。如 1958 年从日本引进的粳稻品种世界(农垦 58)在

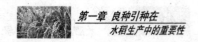

我国长江流域种植,表现高产、抗病、米质优良,20世纪60年代其种植面积迅速扩大,最大年种植面积达到306.667万公顷(4600万亩),累计种植面积在1000万公顷(1.5亿亩)以上。日本粳稻品种金南风(农垦57),最大年种植达到62万公顷(930万亩)。1976年从国际水稻研究所引入的籼稻品种IR28,表现矮秆、抗病、耐肥和高产,迅速在我国华南、华中推广,1978年种植面积达86.667万公顷(1300万亩)。1972年引入的IR24,其种植面积在1974年即达到42.667万公顷(640万亩),并成为我国杂交水稻的重要恢复系。

我国水稻良种引种所取得的巨大成就,说明了水稻良种引种对于水稻的生产具有极其重要的意义。

**2. 大面积利用杂种优势**

我国之所以能在20世纪70年代的短期内,实现杂交水稻三系配套的重大突破,使水稻杂种优势大面积应用于水稻生产,并一直居于世界领先的地位,这实际上是与引进国外的优异种质分不开的。

20世纪70年代以来,我国利用国外引进品种,通过测交、杂交和其它育种途径获得的重要恢复系,有IR24、IR26、IR30、IR36、IR9761-19、IR661、IR64、泰引1号、古154、测64、密阳46、水原287、26窄早、明恢63、桂34、C57和培C115等66个,占我国大面积利用恢复系总数的95.7%。野败核质互作不育恢复系IR24和IR26,引自国际水稻研究所,它与野败型不育系29南1号A、V20A和珍汕97A等组配的"24"、"26"系列组合,是我国杂交水稻早期生产上应用最广、种植面积最大的杂种组合,70年代后期和80年代前期的年种植面积达400余万公顷(6000余万亩)。恢复系测64来源于国际水稻研究所IR36的衍生品系IR976-19,它与野败、矮败、D型等雄性不育系组配而成的威优64、汕优64和协优64等杂交水稻,成为我国南方稻区80年代中期的主栽杂交组合。明恢63

是福建三明农业研究所,利用国际水稻研究所的 IR30 与我国的圭 630 杂交而成的恢复系,它与珍汕 97A、DA 和协青早 A 等配制的汕优 63、D 优 63、协优 63 等系列"63"组合,是当前我国杂交水稻种植面积最大,分布范围最广的籼型杂交稻,1989 年种植面积上亿亩,占我国杂交稻总面积的 50%。根据统计,利用国外不育质源在我国育成的不育系类型有 BT 型、冈型、D 型和印尼型等四种,占我国不育系类型总数的 50%。BT 型利用日本的包罗—台中 65A 的配子体不育基因,育成的不育系主要有黎明 A、秀岭 A、农虎 26A、六千辛 A 和寒丰 A 等。冈型利用西非品种冈比亚卡(Gambiaka kokum)的孢子体不育基因,育成的不育系主要有 D 珍汕 97A、D297A 和 D 朝阳 1 号等。印尼型利用印度尼西亚的印尼水田谷 6 号的孢子体不育基因,育成的不育系主要有 II－32A、青马早 A、优 I A、兰贝利 A 和平壤 9 号 A 等。

## (三)引种能充实育种物质基础, 丰富遗传资源

引种的作用不仅在于所引进的品种直接用于生产,更重要的是充实育种的物质基础和丰富遗传资源,以适应各种育种工作的需要。在籼粳亚种间杂交水稻的研究中,具有广亲和基因材料的筛选和利用是关键环节之一。近年来,我国已筛选出一批对籼粳稻具有广亲和性、生育期适宜和经济性状比较好的国外品种,用于三系法广亲和不育系和二系法光(温)敏不育系的选育。这些国外品种和种质包括:Padi、Bujang、Pendak、Aus373、Dular、Cpslo17、Ketan、Nangka、Bp176、N22、Moroberekan、Pecos、中国 91、IR58、培矮 64S、Lemont 和 Bellemont。上述广亲和种质的发掘和利用,是提高亚种间杂种 F1 结实率的重要物质基础,已使三系法籼粳亚种间杂交优势的大面积利用成为现实,使二系法籼粳亚种杂种优势利

用于生产的愿望成为可能。

但是,水稻引种工作亦有过失败的教训。如 20 世纪 50 年代后期,华中和华南地区引种北方粳稻,华南地区引种华东粳稻,由于不明稻种特性而导致减产。因此,品种引种必须遵循引种的原则和方法。

# 第二章　水稻良种标准及
# 种子质量鉴别

## 一、水稻良种标准

对于水稻良种,国家制定了具体的标准,并于 1997 年 6 月 1 日实行。这个标准规定,水稻常规种原种,纯度不得低于 99.9%,净度不低于 98.0%,发芽率不低于 85%,籼稻常规原种水分不高于 13.0%,粳稻常规原种水分不高于 14.5%。常规种良种纯度不低于 98.0%,净度不低于 98.0%,发芽率不低于 85%。常规种籼稻良种水分不高于 13.5%,粳稻良种的水分不高于 14.5%。

国家水稻良种标准又规定,不育系、保持系和恢复系的原种,纯度不低于 99.9%,净度不低于 98.0%,发芽率不低于 80%,水分不高于 13.0%;不育系、保持系和恢复系良种的纯度不低于 99.0%,净度不低于 98.0%,发芽率不低于 80%,水分不高于 13.0%。

国家水稻良种标准还规定,杂交种一级水稻良种纯度不低于 98.0%,净度不低于 98.0%,发芽率不低于 80%,水分不高于 13.0%;杂交种二级良种纯度不低于 96.0%,净度不低于 98.0%,发芽率不低于 80.0%,水分不高于 13.0%。

## 二、水稻种子质量的鉴别

水稻种子质量的鉴定与识别,分为扦样、检测和结果报告三部分。

# （一）扦 样

这是从大量水稻种子中,随机通过扦插而取得的一个重量适当、有代表性的供检样品。样品应由从种子批不同部位随机扦取若干次的小部分种子组成,然后将其对分递减或随机分取规定重量的样品。样品要具有代表性。

# （二）检 测

## 1. 净度分析

分析时,将水稻种子样品分成净种子、其它植物种子和杂质三种成分,测定出各成分的重量百分率。样品中的所有植物种子和杂质,要尽量加以鉴定。

## 2. 发芽试验

发芽试验是测定种子批的最大发芽潜力,以比较不同种子批的质量,并估测其田间播种价值。用净种子在适宜水分和规定发芽条件下进行试验,到幼苗适宜阶段后,按结果报告要求,检查每次重复过程,计数不同类型的幼苗。

## 3. 真实性和品种纯度鉴定

可用种子、幼苗和植株,进行送验样品真实性和纯度的鉴定。可把它与标准样品的种子进行比较,或将其幼苗和植株与同环境同发育阶段的标准样品的幼苗和植株进行比较。当品种的鉴定性状比较一致时,则要对异作物、异品种的种子、幼苗或植株进行计数。当鉴定性状一致性较差时,则对明显的变异株进行计数,并做出总评价。

## 4. 水分测定

种子水分是种子安全贮藏、运输的依据。测定时,必须使种子中自由水和束缚水全部除去,并尽量减少氧化、分解和其它挥发性物质的损失。

**5. 其它测定**

(1)生活力的生化测定  这是快速估测种子生活力的方法。进行时,以 2,3,5-三苯基氯化四氮唑(简称四唑,TTC)无色液体为指示剂,使它被种子活组织吸收后,接受活细胞脱氢酶中的氢,被还原成红色的不溶于水的三苯基甲臌,可依胚和胚乳组织的染色情况来区分有生活力与无生活力的种子。完全染色的,为有生活力的种子;完全不染色的,为无生活力的种子;部分染色的种子有无生活力,可依胚和胚乳坏死组织的部位和面积大小来决定,染色的深浅可判别组织是健全的,还是衰弱的或死亡的。

(2)重量测定  数取样品中的一定数量的种子,称出重量,计算出 1 000 粒种子的重量,并换算成国家种子质量标准规定水分条件下的重量。

(3)种子健康测定  为比较和确定种子批的使用价值,要进行种子健康情况的测定。测定样品种子是否存在病原体和害虫,要尽可能选用适宜的方法,估计受感染的种子数。

# (三)结果报告

种子检验结果单,是记录检验情况的一种证书表格。签发结果单的机构要认真填报检验事项,还要说明种子批中的送检样品是按规程要求扞取和处理等有关情况。检验结束后,要逐项检查所填写的各项内容,并且不得涂改。

# 第三章　水稻良种引种的原则和方法

## 一、水稻的基本发育特性

### （一）感 光 性

水稻原产于热带、亚热带的湿热地区，属短日照作物。在短日照条件下(10 小时左右)，幼穗分化早而迅速，生育期缩短；在长日照条件下(13～14 小时或以上)，幼穗分化延迟，甚至不分化，生育期大大延长。这种对日照反应敏感的生育特性，称为感光性。实际研究表明，某些感光性强的品种，在长日照下连续生长 12 年也不抽穗。

对水稻而言，日长可分为最适日长和出穗临界日长。最适日长为最适宜的短日照日长，通常为 8～11 小时，依品种不同而异。长于或短于最适日长范围，感光品种的抽穗均会延迟，抽穗天数的曲线呈 U 形。出穗临界日长为可出穗最长日照日长，通常在 12.5～14 小时以上，超过出穗临界日长则幼穗不分化。一般水稻品种的出穗最长临界日长，有三种情况：①有明显的出穗临界日长；②没有明显的出穗临界日长；③有最适的出穗日长和显著延长出穗的日长，但没有不能出穗的临界日长。极强感光品种有严格的出穗临界日长，约 12～13 小时。

经过长期的演化和人类选择，现存水稻品种的感光性发生了显著分化和变异，形成了一系列从强感光性至不感光性品种。强感光性品种，如热带、亚热带的籼稻和原始爪哇稻。我国华南的晚籼和太湖的晚粳，对日长反应敏感，出穗临界日长也较短，日长的增加将大大延长品种的抽穗和生育期。不感光品种,如我国的早籼、早粳和南亚的冬稻,对日照基本钝感或无感,日照的长短对幼穗的分化基本不发生影响。弱感光品种如热带、亚热带的现代育成中籼品种,我国的中籼或中粳,对日照有反应但不强烈,临界日长相对较长,日照的增加在一定的范围内推迟幼穗分化。

## (二)感 温 性

水稻是喜温作物,通常 12℃以上的温度才开始生长,23℃以上的温度才能正常抽穗开花。在一定范围内,随着温度的增加,水稻生长发育加快,生育期缩短。温度降低,则生长发育减慢,生育期延长。这种因温度变化而导致生育期发生变化的特性,称为感温性。应该注意的是,水稻品种的感温性强弱因品种不同而异,具有连续变异的特点。早稻对温度的适应范围比晚稻宽,在较低温条件下,也能生长发育。因此,它能适应早稻季节和高纬度地带以及高海拔地带的低温。而原产于热带、亚热带的籼稻,由于长期生长在较高温的生态条件下,对低温反应敏感,较低的温度将会严重推迟抽穗并形成早衰。水稻品种的感温特性,对于水稻品种的引种和生产发展,有着重要的意义。

## (三)基本营养生长期

水稻是喜温的短日照作物,在短日照高温条件下出穗早,在长日照低温条件下出穗迟。虽然日长和温度对水稻品种的幼穗分化,出穗迟早,起着决定性及相互影响的作用,但具备了适宜的短日高温条件,仍需经过一定的生育日数才能出穗。品种在适宜的短日高温条件下至出穗所需的最少日数,也即进入生殖生长前,在高温短日下必需的最少限度的营养生长日数,称为基本营养生长期。该特性称为基本营养生长性。基本营养生长期的长短,因品种不同而异,也是决定抽穗迟早的重要因子。在短日高温条件下,基本营养生长期短的品种,出穗日数少。反之,则日数多。研究表明,籼稻品种的基本营养生长期,通常长于粳稻品种的基本营养生长期,籼稻中又以中稻品种最长,早稻较短,晚稻最短。爪哇稻部分品种的基本营养生长期较长,感光品种无论籼稻、粳稻,基本营养生长期通常较短。

## (四)光温反应类型

水稻品种的感光性、感温性和短日高温生育特性,是在长期的气候环境、栽培条件和人工选择综合作用下形成的。栽培稻品种的感光性、感温性和基本营养生长性,可划分为 14 个光温反应类型。感光性可划分为无感光性、弱感光性、中感光性和强感光性四等,感温性划分为弱感温性、中感温性和强感温性三等。

综上所述,早稻不论是籼稻还是粳稻,感温性较强,感光性弱或钝感,短日高温生育期较短。因此,感温性是支配早稻出穗早晚、生育期长短的主导因子。中籼稻的短日高温生育期最长。所以短日高温生育期的长短及温度,是支配中籼稻早晚的主导因子。中粳稻的感光性比中籼稻强,而短日高温生育期较短,出穗期受日长条件影响较大,其次为温度。晚稻,籼粳的光温反应特性一致,即感光性强,感温性较强,短日高温生育期短,出穗迟早主要受感光性支配,但晚籼稻的感光性和感温性均比晚粳稻的强。

# 二、引种原则

一个品种的表现型,是该品种遗传型与周围环境条件互作的结果。引种有内在的规律可循。因此,引种必须了解原产地的生态条件,品种自身的特征特性,引入地的生态条件,两地生态环境的差异,以及这种差异会导致品种发生何种特征特性的改变等问题。原产地和引入地主要生态条件的差异,表现为纬度和海拔的

差异,由此而导致日照长度、日照强度和温度的差异,土质和雨量的差异,以及伴随而来的栽培技术等方面的差异。

## (一)同纬度、同海拔地区间的引种

纬度和海拔大致相近的东西向地带相互引种,由于光温条件大致相同,因而生育期和性状变化不大,引种较易成功。原产于日本南部的农垦58,原产于韩国的密阳46,引至长江流域各省,均获得了很好的结果,成为我国推广种植面积超过6.67万公顷(100万亩)以上的高产品种和广泛利用的杂交亲本。密阳46还成为种植面积超过666.67万公顷(1亿亩)以上的汕优10号、协优46的强恢复系。东北地区的公交10号、吉粳53,引至西北种植,有的667平方米产量达到500千克。浙江省的早稻二九青、浙733、中156和中优早3号,引入江西和湖南,生育期变化不大或稍微缩短,作早稻栽培,获得较好的结果,成为当地的主栽品种。通常,由东亚和欧洲地区引入的粳稻品种,适宜在我国的黑龙江省和吉林省种植;日本东北和北部地区的品种,适宜引入我国华北及辽宁南部种植;日本关东、东山、东海和近畿的品种,适宜引入我国山东、河南及陕西中南部种植;日本南部的四国、九州和韩国的水稻品种,适宜引入长江流域作中、晚稻栽培。

## (二)南种北引

水稻南种北引,遇长日低温环境,表现生育期延长,出穗推迟。但植株相对繁茂,穗增大,粒增多,粒重增加。若引入低纬度地区的早稻早、中熟品种及中稻早熟品种,或对短日照钝感或无感、对纬度适应范围较宽的品种,再配合适宜的栽培技术,引种较易成功。这些品种适应性广,引种地区广泛,而且在引入地日长较长、温度较低和昼夜温差较大的条件下,营养生长期较长,穗发育良好,光合产物积累较多,产量较高而稳定。如国际水稻研究所的

IR24、IR26 和 IR64,在菲律宾全生育期为 105~120 天,引入我国广东以后,生育期比原产地延长 25~40 天,引入长江中下游,生育期比原产地延长 30~45 天,成为有较大种植面积的中稻推广品种和杂交水稻强恢复系。我国华南的早稻早熟品种广陆矮 4 号、珍珠矮 13 和红梅早,引入长江流域,获得显著增产而加以大面积推广,成为当地著名的早稻中熟或迟熟品种。但是,晚稻品种北引,因其对短日照反应敏感,遇长日条件不能抽穗,或在生长后期短日照来临时抽穗,也会遇低温条件影响结实,空秕粒率大大增加。因此,东南亚和南亚地区的感光品种,不能引至我国中部和北部;华南地区的感光晚籼品种,不能引至长江流域;长江流域感光晚稻品种,无论籼稻或粳稻,均不能引入华北地区;热带地区品种不能引入东北直接利用。

## (三)北种南引

水稻北种南引,遇到短日照高温环境,会出现生育期缩短、出穗提早的现象,通常营养生长期缩短,光合物质积累减少,植株矮小,经济性状下降。但是只要品种引用得当,配合良种良法,仍然会表现良好的适应性、抗逆性和丰产性,获得高产。日本粳稻品种秋光、幸实、早镜、下北和藤西 138,引入我国华北地区,成为推广面积 6.67 万公顷(100 万亩)以上的著名高产品种和广泛利用的杂交亲本。东北品种吉粳 53 和吉粳 60,引至四川西北山区,京引 107 和松辽 4 号引至河北,长白 6 号引至云南丽江地区,都表现增产,这是北粳南引,配合栽培技术获得成功的实例。

## (四)不同海拔地区引种

海拔愈高,温度愈低。一般海拔每升高 100 米,日平均气温降低 0.5℃~1℃。由低海拔地区引至高海拔地区的水稻品种,生育期延长,故宜引入低海拔地区的比较早熟的品种。由高海拔地区

引至低海拔地区的水稻品种,生育期缩短,但植株比原产地高大,繁茂性强,故宜引入高海拔地区迟熟的品种。

# 三、引种方法

引种并不是一项简单的工作,它必须遵循引种的一般规律和一切经过试验的原则。为保证引种效果,避免浪费和减少损失,引种必须有目标、有计划地进行。

## (一)引种材料的搜集

引种时,必须了解引入地的生态环境,包括纬度、海拔、雨量、温度和生长季节等,并与本地的生态环境进行比较,明确两地的相似之处和差异所在,了解引入品种的特性,包括选育历史、生态类型、遗传特性、产量水平和抗病虫能力等。通过分析比较,首先从生育期上估计引入品种是否适合本地耕作制度。如果这一点不符合,即使其它性状优良,也不能直接利用。20世纪50年代后期,华中和华南地区较大规模地引入北方粳稻,华南地区引入华东地区粳稻,由于不明白稻种特性而导致减产,使引种失败,损失巨大。

引种时,引入的品种数要多些,而每一品种的种子数量应以少些为宜。每个品种材料的种子数量,以足供初步试验研究为度。切忌在未试验之前大批量调种,直接投入应用,以免造成无可挽回的巨大损失。

## (二)引种试验

有关引种的基本理论和规律,仅起着一般性的指导作用,但引进的各个具体品种和材料在当地的实际表现和利用价值,必须通过引种试验才能了解和评定。以当地具有代表性的推广良种为对照,布点进行系统的比较观察和鉴定,包括生育期、感光性、产量潜力、病虫抗性和米质等。引种试验田,必须排灌方便,肥力适中偏高且均匀一致,管理水平较高,以便获得公正客观的评价。引种试验包括:

**1. 观察试验**

对已引进的品种,特别是从生态环境差异大的地区和国外引入的品种,必须在小面积试种和观察,初步鉴定其对本地生态条件的适应性、产量潜力和在本地区的利用价值。对于表现符合要求的品种,则选取足够的种子,供下一轮规模较大的试验之用。观察试验,最好能在引种地区范围内选择几个有代表性的地点同时进行,以利于准确地评价它们的利用价值和推广价值。

在引种观察试验中,由于生态条件的改变,引入品种往往会出现较多的变异,可以进行选择,以保持特性,或培育新品种。进行选择的方法是:①去杂去劣:杂株和不良变异株应全部淘汰,然后混合脱离,保持引入品种的典型性和一致性,进入下一轮品种比较试验。②混合选择法:选出性状表现特别突出的少数植株,分别脱粒和繁殖,按纯系育种程序选育新品种。对于在生产上一时还不适宜直接利用的引入品种(材料),应当作为育种的原始材料或种质资源,加以保存,以便今后利用。

**2. 品种比较试验和区域试验**

对在观察试验中表现优异的引进品种,应及时让其参加品种比较试验,进一步进行精确的比较鉴定。引进品种进入品种比较试验后,与用其它方法选育的新品种处于同等地位。经 2～3 年(季)的品种比较试验,让表现特别优异的品种进入区域试验,以评价其适种地区和范围。

**3. 生产试验**

与此同时,还可根据引入品种的遗传特性,在引种的过程中,进行生产试验或栽培试验,以探索它的关键性的栽培措施,充分发

挥引进品种的增产潜力。

## （三）引进品种的审定和推广

在品种比较试验、区域试验和栽培试验中表现优异，产量、品质与抗性均符合本地区要求的引进品种，可报请当地品种审定委员会审定。审定时应附有以下资料：①引种经过报告；②品种比较试验、区域试验和生产试验报告；③栽培技术要点；④品种审定委员会认可的专业单位签署的抗病（虫）鉴定和品质分析报告；⑤引进品种特性标准图谱，如植株、穗、粒的照片。经审定合格并批准后，可以定名。引进品种的定名，可以采用原名，也可重新命名。

# 四、引种检疫

## （一）引种检疫要求

随着我国对外开放国策的实施，国内外种质交换日益频繁，引种规模和数量急剧增加。但是，植物检疫对象和危害性有害生物传播蔓延的几率也随之增加。引种将危害病虫传入引进国或引进地的惨痛事例，在世界各国和我国曾多次发生。为防止危害性病虫害随着引入种子和其它材料，而传入我国和引种地区，必须加强对引进植物和种子的检疫。

1991 年实施的中华人民共和国进出境动植物检疫法规定，凡"进出境的动植物、动植物产品和其它检疫物的装载容器、包装物、以及来自动植物疫区的运输工具，依照本法规定实施检疫"。国家禁止下列各物进境：①动植物病原体（包括菌种、毒种等）、害虫及其它有害生物；②动植物疫情流行的国家和地区的有关动植物、动植物产品和其它检疫物；③动物尸体；④土壤。

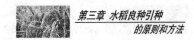

1995 年 4 月 17 日,我国农业部发布了应施检疫的植物、植物产品名单,规定"稻、麦、玉米、高粱、豆类、薯类等作物的种子、块根、块茎及其它繁殖材料,和来源于上述植物运出发生疫情的县级行政区域的植物产品"。

引种时,应由引进地的县或县以上植物检疫部门(站),开具植物检疫要求书,列出检疫对象。由种子引进地的县或县以上植物检疫部门(站),对种子等实施检疫,并开具植物检疫证书。未经检疫或无植物检疫证的种子,不得调运、邮寄、托运或携带入引种地。

## (二)水稻引种的检疫对象

新中国成立以来,我国曾多次颁布全国检疫对象。1995 年 4 月 17 日,我国农业部再度公布了全国植物检疫对象名单。其中,水稻检疫性病害为:水稻细菌性条斑病。检疫性虫害为:稻水象甲。我国的部分省(自治区),还将白叶枯病和茎尖线虫病列入检疫对象。

# 第四章　北方水稻良种引种

## 一、概　述

我国北方地区的水稻作区,包括华北单季稻作区、东北早熟单季稻作区、西北干燥区单季稻作区等三个稻作区。各稻作区概况如下:

### (一)华北单季稻作区

该稻作区位于秦岭、淮河以北,长城以南,关中平原以东。包括京、津、鲁、冀、晋、陕、苏、皖九省、直辖市的全部或大部或一部。本区拥有全国最大的冲积平原,平原占土地面积的3/4强,土地资源丰富,且地势坦荡,有利于发展水稻。属暖温带半湿润季风气候。自然灾害较为频繁。秋季降温快,低温危害时有发生。水稻在粮食生产中所占比重不大。该区分为两个亚区,都要从根本上解决水源问题。

#### 1. 华北北部平原中、早熟亚区

该亚区东部主要受海洋性气候影响,西部受大陆性气候影响。水源严重不足,全年降水量的60%以上集中在7、8月份。春旱严重,使水稻发展受到限制。20世纪70年代以来,水稻旱种有较大发展,对稳定水稻面积起了作用。社会经济条件较为优越,稻区集中在引黄灌区、渤海湾沿岸和京、津各区、县,稻田种植制度有水田一年一熟、水旱两年三熟和一年两熟。水稻品种属中粳早熟、中熟类型,有部分中熟类型和杂交粳稻。本亚区应发展节水种稻技术,改进用水管理。要开发局部相对的丰水区。品种选育和采用,要注意抗旱性能。品种布局要注意免受秋季低温危害。要改造盐碱

地,培养稻田土壤肥力。

**2.黄淮平原丘陵中、晚熟亚区**

该亚区东部和中部受海洋季风控制,西部主要受大陆季风影响。年降水量,南部多于北部,内陆少于沿海。本亚区平原辽阔,光、热资源丰富,兼有南、北之长,社会经济条件好,稻田多数分布在沿河、沿湖的低洼下湿地带,以水定稻,有"沿河一条线,沿湖沿井一小片"的特点。全境一年两熟,麦—稻为主。麦—稻两熟的,热量和雨量北部偏紧,南部有余。品种类型多,中籼稻、中粳稻、杂交稻兼有。本亚区进一步发展水稻,要克服旱、涝、碱害,破四大障碍,以治水为中心,提高抗灾能力,大力改造低产田,扩大水稻种植面积,提高产量。

# （二）东北早熟单季稻作区

该稻作区位于辽东半岛和长城以北,大兴安岭以东,包括黑龙江、吉林全部、辽宁大部和内蒙古东北部。地势平坦开阔,土层深厚,土壤肥沃,适于发展稻田机械化生产。夏季温热湿润,冬季酷寒漫长,降水分配不匀,十年有九年春旱。这是我国纬度最高的稻作区,稻作历史短。近10年来,水稻发展势头猛,目前水稻面积占北方稻作区的近60%。本区生产的"东北大米",米质优良,享有很高声誉。该稻作区分为两个亚区。

**1.黑吉平原河谷特早熟亚区**

该亚区属寒温带—温带,湿润—半干旱季风气候,生长季节短,日照时数长,光照强度大,有效积温少,昼夜温差大,秋季常发生低温冷害,水资源丰富。世界种植水稻的北限位于本亚区北端漠河,此地一年一季稻,冬季休闲。本亚区曾是我国最大的直播稻栽培区,自20世纪80年代推行寒地水稻旱育稀植技术和大棚盘式育秧机插技术以来,水稻栽培体系发生了新的变化,直播面积逐年减少。由于种稻经济效益高,近10年来各地都把扩大水田作为农民致富的一条门路来抓,出现了节流挖潜,自费打井,集资建站,联户修库,扩大水田的景象,水稻面积增加很快。本亚区尚有大量宜农荒地和低产旱地,发展水稻还有很大潜力。水稻品种为特早熟、早熟早粳类型,耐寒性强。据此,本亚区可加快三江平原建设和松嫩平原西部盐渍土改造开发,扩大水田面积,建立和完善寒地稻作技术体系,深入研究防御低温冷害的栽培技术。

**2. 辽河流域及沿海平原早熟亚区**

该亚区属温带—暖温带、湿润—半湿润季风气候,温、光条件好,但延迟型冷害出现频率较高,供水偏紧,一年种一季稻,是我国的高产稻区。在节水种稻、改造中、低产田和种稻治涝治碱方面,积累了较好的经验。其杂交粳稻的研究和应用,在北方稻区居领先地位。其水稻品种为中、迟熟早粳稻类型,本亚区要进一步总结推广节水种稻经验,建立北方稻节水技术体系,发挥东北大米米质好的优势,建立生产基地,实行优质品种区域化种植和专业化生产,扩大出口量。

# (三)西北干燥区单季稻作区

该稻作区位于大兴安岭以西,长城、祁连山与青藏高原以北。包括新、宁的全部,甘、内蒙古、晋的大部,青、陕、冀、辽的部分。地域辽阔,地貌、地形复杂,东部水土流失严重,土壤瘠薄,西部土壤盐碱化普遍。大部分地区气候干旱,热量条件好,温度变化剧烈,降水量少,蒸发量大。稻区主要分布在银川平原、天山南北盆地的边缘地带、伊犁河谷、喀什三角洲和昆仑山北。该稻作区分为三个亚区。

**1. 北疆盆地早熟亚区**

该亚区属温带大陆性干旱、半干旱气候。日照足,太阳辐射强,气温日较差大,蒸发量高于降水量 10 倍左右,靠天山雪水灌溉。由于天气干燥,因而病、虫害较轻。水稻一年一熟,生产建设兵团水旱轮作较为普遍,多采用机械化旱直播和飞机水直播。水稻品种属特早熟、早熟早粳类型,耐干旱和盐碱。本亚区的干旱、风沙和盐碱,是发展水稻的三大障碍。在这里种植水稻,要趋利避害,改善生产条件,加强水利建设,继续改造盐碱地,提高土壤肥力,改进种稻技术,挖掘增产潜力。

**2. 南疆盆地中熟亚区**

该亚区属温带大陆性干旱气候,光、热资源丰富,昼夜温差大,年降水量仅 50 毫米左右,为全国最干旱区,年干燥度 >4。风沙危害严重,土壤有机质贫乏,稻田全靠灌溉。绿洲农区零星分布,以水定地。水稻平均单产低,但近千公顷每 667 平方米产量为 500千克以上的高产纪录时有出现。一年一季稻,旱直播、水直播和育秧移栽兼而有之。水稻品种早熟、中熟、晚熟皆有。早、中、晚熟品种的种植比例,常决定于当年、当地高山积雪融化时间的早晚,今后在发挥光、热资源优势,防御风沙、积蓄水源与治理盐碱的同时,要大力种植绿肥,增施农家肥料,加强对种稻技术的指导。

**3. 甘宁晋内蒙古高原早中熟亚区**

该亚区属温带大陆性半湿润—半干旱季风气候和半干旱—干旱气候。光照充足,降水量少,春旱、夏旱频繁。一年一熟水稻,以连作为主,也有隔年水旱轮作。栽培方法以育秧移栽为主,兼有水、旱直播。水稻品种以早、中熟早粳当家,陕北南部有少量早籼分布。宁夏回族自治区自 1981 年以来,水稻平均每 667 平方米产量超过 500 千克,以后又逐年提高,居各省、市、自治区平均每 667平方米产量首位。本亚区水稻生产,要在稳定面积中求发展,兴修中、小型水利工程,保蓄天然降水,综合治理水土流失,建设基本农田,推行节水栽培,改造中、低产田。

# 二、北方主要粳稻良种

## (一)保丰2号

**品种来源** 混植组合体(5个组份):90I 1(Pi－a)、90I 3(Pi－a.k)、90I 6(Pi－ta)、90I 10(Pi－z)、90I 7(Pi－i),即五个近等基因系混植群体。2001年,通过国家农作物品种审定委员会审定。

**品种特征特性** 属粳型常规稻品种,全生育期为146天左右,比吉玉粳长4天。株形较收敛,前期生长快。茎秆坚韧,抗倒伏,丰产稳产性较好,但稻米外观品质一般,易感稻瘟病。

**品种适应性及适种地区** 适宜在吉林省中熟和中晚熟稻区,辽宁省东北部稻区种植。

**栽培技术要点** 在吉林省4月中旬播种,5月中旬插秧。中等肥力田667平方米施纯氮10千克,纯钾8~9千克,纯磷7千克。磷肥全部作底肥施用,钾肥的2/3作底肥,1/3作穗肥施入。氮肥的20%作底肥,20%作分蘖肥,30%作补肥,25%作穗肥,余下的5%作粒肥施用。生产中应注意加强对稻瘟病的防治。

**选(引)育单位** 吉林省吉农水稻高新科技发展有限责任公司。

## (二)长白10号(吉丰8号)

**品种来源** 以长白9号为母本,以日本著名优质米品种秋田小町为父本,杂交育成。2002年,由吉林省农作物品种审定委员会审定。

**品种特征特性** 属中早熟类型品种,全生育期为130天左右,需活动积温2 600℃。株高95~100厘米,株形紧凑,叶色较深,叶片直立。早生快发,分蘖力较强,茎秆强韧,耐肥抗倒。出穗后,穗在剑叶下面。穗较大,平均每穗 100 粒左右,籽粒灌浆速度快。颖壳及颖尖均为黄色,有间短芒,粒形椭圆,稻谷千粒重 27.5 克。抗早霜,耐寒冷,活秆成熟,不早衰。耐盐碱性强。根系发达,耐旱性强。对叶瘟和穗瘟的抗性均比对照品种长白 9 号强。据农业部稻米及制品质量监督检验测试中心检验结果,其中糙米率、精米率、整精米率、粒形、碱消值、胶稠度和直链淀粉含量 7 项指标达部颁优质米一级标准,垩白度、透明度两项指标达到国家优质米二级标准。1999 ~ 2001 年参加吉林省区试,3 年平均 667 平方米产量为512.6 千克,比对照品种长白 9 号平均增产 3.46%。在 2000 ~ 2001年的省生产试验中,两年平均 667 平方米产量为 532.2 千克,比对照品种长白 1 号增产 0.93%。

**品种适应性及适种地区** 适于吉林省各地及黑龙江省南部、内蒙古兴安盟等活动积温在 2 600℃左右的中早熟稻作区种植。在盐碱地区以及新开稻田丰产性表现尤为突出。

**栽培技术要点** 2 月中下旬播种,稀播培育壮秧。播催芽种子 250 克/平方米。5 月中下旬插秧,秧龄 30 ~ 35 天,插秧方式 30厘米×15 厘米,每穴插 3 ~ 4 苗。施肥量为每 667 平方米纯氮 10千克,纯磷($P_2O_5$)5 ~ 7 千克,纯钾($K_2O$)6 ~ 7 千克。生育期间注意用药剂防治病虫害发生。

**选(引)育单位** 吉林省吉农水稻高新科技发展有限责任公司。

## (三)超产 1 号

**品种来源** 青系 96 号/BG 902//下北(注:"/"表示第一次杂交,"//"表示第二次杂交,"///"表示第三次杂交);1995 年,由吉林省农作物品种审定委员会审定;1999 年,通过国家品种审定委员会审定。

**品种特征特性** 该品种属中秆多穗型晚熟粳稻品种,全生育期 145 天左右。株高 95~100 厘米,叶片淡绿色,株型好,分蘖力强,茎秆韧性强,耐肥抗倒伏,穗短芒,颖尖黄色,谷粒椭圆,主穗100~110 粒,千粒重 26 克。抗稻瘟病和白叶枯病。米质较优,糙米率 83.2%,精米率 73.6%,整精米率 61.3%,垩白度 0,透明度 1级,糊化温度 7 级,胶稠度 86 毫米,直链淀粉含量 17.7%,蛋白质含量 6.76%。1994~1995 年参加北方稻区区试,两年平均 667 平方米产量为 606.1 千克,比对照种秋冰岛增产 8.6%。

**品种适应性及适种地区** 适宜在吉林和辽宁省北部,以及山西和宁夏部分地区种植。

**栽培技术要点** ①播种、插秧:稀播育壮秧,4 月中上旬播种,5 月中旬插秧,密度为 26.7 厘米×13.3 厘米~30 厘米×20 厘米。②施肥:一般肥力水平田块每 667 平方米施纯氮 10~12 千克,适当结合施磷钾肥。施用原则是前重、中轻、后补。③灌水:浅—深—浅。

**选(引)育单位** 吉林省农业科学院水稻研究所。

## (四)丹 9334

**品种来源** 以繁 4 为母本,丹 253 为父本,杂交育成。2001年,由辽宁省农作物品种审定委员会审定。

**品种特征特性** 属中晚熟常规粳稻品种,全生育期为 165 天左右,一生需要有效积温 3 200℃左右。幼苗根系发达,分蘖力强,株形紧凑,剑叶上举,活秆成熟。株高 115 厘米,平均穗长 18.5 厘米,成穗率为 69.1%,每穗实粒 108 粒,结实率 84.2%,千粒重 26.6克。由沈阳农业大学对其进行抗病鉴定,结果表明,该品种对稻瘟病室内苗期混合菌种接种,主要表现为抗病型反应,田间测定结果表现为抗至高抗型反应。对纹枯病、白叶枯病和稻曲病的抗性,为抗至中抗。农业部稻米及制品质量监督检验测试中心对该品种进行检验分析,其 8 项指标达到一级,3 项指标达到二级,综合指标达到部颁优质米二级标准。1998～1999年,辽宁省区域试验,平均667平方米产量为534.7千克,比对照京越1号增产13%。2000年,辽宁省对其进行品种生产试验,平均667平方米产量为539.5千克,比对照东选2号增产16.4%。

**品种适应性及适种地区** 适于辽宁南部、河北中部、山西北部、陕西西部及新疆中部等种植中丹2号、京越1号、丹粳4号的地区种植,在京、津、唐地区可作一季稻栽培。

**栽培技术要点** ①适时播插。在丹东地区,4月10～15日育苗,5月20～25日插秧。②壮秧稀插,普通旱育苗每平方米播量为200克左右,盘育苗手插、机插秧,每盘播量为65克、100克左右。③一般肥力地块,667平方米施硫酸铵40千克、磷酸二铵7.5千克、硫酸钾7.5千克。④采取浅、湿、干相结合的管水方法,以浅为主。⑤在稻瘟病、白叶枯病易发地块,要加强防治。

**选(引)育单位** 辽宁省丹东农业科学院稻作所。

# (五)丹粳8号

**品种来源** 以丹粳2号为母本,与中院P237杂交而成。1999年,由辽宁省农作物品种审定委员会审定。

**品种特征特性** 属中熟旱稻新品种,全生育期129天左右,需要有效积温2720℃。株高94.4厘米,茎秆粗壮,叶色较浓绿,叶片较短;株形紧凑,根系发达,抗倒。分蘖力强,每667平方米有效穗数28万穗左右。穗形为半紧穗型,穗长15.7厘米左右,平均穗粒数在85粒以上。籽粒椭圆形,颖色淡黄,无芒。活秆成熟,结实率为95%左右,千粒重26.8克。耐旱性较强,抗稻瘟病,穗瘟为0～1级。抗白叶枯病,较抗纹枯病,中抗稻曲病。稻米品质优良,10项达部颁一级米标准,2项达部颁二级米标准。1995～1996年,在辽宁省旱稻区域试验,平均667平方米产量为371千克,比对照品种旱72增产13.65%。1997～1998年,在辽宁省进行生产试验,平均 667 平方米产量为 425.9 千克,比对照种旱 72 增产 24.4%。

**品种适应性及适种地区** 适于辽宁省种植,可作旱稻栽培。

**栽培技术要点** ①在辽宁,于 4 月中下旬播种。667 平方米播种量为 7.5 千克左右。②基施农家肥 2 吨/667 平方米。开沟后每 667 平方米施多元复合肥 20 千克、尿素 15 千克、多元微肥 2 千克。追肥视长势酌情施尿素 15 千克/667 平方米。③除利用天然降水和地下水外,干旱时要进行人工辅助灌水。④旱稻生产成败的关键,是防除田间杂草。⑤防治病虫害。用种衣剂包种或用甲基异柳磷拌种,可防治地下害虫。低洼地尤应注意防治地下害虫。在稻穗破口前,注意防治稻曲病。

**选(引)育单位** 辽宁省丹东农业科学院稻作所。

# (六)抚粳 4 号

抚粳 4 号,原名抚 85101。

**品种来源** C57 - 1/色江克。2003 年,通过国家农作物品种审定委员会审定。

**品种特征特性** 该品种属粳型常规水稻品种,全生育期平均为 143 天。株高 95.6 厘米,株形紧凑,分蘖力强。主茎叶片一般15 片,叶绿色。穗松散弯曲,平均穗长 20 厘米,平均每穗总粒数86.4 粒,结实率 82.4%,千粒重 25 克,籽粒黄白色,无芒。抗性:苗瘟 0 级,叶瘟 2 级,穗瘟率为 0。米质主要指标:整精米率62.5%,垩白粒率 38.5%,垩白度 5.4%,胶稠度 69.5 毫米,直链淀粉含量 17.6%。1999 年,该品种参加北方稻区吉玉粳熟期组区试,平均每 667 平方米产量为 630.2 千克,比对照吉玉粳增产3.5%。2000 年续试,平均每 667 平方米产量为 621.2 千克,比对照吉玉粳增产 4.8%。2001 年参加生产试验,平均每 667 平方米产量为 528.1 千克,比对照吉玉粳减产 2.2%。

**品种适应性及适种地区** 适宜在黑龙江南部、内蒙古东部、辽宁北部以及吉林、宁夏稻区种植。

**栽培技术要点** ①培育壮秧。旱育稀植,采用营养土保温旱育苗,应用床土调制剂或壮秧剂,普通旱育苗播种量每平方米为150~175克。②合理稀植。插秧苗密度为30厘米×15~16.7厘米,每穴插3苗。③平衡施肥。每667平方米施标准氮55~60千克,氮、磷、钾肥施用配比为1:0.5:0.5,配合施用农家肥效果更好。④节水灌溉。插秧后浅湿分蘖,够苗晾田,浅水孕穗,浅湿抽穗,寸水开花,浅湿灌浆至成熟。⑤综合防治病、虫、草害。秧田用丁草胺或封闭一号土壤封闭,以防杂草。

**选(引)育单位** 辽宁省抚顺市农业科学院。

## (七)富源4号

富源4号,原名吉96D10。

**品种来源** 31116S、30301S、5047S、4018S 等/超产1号、超产2号,即通过多个母本与两个父本杂交,轮回选择育而成。2000年,通过国家农作物品种审定委员会审定。

**品种特征特性** 粳型,早熟,全生育期142天。幼苗长势旺,耐低温、耐盐碱能力强,抗稻瘟病和白叶枯病。丰产、稳产性好。株高99.8厘米,株型紧凑。茎秆粗壮,分蘖力强,成穗率高,空秕率低,散穗,每穗平均总粒数为78粒,结实72.4粒,结实率为92.8%,千粒重24.2克。经中国水稻研究所米质检测中心测定,该品种的糙米率为83.6%,精米率为76.7%,整精米率为70.9%,垩白粒率28%,垩白度3.9%,透明度一级,胶稠度84毫米,直链淀粉含量17.1%,蛋白质含量为7.0%。米质分析的12项指标,有8项达到部颁一级优质米标准,2项达到二级优质米标准。特别是整精米率高,这在北方稻区现有的水稻品种中是不多见的。1998年、1999年参加全国北方稻区吉玉粳熟期组区试,平均每667平方米产量为627.5千克,比对照吉玉粳增产9.8%。1999年进行生产

试验,平均每 667 平方米产量为 607.0 千克,比对照吉玉粳增产 6.7%。

**品种适应性及适种地区** 适宜在北方吉玉粳熟期的稻区种植。

**栽培技术要点** ①播种前进行浸种消毒,4 月 20 日开始播种,播种量为 45 千克/667 平方米。②5 月中旬开始插秧,高水肥田按 30 厘米 × 10 厘米行穴距,中低水肥田按 26 厘米 × 10 厘米行穴距进行插秧,每穴 3 ~ 4 苗。③插秧前每 667 平方米施纯氮 6 ~ 7 千克,磷肥($P_2O_5$)10 千克。5 月下旬和 6 月上旬追肥两次,每 667 平方米每次施纯氮 2.5 千克。7 月中旬施穗肥,每 667 平方米施纯氮 1.3 千克。④6 月下旬和齐穗后进行撤水晒田,增强水稻抗倒伏能力。要及时消灭杂草。

**选(引)育单位** 吉林省农业科学院水稻研究所。

# (八)吉粳 81 号

吉粳 81 号,又名品星 1 号。

**品种来源** 由日本水稻品种一目惚(东北 143)与舞姬杂交选育而成。2002 年 2 月,通过吉林省农作物品种审定委员会审定。

**品种特征特性** 全生育期为 142 天,株高 95 厘米,主穗粒数 130 粒,千粒重 27 克,结实率 94%。分蘖力强,单株分蘖 15 ~ 18 个,茎秆柔韧性好,抗倒伏能力强。谷粒呈椭圆形,有稀长芒,籽粒饱满,前期早生快发,后期灌浆速度快,出米率高。耐冷抗霜,具有较强的田间抗瘟性,适应范围广,适应性强。米质优良,外观和口感都好,饭味香浓,达到部颁优质米一级米标准,市场极其畅销,在 2002 年吉林省第三届优质米评选中荣登榜首。每 667 平方米产量为 650 ~ 700 千克。

**品种适应性及适种地区** 适于吉林通化、长春、四平、松原和辽源,辽宁北部,内蒙古东南部等有效积温达 2 900℃ ~ 3 000℃的平原稻区栽培。

**栽培技术要点** 在吉林种植,4月中旬播种,5月中旬插秧,插秧密度为30厘米×20厘米或30厘米×26厘米,每667平方米施纯氮10~12千克,总钾($K_2O$)量为5~8千克,总磷量($P_2O_5$)为6~7千克。磷肥全部作底肥施用,钾肥的2/3作底肥,氮肥的40%作底肥。要注意稻瘟病防治。

**选(引)育单位** 吉林省农业科学院水稻研究所。

## (九)吉粳83号

吉粳83号,又称丰优307。

**品种来源** 以东北141/D4-41杂交选育而成。2002年2月,由吉林省农作物品种审定委员会审定。

**品种特征特性** 该品种属于中高秆、多分蘖、偏大穗型中晚熟品种。全生育期约142天。株高105厘米,茎秆强韧,抗倒伏,叶绿色,下位穗。分蘖力极强,在30厘米×30厘米的种植密度下,单本有效穗数可达35穗以上。主穗长达21厘米,主穗实粒数在160粒以上,结实率超过96%。抗病,抗寒,耐盐碱,活秆成熟,适应性广。稻谷千粒重约26克,谷粒长7.3毫米,宽3.4毫米,长宽比约为2:1。稀中芒,颖壳、颖尖及芒均为黄色。糙米率83.9%,精米透明度1级,米质优,食味佳。大面积种植时,每667平方米产量达566.7~633.3千克,较对照品种农大3号增产5.6%,

**品种适应性及适种地区** 适于吉林省及邻近省、自治区有效积温达2900℃以上的中晚熟稻区种植。

**栽培技术要点** ①稀播培育壮秧,4月中旬播种,5月中旬插秧。②合理稀植,插秧密度为30厘米×26厘米或30厘米×30厘米。③肥水管理。施肥要农家肥与化肥相结合,注重氮、磷、钾配施。水层管理以浅为主,干湿结合。

**选(引)育单位** 吉林省农业科学院水稻研究所。

## （十）吉粳 93 号

吉粳 93 号，又称新生 71。

**品种来源** 由吉 90 - 31 幼穗组织培养育成。2003 年，通过国家农作物品种审定委员会审定。

**品种特征特性** 该品种属粳型常规水稻品种，全生育期平均为 147.4 天，比对照吉玉粳迟熟 5.7 天。株高 111 厘米，分蘖力强。株形紧凑挺拔，抗倒伏，主茎叶片 16～18 片，叶片上举，叶色较绿。穗长 18.6 厘米，着粒密度适中，平均每穗总粒数为 90 粒，结实率为 79.7%，千粒重 25.4 克，谷粒呈椭圆形，稍有顶芒。抗性：苗瘟 3 级，叶瘟 3 级，穗瘟率为 28.5%。米质主要指标：整精米率为 55.1%，垩白粒率为 67%，垩白度为 13.8%，胶稠度为 80.5 毫米，直链淀粉含量为 18.7%。1999 年参加北方稻区吉玉粳熟期组区试，平均每 667 平方米产量为 635.2 千克，比对照吉玉粳增产 4.4%。2000 年续试，平均每 667 平方米产量为 633.8 千克，比对照吉玉粳增产 6.9%。2001 年，参加生产试验，平均每 667 平方米产量为 602.3 千克，比对照吉玉粳增产 9.2%。

**品种适应性及适种地区** 该品种适宜在黑龙江南部、内蒙古东部、辽宁北部以及吉林和宁夏稻瘟病轻发区种植。

**栽培技术要点** 在吉林种植，4 月中旬播种，5 月中旬插秧，插秧密度为 30 厘米×20 厘米或 30 厘米×26 厘米。在中等肥力田种植时，每 667 平方米施氮总量为 10 千克，钾总量为 6～7 千克，纯磷总量为 6～7 千克。磷肥全部作底肥施用，钾肥的 2/3 作底肥，1/3 在 7 月 10 日左右作穗肥施入，氮肥的 40%作底肥，30%作分蘖肥，20%作拔节肥，10%作穗肥使用。

**选（引）育单位** 吉林省吉农水稻高新科技发展有限责任公司。

# (十一)津星 1 号

津星 1 号,原代号为 92－10。

**品种来源** 津 521/中花 8 号。1996 年,由天津市农作物品种审定委员会审定;2000 年,通过全国品种审定。

**品种特征特性** 属半紧凑大穗大粒型品种。在天津种植,其全生育期为 175 天。株形紧凑,抗倒能力强。穗长 16 厘米,穗粒数为 160 粒,千粒重 28～29 克。谷粒呈阔卵形,成穗率在 75% 以上。中抗穗颈瘟病,轻感稻曲病。米质优良,糙米率为 84.5%,精米率为 75.0%,整精米率为 68.9%,垩白粒率为 12.6%,垩白度为 0.9%,直链淀粉含量为 17.7%。食用口感好。丰产性好。1996 年、1997 年在北方稻区区试中,两年平均每 667 平方米产量为 551.7 千克,比对照津 1187 增产 6.3%。1998 年,参加北方稻区生产试验,平均每 667 平方米产量为 579.9 千克,比对照增产 6.7%。

**品种适应性及适种地区** 适宜在北京、天津及河北唐山地区种植。

**栽培技术要点** 在京、津、唐地区,要求 4 月初播种,5 月上旬插秧。插秧密度每穴 3 或 4 苗,每 667 平方米基本苗数为 5 万～6 万株,最高苗数达 28 万～30 万株,成穗 20 万～22 万穗。要注意稻曲病的防治。

**选(引)育单位** 天津市水稻研究所。

# (十二)津原 101

津原 101,原名 94－101。

**品种来源** 中作 321/S16 组合中系谱法选育而成。2001 年,通过国家农作物品种审定委员会审定。

**品种特征特性** 属常规粳稻,全生育期为 160 天,比中丹 2 号迟熟 2 天。茎秆粗壮,根系发达,叶开角度中等,受光姿态好,散穗无芒,灌浆后期穗部弯曲至叶下,长相似辽盐 2 号。谷壳橙黄,谷粒饱满,后期不早衰。该品种出苗快,顶土力强,插秧后返青早,生长迅速,没有败苗现象。丰产性好,米质优,中抗稻瘟病。

**品种适应性及适种地区** 适宜在北京、天津与河北稻区,辽宁省丹东地区,山东省东营与滨州地区,新疆库尔勒地区种植。

**栽培技术要点** 在京、津、唐地区,4 月底 5 月初育秧,每 667 平方米播种量为 70 千克,6 月上旬移栽,秧龄 40～45 天,每穴插 3～5 根苗。全生育期每 667 平方米施氮素 15 千克,基肥占 80%,结合施磷钾肥,混入土中。其余肥料在分蘖、孕穗期分别施入。

**选(引)育单位** 天津市原种场

## (十三)京稻 21

**品种来源** 冀 82-32/中百 4 号/京花 102。1998 年,由北京市农作物品种审定委员会审定,2001 年通过国家农作物品种审定委员会审定。

**品种特征特性** 属常规粳稻品种,全生育期 170 天左右,比津稻 1187 早熟 3 天左右。株高 107.1 厘米,叶片直立,叶色较淡,分蘖力中等。穗较大,有稀顶芒,谷粒椭圆形,颖色和颖尖色黄白。群体有效穗数为每 667 平方米 21 万穗,成穗率为 75.1%。平均每穗籽粒总数为 123.4 粒,结实率为 84%,千粒重 25 克,属穗数和粒数兼顾的中间型品种。兼抗稻瘟病和条纹叶枯病,对白叶枯病和稻曲病的感病性属中等。后期耐低温,灌浆快,落黄好。但不耐干热,在高温缺水条件下,胡麻斑病重。主要品质指标可达国家一级优质稻谷标准。在 1998 年、1999 年北方稻区津稻 1187 组区试中,平均每 667 平方米产量分别为 513.9 千克和 498.5 千克,增产率分别为 5.3%和 5.4%,差异较显著。

**品种适应性及适种地区** 适宜在北京、天津及河北唐山地区种植。

**栽培技术要点** 作一季稻的,可在 4 月 20 日前后播种,6 月初移栽;作麦茬稻的,宜在 5 月上旬播种,力争早栽。秧田播种量,春季中稻为 100 克/平方米,麦茬稻为 70 克/平方米,每穴插 2～3 株苗。在中等肥力田块上,每 667 平方米施纯氮 11～13 千克,最高茎数控制在 28 万株以内。回水后要及时追穗肥。

**选(引)育单位** 北京市农林科学院作物研究所。

## (十四)九稻 22 号

九稻 22 号,原名九 9432。

**品种来源** 庄内 324/藤系 138。该品种于 2000 年通过国家农作物品种审定委员会审定。

**品种特征特性** 常规粳稻品种,在吉林省其全生育期为 153 天,与秋光品种相仿。每 667 平方米有效穗数为 38.7 万穗,穗长 20 厘米,每穗总粒数平均为 120 粒,结实率为 86.9%,千粒重 27 克。表现丰产稳产,中抗稻瘟病,米质中等。整精米率为 63.1%,垩白度为 13.3%,直链淀粉含量为 17.2%。1998 年、1999 年参加全国北方稻区秋光熟期组区试,平均每 667 平方米产量分别为 698.8 千克、691.8 千克,分别比对照秋光增产 8.0% 和 10.7%。1999 年进行生产试验,平均每 667 平方米产量为 687.0 千克,比对照秋光增产 3.6%。

**栽培技术要点** 在吉林省,4 月上旬播种,5 月 20 日左右插秧。

**品种适应性及适种地区** 适宜在北方秋光品种熟期的稻区种植。

**选(引)育单位** 吉林省吉林市农业科学院。

## (十五)九稻 23 号

九稻 23 号,原名九 9423。

**品种来源** 青系 96 号/藤系 138 号。2000 年,通过国家农作物品种审定委员会审定。

**品种特征特性** 该品种属粳稻常规品种,全生育期为 147 天,比对照种吉玉粳晚熟 4 天。平均穗粒数为 100 粒,穗长 19 厘米,结实率为 82.9%,千粒重 25.7 克。对稻瘟病抗性较弱。米质中等,整精米率为 61.8%,垩白度为 9.2%,垩白粒率为 66.0%,胶稠度为 84 毫米,直链淀粉含量为 18.6%。丰产性和稳产性较好。1998 年、1999 年参加国家北方稻区区试,平均每 667 平方米产量分别为 587.0 千克和 633.2 千克,分别比对照吉玉粳增产 9.9% 和 4.0%。1999 年进行生产试验,平均每 667 平方米产量为 631.0 千克,比对照吉玉粳增产 11.1%。

**品种适应性及适种地区** 适宜在吉林、辽宁、黑龙江和新疆有效活动积温在 2 850℃以上,稻瘟病轻发地区种植。

**栽培技术要点** ①培育壮秧。采用秧盘育苗,每盘播种 60 克左右;旱育苗每 667 平方米播种 130 千克。②插秧密度一般为 30 厘米×16.5 厘米~30 厘米×20 厘米,每穴插 3 株或 4 株。③栽培上要注意对稻瘟病的防治。

**选(引)育单位** 吉林省吉林市农业科学院。

## (十六)九稻 27 号

九稻 27 号,原名九新 152。

**品种来源** 山形 38/藤系 144。2001 年,由吉林省农作物品种审定委员会审定;2003 年,通过国家农作物品种审定委员会审定。

**品种特征特性** 该品种属中晚熟粳型常规水稻品种,全生育期平均为 146.8 天,比对照吉玉粳迟熟 6.3 天。株高 97.6 厘米,株形紧凑,茎秆坚韧有弹性,分蘖力中上等。穗长 18 厘米左右,平均每穗总粒数 96.9 粒,结实率为 85%,千粒重 24.9 克,粒形椭圆,有间稀短芒,颖及颖尖黄色。抗性:苗瘟 5 级,叶瘟 2.5 级,穗瘟率

4%。米质主要指标：整精米率56.1%，垩白粒率为30%，垩白度为5.2%，胶稠度为73.5毫米，直链淀粉含量为18.2%。2000年参加北方稻区吉玉粳熟期组区试，平均每667平方米产量为669.4千克，比对照吉玉粳增产12.9%，达极显著水平。2001年续试，平均每667平方米产量为636.1千克，比对照吉玉粳增产11.1%，达极显著水平。2001年参加生产试验，平均每667平方米产量为597.2千克，比对照吉玉粳增产8.4%。

**品种适应性及适种地区** 适宜在黑龙江南部、内蒙古东部、辽宁北部以及吉林、宁夏稻区的稻瘟病轻发区种植。

**栽培技术要点** ①培育壮秧。采用秧盘育苗，每盘播种60克左右；旱育苗每667平方米播种130千克；②合理密植。大田插秧行株距规格为30厘米×20厘米，每穴插3~4苗；③肥水管理。施肥要农家肥与化肥相结合，注重氮、磷、钾配施，一般每667平方米施纯氮10~11.7千克，磷、钾各5千克，分期施入，前重后轻。水层管理以浅为主，干湿结合。

**选(引)育单位** 吉林省吉林市农业科学院。

# （十七）开粳3号

开粳3号，原名开9502。

**品种来源** 秋光/沈抗1585-3。2003年，通过国家农作物品种审定委员会审定。

**品种特征特性** 该品种属粳型常规水稻品种，全生育期平均为153.6天，比对照秋光品种迟熟2天。株高89.3厘米，根系发达，分蘖力强。苗期抗寒性好，秧苗健壮，茎秆坚韧，基部节间坚硬，抗倒伏。主茎有叶片14~15叶，叶色深绿，长势清秀，剑叶直立，后期功能叶片多。出穗整齐，穗长17~20厘米，平均每穗总粒数为83.8粒，结实率为87.6%。籽粒椭圆形，颖壳黄白，弯穗无芒，千粒重26.5克。抗性：苗瘟2级，叶瘟5级，穗瘟率为8%~

100％。米质主要指标：整精米率为 58.8％，垩白粒率为 24％，垩白度为 2.5％，胶稠度为 75 毫米，直链淀粉含量为 15.4％。2000年参加北方稻区秋光熟期组区试，平均每 667 平方米产量为 695.5千克，比对照秋光增产 12％，达显著水平。2001 年续试，平均每667 平方米产量为 671 千克，比对照秋光品种增产 5.4％，不显著。2001 年进行生产性试验，平均每 667 平方米产量为 650.2 千克，比对照秋光品种增产 9.6％。

**品种适应性及适种地区** 该品种适宜在吉林南部、辽宁、宁夏、北京以及山西、新疆中北部稻瘟病轻发区种植。

**栽培技术要点** ①稀播育壮秧。播种前进行种子消毒防治恶苗病和立枯病。旱育秧播种量为 150～200 克/平方米。要适时通风炼苗。②合理稀植。插植规格为 30 厘米×13.3～16.7 厘米，每穴栽 3～4 苗。更适合抛秧或大垄双行栽植，保证每 667 平方米有效穗达 30 万～35 万穗。③科学配方施肥。在中等肥力田，每 667平方米施农家肥 2 000 千克。施用化肥，每 667 平方米施标准氮50～55 千克，过磷酸钙 50 千克，硫酸钾 10 千克。施肥要前重后轻。④科学管水。做到寸水返青，浅湿分蘖，适时晒田，寸水扬花，浅、湿、干灌浆。后期不宜断水过早，以确保活秆成熟。⑤病虫害防治。6 月下旬至 7 月上旬，用稻丰灵 250 克/667 平方米，对水10～20 升，喷雾防治二化螟和稻曲病。稻瘟病严重地区，在抽穗前用富士 1 号防治。

**选(引)育单位** 辽宁省开原市农业科学研究所。

## (十八)垦稻 98－1

**品种来源** 冀粳 14/(春 42/02428)。2003 年，通过国家农作物品种审定委员会审定。

**品种特征特性** 该品种属中粳中熟常规水稻品种，全生育期平均为 173.4 天，比对照中作 93 品种迟熟 3 天。株高 109 厘米，株形紧凑,根系发达、粗长。分蘖力强,茎秆坚硬。主茎有叶片 17 ~ 18 片,剑叶直立上举,叶色浓绿。穗形中紧,穗长 16 ~ 17 厘米,平均每穗总粒数为 126.9 粒,结实率为 90%,千粒重 25.6 克。谷粒饱满,颖壳黄色、无芒。抗性:苗瘟 1 级,叶瘟 1 级,穗颈瘟 3 级,穗颈瘟发病率为 9.6%。米质主要指标:整精米率为 63.4%,垩白粒率为 52%,垩白度为 6%,胶稠度为 80.5 毫米,直链淀粉含量为 17.3%。1999 年,参加北方稻区中作 93 熟期组区试,平均每 667 平方米产量为 538.1 千克,比对照中作 93 品种增产 7.9%。2000 年续试,平均每 667 平方米产量为 554.2 千克,比对照中作 93 品种增产 14.5%。2001 年,参加生产试验,平均每 667 平方米产量为 575.2 千克,比对照中作 93 品种减产 0.38%。

**品种适应性及适种地区** 适宜在北京、天津及河北省东部与中北部稻区作一季春稻种植。

**栽培技术要点** ①适期播种,培育壮秧。4 月上中旬播种,采用旱育稀植,每 667 平方米播种量控制在 200 ~ 230 千克范围内,秧龄 35 ~ 40 天。②合理稀植。大田插秧,行株距规格为 30 厘米×15 厘米,每穴插 3 ~ 4 株,插秧要达到浅、直、匀的要求。③施肥。底肥每 667 平方米施碳铵 25 千克,磷酸二铵 7.5 千克。于插秧后 7 天、14 天、25 天左右,分别追施蘖肥及穗肥,一般每 667 平方米施碳铵分别为 20 千克、25 千克、15 千克。后期,看情况酌施粒肥。④水层管理。除插秧、分蘖、孕穗三个时期保持水层外,其它时期可干干湿湿,分蘖末期根据稻苗长势适当落干控苗。⑤防治病虫。注意防治干尖线虫病、恶苗病及二化螟虫。

**选(引)育单位** 河北省农业科学院稻作研究所。

# (十九)垦育 12 号

垦育 12 号,原名 WD06。

**品种来源** 冀粳 8 号/中花 8 号//关东 100。1997 年,由河北

省农作物品种审定委员会审定,1999 年通过国家农作物品种审定委员会审定。

**品种特征特性** 该品种在京、津、唐地区的全生育期为 170 天。株高 100 ~ 120 厘米,茎秆粗壮坚韧,高抗倒伏。叶色绿而直立,受光姿态好,光能利用率高。穗长 16 ~ 18 厘米,每穗粒数为 100 ~ 110 粒,千粒重 25 ~ 27 克。稻谷颖尖褐色,属大穗大粒型品种。耐寒性强。糙米率为 83.41%,精米率为 75.45%,整精米率为 73.04%,垩白粒率为 20%,垩白度为 1.5%,粗蛋白质含量为 7.4%,糊化温度为 7 级,胶稠度为 85 毫米,直链淀粉含量为 24.1%,透明度为 1 级。1996 ~ 1997 年参加国家北方稻区区试,两年平均每 667 平方米产量为 539.7 千克。较对照津稻 1187 品种增产 12.1%。1998 年参加国家生产试验,平均每 667 平方米产量为 614.5 千克,较对照津稻 1187 品种增产 10.9%。表现高产、稳产,适应性广。

**品种适应性及适种地区** 适宜在京、津、唐地区作一季稻栽培。应用时应注意防治纹枯病。

**栽培技术要点** ①冀、津、京稻区作一季稻时,播期以 4 月 1 日至 4 月 10 日为宜。②适合采用旱育栽培新技术,行株距以 30 厘米×15 厘米为宜。一般以每 667 平方米施氮 17 ~ 20 千克为宜。③注意防治纹枯病等病虫害。

**选(引)育单位** 河北省农业科学院稻作研究所。

## (二十)垦育 16 号

**品种来源** (冀粳 8 号/中花 8 号)/关东 100。1999 年,由河北省农作物品种审定委员会审定,2003 年通过国家农作物品种审定委员会审定。

**品种特征特性** 该品种属常规粳稻品种,全生育期平均为 174.6 天,比对照中作 93 品种迟熟 4 天。株高 100 ~ 115 厘米,根系发达,茎秆粗壮坚韧。稻株清秀,有叶片 16～17 叶,叶片宽厚,直立上举,光合利用率高。每 667 平方米有效穗数为 21.8 万穗,平均每穗总粒数为 127.9 粒,结实率为 88.3%,千粒重 25.3 克。谷粒无芒,稻壳有刚毛,落黄性好。抗性:苗瘟 1 级,穗颈瘟 3 级(发病率为 9.8%),叶瘟 1 级(发病率为 0.8%)。米质主要指标:整精米率为 59.4%,垩白粒率为 24.5%,垩白度为 5.5%,胶稠度为 84.7 毫米,直链淀粉含量为 18.4%。1999 年,参加北方稻区中作 93 熟期组区试,平均每 667 平方米产量为 529.3 千克,较对照中作 93 品种增产 6.1%。2000 年续试,平均每 667 平方米产量为 540.3 千克,比对照中作 93 品种增产 11.6%。2001 年进行生产试验,平均每 667 平方米产量为 629.2 千克,比对照中作 93 品种增产 8.97%。

**品种适应性及适种地区** 适宜在北京、天津市及河北省东部和中北部一季春稻区种植。

**栽培技术要点** ①播种期。在北京、天津及河北省北部稻区作一季稻种植时,一般 4 月 1 日至 4 月 10 日播种。②播种量。采用旱育秧,播种量控制在 210～250 千克/667 平方米,秧龄 30～35 天。③稀植。大田移栽行株距为 30 厘米×14 厘米,每穴 5～6 株。④施肥。底肥,每 667 平方米施碳铵 20～25 千克,磷酸二铵 6～8 千克;秧苗插后 6～10 天追施分蘖肥,每 667 平方米施碳铵 25～30 千克,硫酸钾 5～6 千克;插秧后 14～20 天追施穗肥,每 667 平方米施碳铵 20～25 千克;根据情况酌施粒肥。⑤水层管理。分蘖达到计划成穗数的 80%左右时,开始落干控苗至穗肥期。施穗肥后至开花期,以浅水为主,后期宜干干湿湿,注意适当晚停水。

**选(引)育单位** 河北省农业科学院稻作研究所。

# (二十一)空育 131

空育 131,原代号垦鉴 90－31。

**品种来源** 以空育110(道黄金)/道北36(北明)。2000年,通过黑龙江省农作物品种审定委员会审定。

**品种特征特性** 该品种属早熟品种,生育日数为127天。株高80厘米,穗长14厘米,每穗128粒,千粒重26.5克。分蘖力强,成穗率高。1996年人工接种苗瘟9级、叶瘟7级、穗颈瘟9级,自然感病苗瘟9级、叶瘟7级、穗颈瘟7级。分蘖力强,耐肥抗倒,耐冷性强。其糙米率为83.1%、精米率为74.8%、整精米率为73.3%,米粒透明,无垩白,碱消值6.1级,胶稠度为50.2毫米,直链淀粉含量为17.2%,蛋白质含量为7.41%。1995～1996年参加区试,平均每667平方米产量为451.13千克,较对照合江19品种平均增产1.6%。1999年进行生产示范,平均每667平方米产量为525.63千克,较对照合江19品种增产8.9%。

**品种适应性及适种地区** 适宜于黑龙江省种植。

**栽培技术要点** ①培育足龄壮秧。要全面推行大棚育秧技术,在黑龙江省第三积温带以4月15日至4月25日播种为宜,一般旱育苗每平方米以播芽种0.25～0.30千克;超稀植每平方米以播芽种0.15～0.20千克为宜。②适期插秧。第三积温带以5月15日至25日插秧为宜,最晚不超过5月末,否则影响稻米外观及食味品质。③合理密植,少苗稀植。一般肥力中等以上的田块,栽培水平高的农户插秧规格以40厘米与20厘米的宽窄行距和18厘米的穴距,每穴插2～3苗为宜。④科学施肥。要大力提倡增施有机肥和生物肥,推广测土配方施肥。⑤注意稻瘟病防治。

**选(引)育单位** 黑龙江省农垦科学院水稻研究所。

# (二十二)丽稻1号

丽稻1号,又名9603。

**品种来源** 中作321/中国91。2001年12月,通过天津市农作物品种审定委员会审定。

**品种特征特性** 属晚熟粳稻品种,生育期为170天左右。株高115厘米,穗长23厘米,平均穗粒数在150粒以上,最大穗粒数达291粒,结实率在90%以上,千粒重28克。分蘖力中等,适应性好,稳产。剑叶上冲,大穗大粒,灌浆速度快,秆硬抗倒伏,抗盐碱性良好。经天津市植保研究所的接种鉴定,对苗瘟、穗颈瘟、叶瘟表现为中抗,易感枝梗瘟,抗纹枯病。米质优,口感好,9项指标达部颁一级米标准,有2项为部颁二级米标准。1998~1999年在天津市进行区试,两年平均每667平方米产量为565.4千克,比对照津稻1187品种增产8%,比对照中优93品种增产1.8%。2000年参加天津市生产试验,每667平方米产量为531.8千克,比对照中优93品种略减少2.3%。

**品种适应性及适种地区** 在京津唐地区可作一季稻栽培。

**栽培技术要点** ①适期早播,培育壮秧。该品种在4月上中旬播种,播量应控制在70千克/667平方米以下。要做好种子的药剂消毒。②适时早插,合理密植。5月下旬到6月初插秧,秧龄45天左右,采取宽行插秧方式,行距为24~30厘米,保证穴数在1.3万~1.5万穴/667平方米,每穴苗数为4~5株。③科学运筹肥水。根据品种的特点,在肥料上应采用前重后轻施肥法。底肥每667平方米施有机肥1立方米,磷酸二铵15千克或复合肥25千克。水分管理上应在插后深水护苗,缓苗后进行湿润灌溉。抽穗后,干湿交替灌水。④综合防治病虫害。要注意预防穗颈瘟。

**选(引)育单位** 天津市东丽区农业技术推广中心。

# (二十三)辽粳288

**品种来源** 79-227/83-326。2001年,由辽宁省农作物品种审定委员会审定;2003年,通过国家农作物品种审定委员会审定。

**品种特征特性** 属常规粳型水稻品种,全生育期平均为154.6天,与对照中丹2号相当。株高98.4厘米,苗期秧苗健壮,生长较慢,插秧后缓苗快,分蘖力中等。株形紧凑,茎秆粗壮,叶片直立上耸,活秆成熟不早衰。每 667 平方米的有效穗为 27 万～30 万穗。平均每穗总粒数为 105.7 粒,结实率为 88.2%,千粒重为 26.6 克。颖壳黄白,着有稀少芒。抗性:苗瘟 0 级,叶瘟 0 级,穗颈瘟 2 级,发病率为 2.8%。米质主要指标:整精米率为 63.3%,垩白粒率为 26%,垩白度为 6.5%,胶稠度为 65 毫米,直链淀粉含量为 13.6%。1999 年,参加北方稻区中丹 2 号熟期组区试,平均每 667 平方米产量为 669.8 千克,比对照中丹 2 号增产 9.6%,达显著水平。2000 年续试,平均每 667 平方米产量为 633.0 千克,比对照中丹 2 号增产 10.1%,达极显著水平。2001 年进行生产试验,平均每 667 平方米产量为 622.8 千克,比对照中丹 2 号增产 10.7%。

**品种适应性及适种地区** 该品种适宜在辽宁南部、河北东北部、北京、天津以及新疆中部稻区种植。

**栽培技术要点** ①培育壮秧。播种前进行种子消毒,以防恶苗病发生。采用营养土保温旱育秧,普通旱育苗播种量为每平方米 150～200 克。②合理稀植。5 月中下旬插秧,行株距 30 厘米×13.3 厘米为宜,每穴插 2～3 苗。③肥水管理。施足底肥,适时适量施用分蘖肥和穗肥。总施肥量(以硫铵计)为每 667 平方米 55～60 千克。水浆管理采取浅水灌溉和干干湿湿的管水方法。收获前不宜撤水过早,以防早衰。④防治病虫害。注意防治二化螟和稻曲病。

**选(引)育单位** 辽宁省农业科学院稻作研究所。

## (二十四)辽粳 294

**品种来源** 79－227/83－326。1998 年,由辽宁省农作物品种审定委员会审定,1999 年通过国家农作物品种审定委员会审定。1999 年获"九五"攻关优质品种后补助。

**品种特征特性** 在沈阳地区,该品种全生育期为 160 天左右,株高 105 厘米左右。苗期叶片宽厚浓绿,根系发达,分蘖力极强,茎秆虽略纤细,但韧性较好。株形紧凑,穗为半松散形,穗长 16 ~ 18 厘米。每穗成粒 80 ~ 90 粒,千粒重 24.5 克,颖壳黄白,有极稀短白芒。中抗稻瘟病和白叶枯病,轻感稻曲病,纹枯病较轻。其糙米率为 82.4%,精米率为 76.4%,整精米率为 73.5%,垩白粒率为 2.8%,垩白度为 0.1%,透明度 1 级,含粗蛋白质 8.79%,直链淀粉含量 17.99%,胶稠度为 76 毫米,糊化温度为 7 级。其食味适口性好,米质优。1996 ~ 1997 年,参加北方稻区区域试验,两年平均每 667 平方米产量为 474.8 千克,比对照增产 7.9%。1998 年,参加北方稻区生产试验,平均每 667 平方米产量为 584.11 千克,比对照增产 11.7%。

**品种适应性及适种地区** 适宜在辽宁省中晚熟稻区,以及北京、天津和河北等省、市中丹 2 号熟期稻区种植。

**栽培技术要点** ①培育壮秧。种子消毒后,4 月上旬播种。要适时通风炼苗,培育壮秧。②合理稀植。行株距为 30 厘米 × 13.3 厘米或 30 厘米 × 16.7 厘米,每穴 2 ~ 3 苗。③科学施肥。每 667 平方米施标准氮 55 ~ 65 千克,磷酸二铵 10 千克,钾肥 15 千克,锌肥 1 ~ 1.5 千克。④水层管理。要采用浅湿干相结合的灌溉原则,后期断水不宜过早,一般以在收获前 10 天左右排水为宜。⑤病虫害防治。注意防治二化螟、稻曲病和稻飞虱。

**选(引)育单位** 辽宁省农业科学院稻作研究所。

# (二十五)辽粳 931

**品种来源** 从辽粳 294 品种系统选育而成。2001 年,通过辽宁省农作物品种审定委员会审定。

**品种特征特性** 属中晚熟品种,在沈阳地区,全生育期为 158 天左右。株形紧凑,茎秆粗壮,分蘖力较强,株高 100 ~ 105 厘米。穗为半松散形,穗长 16 ~ 18 厘米,每穗 100 ~ 120 粒,千粒重 25.2

克。颖壳黄白,着有稀短芒。中抗稻瘟病和白叶枯病。抗倒性强,活秆成熟,不早衰。米质优良。一般每 667 平方米产量为 600～650 千克,最高 667 平方米产量达 765 千克。

**品种适应性及适种地区** 辽宁省内,可在沈阳、辽阳、鞍山、海城、营口、盘锦、锦州和大连等地种植;辽宁省外,可在新疆、北京、河北、宁夏和山东等地试种。

**栽培技术要点** ①培育壮秧。播前种子严格消毒,以防恶苗病的发生。一般 4 月初播种,播量为每平方米 150～200 克。②合理稀植。行株距一般为 30 厘米×13.3 厘米,每穴插 3～4 苗。③科学施肥。每 667 平方米总施肥量为 55～60 千克硫铵。遵循前重后轻的原则,前期适当多施,以促进分蘖,后期应根据长势地力和气候条件,适当少施,以防稻曲病和穗颈瘟的发生。④水层管理。要做到浅水插秧,寸水缓苗,浅水分蘖,有效分蘖末期适当晒田。后期不能断水过早,以防早衰。⑤防治病虫草害。6 月下旬至 7 月上旬,要防止二化螟发生;出穗前 5～7 天,喷施络铵铜一次,防止稻曲病发生;出穗前 3～4 天,用富士 1 号喷雾防治稻瘟病。

**选(引)育单位** 辽宁省农业科学院稻作研究所。

## (二十六)辽盐 283 号

**品种来源** 中丹 2 号／长白 6 号。1998 年,通过国家农作物品种审定委员会审定。

**品种特征特性** 属中熟粳型品种,全生育期为 152 天。株高 90 厘米,主茎有叶片 15 片,叶片直立,茎秆坚韧,株形紧凑。每 667 平方米可达 30 万～35 万穗,穗长 19～22 厘米,平均每穗 100 粒左右,着粒密度适中,结实率为 94% 左右,千粒重 26 克。颖尖黄色,无芒。中抗稻瘟病和纹枯病。稻米品质主要指标达到农业部颁布的优质米标准,糙米率为 82.1%,精米率为 74.3%,垩白度为

2.7%,碱消值为6.9,胶稠度为82毫米,直链淀粉含量为17.9%,蛋白质含量为8.2%,透明度1级。

**品种适应性及适种地区** 该品种丰产性好,适应性广,中抗稻瘟病,耐盐,耐旱,适宜辽宁、山西中早粳中熟、晚熟稻区种植推广。

**栽培技术要点** 在中早粳中熟稻区宜早播种,在中早粳晚熟稻区要适期播种。旱育稀播,适时插秧,栽插规格为30厘米×13.3厘米,或30厘米×20厘米,每穴2~3粒种子苗。本田施氮比例为:底肥30%、蘖肥50%、孕穗期10%、粒肥10%,配合施入磷、钾、锌肥。在病虫害流行年份,要注意进行药剂防治。

**选(引)育单位** 辽宁省北方农业技术开发总公司。

# (二十七)辽盐9号

**品种来源** M147品系系选。1997年,由辽宁省农作物品种审定委员会审定。

**品种特征特性** 在辽宁省,该品种的全生育期为157天左右。分蘖力强,成穗率高,有效穗70%左右。株形紧凑,分蘖期叶片半直立,拔节后叶片上举,成熟后叶里藏穗。株高85~90厘米,茎秆粗壮坚韧。长散穗形,穗长21~24厘米,每穗实粒数为90~110粒。谷粒长椭圆形,种皮黄色无芒,结实率为95%左右,千粒重26克左右。对稻瘟病、稻曲病和纹枯病的抗性均为中抗以上。具有耐肥、抗倒、耐盐碱、耐旱、耐寒及活秆成熟、不早衰等特性。其糙米率为84.08%,精米率为74.89%,整精米率为73.66%,垩白粒率为3.5%,糊化温度为7.0级,胶稠度为100毫米。直链淀粉含量为17.7%,透明度1级,长宽比值为1.98,蛋白质含量为12.45%,米质主要指标均达到部颁优质粳米一级标准。1996~1997年,参加北方稻区区域试验,平均每667平方米产量为488千克,比对照中丹2号增产10.8%。1998年参加北方稻区生产试验,平均每667平方米产量为476.7千克,比对照增产4.4%。

**品种适应性及适种地区**　该品种适宜在辽宁、西北及华北中丹2号熟期稻区种植。

**栽培技术要点**　①密度：在中等肥力田块的的栽培密度为30厘米×20~23.3厘米，每穴3~4苗；在高肥力田块的栽培密度为30厘米×26.7~30厘米，每穴4~5苗。②施肥：每667平方米施硫铵60~75千克，磷肥50~60千克，配合施用钾、硅、锌等微量元素肥料。③管水：坚持深、浅、干相结合，后期要间歇灌溉，收获前10天撤水，以确保活秆收割。④防治恶苗病：播种前要做好种子消毒。

**选（引）育单位**　辽宁省北方农业技术开发总公司。

# （二十八）辽盐糯10号

**品种来源**　辽粳5号系选。1997年，由辽宁省农作物品种审定委员会审定；1999年通过国家农作物品种审定委员会审定。

**品种特征特性**　属秋光熟期品种。该品种的全生育期，在辽宁为153天左右。根系发达，抗逆性强；分蘖力强，成穗率高，有效分蘖为70%左右。株形紧凑，茎秆坚韧，株高90厘米左右，主茎有15片叶。叶片直立，既短又宽且厚，叶色较深，光能利用率高。棒状半紧穗形，穗长15~18厘米，每穗实粒数为100粒左右，结实率为90%左右，千粒重24克左右，谷粒长椭圆形，无芒。种皮黄色，颖尖褐色。中抗稻瘟病。在高肥条件下，易感稻曲病。具有抗倒、耐旱、耐寒及活秆成熟不早衰等特性。其糙米率为82.23%，精米率为74.17%，整精米率为70.30%，长宽比值为1.6，胶稠度为100毫米。胚乳糯性，直链淀粉含量为0，蛋白质含量为9.10%。1996~1997年，参加北方区试，两年平均每667平方米产量为481千克，比对照中丹2号增产9.31%。1995~1996年，在辽宁省进行生产试验，两年平均每667平方米产量为668.8千克，比对照辽糯1号增产24.2%。1998年，在北方稻区进行生产试验，平均每667

平方米产量为 510.0 千克,比当地对照平均增产 3.6%。

**品种适应性及适种地区** 该品种适宜在辽宁、华北、西北中早粳中熟、晚熟稻区推广种植。

**栽培技术要点** ①密度:在中等肥力田块为 30 厘米×20~23.3 厘米,每穴 3~4 苗;高肥力田块为 30 厘米×26.7~30 厘米,每穴 4~5 苗。②施肥:每 667 平方米施硫铵 60~75 千克,磷肥50~60 千克,配合施钾、硅、锌等各种微量元素肥料。③管水:水管理要坚持深、浅、干相结合。后期管水要间歇灌溉,收割前 10 天撤水,以确保活秆收割。④播种前要做好种子消毒,防治恶苗病。

**选(引)育单位** 辽宁省北方农业技术开发总公司。

# (二十九)宁粳 23 号

**品种来源** 88XW–495–1/84XZ–7。2003 年,通过国家农作物品种审定委员会审定。

**品种特征特性** 该品种属粳型常规水稻品种,全生育期平均为 154.7 天,比对照秋光迟熟 3.2 天。株高 105.5 厘米,株形紧凑,茎秆粗壮,主茎有叶片 15 片。前期苗色淡绿,后期叶片直立,色绿清秀。半直立穗形,平均每穗总粒数为 134.4 粒,结实率为84.4%,千粒重 26.7 克。籽粒阔卵形,颖壳黄色,无芒。抗性:苗瘟 3 级,叶瘟 0 级,穗瘟率为 23%。米质主要指标:整精米率为56.9%,垩白度为 6%,垩白粒率为 56%,胶稠度为 85.5 毫米,直链淀粉含量为 17.5%。2000 年,参加北方稻区秋光熟期组区试,平均每 667 平方米产量为 692.0 千克,比对照秋光增产 11.4%。2001年续试,平均每 667 平方米产量为 692.3 千克,比对照秋光增产8.7%,2001 年参加生产试验,平均每 667 平方米产量为 704.5 千克,比对照秋光增产 18.7%。

**品种适应性及适种地区** 该品种适宜在吉林南部、辽宁、宁夏、北京以及山西、新疆中北部稻瘟病轻发区种植。

**栽培技术要点** ①在宁夏种植,4月中旬播种育苗,采用小拱棚塑料薄膜保温育秧法,5月中旬插秧。②大田插植行穴距规格为27厘米×10厘米或30厘米×10厘米,每穴插3~5株。③大田每667平方米施肥总量为:氮14~15千克,磷6~8千克。注意增施磷肥和有机肥。④水层管理原则,是两保两控,即插秧至分蘖期要保,分蘖高峰期至幼穗分化始期要控;孕穗期至抽穗期要保,齐穗后干湿交替要控,收获前不可停水过早。

**选(引)育单位** 宁夏农林科学院作物研究所。

# (三十)沈农8718

**品种来源** (沈农91/S22)/丰锦。2003年,通过国家农作物品种审定委员会审定。

**品种特征特性** 属常规粳型水稻品种,全生育期平均为155天,比对照秋光迟熟4.5天。株高96.8厘米,主茎有叶片15叶,叶片绿色,倒二叶最长,基部叶片相对平展,剑叶、倒二叶和倒三叶较直立,受光姿态较好,光合速率较高。弯曲松散穗形,穗较整齐,平均每穗总粒数为89.3粒,结实率为87.6%,个别粒有短芒,千粒重25.5克。抗性:苗瘟4级,叶瘟7级,穗瘟率为24.5%。米质主要指标:整精米率为63.1%,垩白度为2.3%,垩白粒率为17.5%,胶稠度为82毫米,直链淀粉含量为17.5%,米质优良。1999年,参加北方稻区秋光熟期组区试,平均每667平方米产量为633.1千克,比对照秋光增产1.3%。2000年续试,平均每667平方米产量为632.8千克,比对照秋光增产1.9%。2000年进行生产试验,平均每667平方米产量为595千克,比对照秋光少产5.5%。

**品种适应性及适种地区** 适宜在吉林南部、辽宁、宁夏、北京以及山西中部和新疆中北部稻瘟病轻发区种植。

**栽培技术要点** ①旱育稀播。采用营养土保温旱育秧,应用床土调制剂或壮秧剂,普通旱育苗每平方米播种量为150~200

克,盘育每盘播种量为 60 ~ 80 克。②稀植移栽。栽植行株距为 30
厘米×(13.3 ~ 16.7)厘米,平均每穴插 3 株。③节水灌溉。浅水
插秧,浅湿分蘖,够苗晒田,浅水养胎,浅湿抽穗,寸水开花,湿润壮
粒。每 667 平方米用水量 500 ~ 600 立方米。④平衡施肥。氮、
磷、钾施用比例为 1:0.5:0.5,每 667 平方米施硫酸铵 45 ~ 50 千
克,过磷酸钙 20 ~ 30 千克,硫酸钾 10 千克,并配合施用农家肥。
⑤防治病虫害。重点做好稻瘟病和二化螟等病虫的防治工作。

**选(引)育单位** 沈阳农业大学。

# (三十一)新稻 9 号

**品种来源** 京香 2 号/G130 的第三代种子,经 $^{60}$Co-γ 射线 2 万
伦琴辐射处理。2000 年 12 月,由新疆维吾尔自治区农作物品种审
定委员会审定。

**品种特征特性** 属早粳晚熟类型,米泉县采用塑料薄膜育秧
移栽,全生育期 160 天左右,比秋光长 6 ~ 7 天。株高 97.5 厘米,穗
长 16.8 厘米,穗粒数为 90 粒,结实率为 84.7%,千粒重 29 克左
右。谷粒椭圆形,颖壳黄色,颖尖亦为黄色,难落粒。抗稻瘟病、恶
苗病和白叶枯病,苗期和后期的抗冷性好。据农业部稻米及制品
质量监督检验测试中心检测,其糙米率为 83.4%,精米率为
74.6%,整精米率为 58.5%,粒长 6.0 毫米,长宽比值为 2.3,垩白
粒率为 23%,垩白度为 3.0%,透明度 1 级,碱消值 7.0 级,胶稠度
为 82 毫米,直链淀粉含量为 18.2%,蛋白质含量为 7.3%。六项指
标达优质米一级标准,三项指标达优质米二级标准。外观品质好,
食味好,具有香味。1993 ~ 1995 年,参加新疆维吾尔自治区水稻区
域试验,三年平均每 667 平方米产量为 600.7 千克,在阿克苏点和
石河子点分别达到 838.75 千克/667 平方米和 747.2 千克/667 平
方米。

**品种适应性及适种地区** 该品种适应性强,主要适宜于北疆

 水稻良种引种指导

稻区种植。在新疆、湖北、四川种植都表现很好,在湖北省适合多种茬口种植。

**栽培技术要点** ①新稻9号品种主要适宜北疆稻区种植。在北疆生育期偏长,要控制肥水,保证成熟。要适期早播和早插,稀播育壮秧,并注意种子消毒。②在中等肥力条件下,一般每667平方米施尿素30千克,磷酸二铵15千克。在田间管理上,应采取前重、中控、后补的施肥原则,早施、重施分蘖肥,促进早生快发。③采取浅水灌溉,分蘖末期及时晒田,出穗后干干湿湿灌溉,及时消灭田间杂草。

**选(引)育单位** 新疆维吾尔自治区农业科学院粮作所。

## (三十二)延粳23

延粳23,原名延504。

**品种来源** 云峰/SHORAR2。2000年,由吉林省农作物品种审定委员会审定;2001年通过国家农作物品种审定委员会审定。

**品种特征特性** 属粳型常规水稻,全生育期为147天左右,比吉玉粳晚熟4天。分蘖力强,成穗率高,结实率为86.8%,千粒重26.2克。喜肥,宜在中等肥力下育苗插秧。茎秆较细坚韧,耐冷性强。丰产稳产性较好,但稻米外观品质较差,感稻瘟病。

**品种适应性及适种地区** 该品种适宜在吉林省中熟、中晚熟稻区,辽宁省东北部及宁夏部分稻区种植。生产中应特别注意加强稻瘟病的防治。

**栽培技术要点** 在延边地区一般采用大棚盘育苗,4月初播种,每667平方米播种量为1.6千克,秧龄40～50天。5月中下旬插秧,每穴2～4苗。每667平方米施用纯氮8千克,施用量要前重后轻。要注意防治稻瘟病。

**选(引)育单位** 吉林省延边州农业科学院水稻研究所。

# (三十三)雨田1号

**品种来源** M142 系统选育而成。2003 年,通过国家农作物品种审定委员会审定。

**品种特征特性** 该品种属常规粳型水稻品种,全生育期为153 天,与对照中丹 2 号相当。株高 103 厘米,株形紧凑,茎秆坚韧,分蘖期叶片半挺立,拔节后叶片上举,成熟后为叶上穗。分蘖力强,每 667 平方米有效穗数为 30 万 ~ 35 万。长散穗形,穗长20 ~ 23 厘米,平均每穗总粒数为 99.6 粒,结实率为 84.1%,千粒重24.3 克。谷粒黄色,长椭圆形,颖尖黄色无芒。抗性:苗瘟 0 级,叶瘟 3.5 级,穗颈瘟 2 级,穗颈瘟发病率为 4.1%。米质主要指标:整精米率为 70.5%,垩白度为 4.9%,垩白粒率为 20%,胶稠度为87 毫米,直链淀粉含量为 16.3%,米质较优。1999 ~ 2000 年,参加北方稻区中丹 2 号熟期组区试,平均每 667 平方米产量为 637.0 千克,比对照中丹 2 号增产 7.5%;2001 年参加生产试验,平均每 667平方米产量为 582.3 千克,比对照中丹 2 号增产 3.5%。

**品种适应性及适种地区** 适宜在辽宁南部、河北东北部、北京、天津以及新疆中部稻区种植。

**栽培技术要点** ①栽插密度。根据土壤肥力而定,栽插规格为:薄地 30 厘米×13.3 ~ 16.7 厘米,每穴 2 ~ 3 苗;中等肥力田 30厘米×20 ~ 23.3 厘米,每穴 3 ~ 4 苗;高肥田 30 厘米×26.7 ~ 30 厘米,每穴 4 ~ 5 苗。②施肥。每 667 平方米施氮肥(以硫铵计)50 ~70 千克,磷肥(以二铵计)10 ~ 15 千克,钾肥(以硫酸钾计)7.5 ~ 12千克。③水浆管理。坚持深、浅、干相结合,后期要间歇灌溉,收获前 15 天撤水,确保活秆收获。④防治病虫害。要及时防治恶苗病和二化螟等病虫危害。

**选(引)育单位** 辽宁省盘锦北方农业技术开发有限公司。

## (三十四)雨田7号

雨田7号,原名辽盐6号。

**品种来源** M148品系(系选)。2001年,通过国家农作物品种审定委员会审定。

**品种特征特性** 属粳稻常规品种,在北方稻区全生育期为151天左右,比秋光长2天左右。株形紧凑,茎秆坚韧,分蘖力强,成穗率高。具有耐肥、耐盐碱、耐旱、耐寒及活秆成熟不早衰等特性。中抗稻瘟病。丰产性好,适应性好,外观米质优。

**品种适应性及适种地区** 该品种适宜在辽宁省以及西北、华北适宜种植秋光品种的稻区种植。

**栽培技术要点** ①在辽宁、西北及华北秋光熟期稻区,可插秧或抛秧栽培;在华北晚熟稻区,可旱种或麦稻复种,也可作节水品种晚育晚栽;在西北晚熟稻区可直播或飞机航播。②种植密度,肥地宜稀,薄地宜密。③施肥要氮、磷、钾、硅与微肥按比例配合,水管理要坚持浅、湿、干相结合。④防治病虫害。要及时防治稻瘟病和二化螟等病虫危害。

**选(引)育单位** 辽宁省盘锦北方农业技术开发有限公司。

## (三十五)中农稻1号

中农稻1号,原名中作9128。

**品种来源** 垦系2号/中系8121。1999年,通过国家农作物品种审定委员会审定。

**品种特征特性** 该品种在京、津、唐地区,全生育期为165天左右。株形紧凑,株高90厘米左右,叶片较宽而直立,叶色较深,分蘖力中等,成穗率高,茎秆粗壮;半紧穗,顶白芒,穗长17.3厘米,每穗有籽粒150粒以上,结实率为80%以上,千粒重26克左右。抗稻瘟病,耐盐碱,轻感条纹叶枯病和白叶枯病。米质优良,食味佳,糙米率为 83.7%,精米率为 74.7%,整精米率为 66.1%,垩白粒率为 8%,垩白度为 2.4%,透明度为 1 级,糊化温度 6.8 级,胶稠度为 72 毫米,直链淀粉含量为 17.4%,蛋白质含量为 8%。1995~1997 年,参加北方稻区区试,比对照津稻 1187 增产 10.1%。1998 年参加北方生产试验,比当地对照增产 12%~14.8%,一般 667 平方米产量为 550 千克左右。

**品种适应性及适种地区** 适宜在京、津、唐地区,山东省东营、临沂及河南省郑州以北地区推广种植。种植时应注意加强白叶枯病的防治。

**栽培技术要点** ①播前严格进行种子消毒,防治恶苗病和干尖线虫病。②增施底肥,全程施肥,分次施用蘖肥,适当增施穗肥和粒肥,配施磷、钾肥。③以浅水层管理为主,不宜重晒田。收获前 10 天停水,以防早衰。④中后期及时防治螟害、白叶枯病和条纹叶枯病。⑤适于肥水条件较好的地区种植,白叶枯病重病区要慎用。

**选(引)育单位** 中国农业科学院作物所。

# 三、北方主要杂交粳稻组合良种

## (一)辽优 3418

辽优 3418,原名 3A/C418。

**品种来源** 3A/C418。2001 年,通过国家农作物品种审定委员会审定。

**品种特征特性** 该组合属粳型三系杂交水稻。全生育期平均为 160 天,比对照丹优 2 号晚 3 天。株高 108 厘米,根系发达,根长根粗,耐旱节水,茎秆粗壮,抗倒伏能力强。分蘖力强,株形理想,主茎叶片数为 15~16 叶。叶片上冲直立,剑叶宽厚浓绿,功能叶片内卷,光合生产能力强。成穗率高,每667平方米的有效穗数为22.8万,每穗有籽粒143.3粒,结实率为81.8%,千粒重26.4克。米质主要指标:整精米率为74%,胶稠度为78毫米,直链淀粉含量为16.9%,垩白度为15.3%。抗稻瘟病。1998～1999年,参加北方稻区国家区试,两年平均每667平方米产量为623.1千克,比对照中丹2号增产17.3%。2000年,进行生产试验,平均每667平方米产量为569.6千克,比对照中丹2号增产19.6%,表现高产稳产,适应性强。

**品种适应性及适种地区** 该品种适宜在辽宁、北京、天津、河北和新疆等地区种植。

**栽培技术要点** ①适期早播,稀播,培育壮秧。在辽宁省一般4月初播种,苗床每平方米播干种子150克,叶龄4～5叶,带蘗率30%以上。②合理稀植。在辽宁省中南部稻区,行株距为30厘米×20厘米,每667平方米插1万～1.1万穴,每穴2～3苗。③肥料运筹。氮肥平稳促进,磷、钾、锌肥配方施用,坚持前足、中控、后保原则,每667平方米施标准氮60千克,标准磷40千克,钾肥20千克,锌肥3千克。④水层管理:带水插秧,浅水分蘗,够苗晒田,叶色褪淡复水,之后间隙灌溉,尽量延迟断水,收获前灌一次透水。⑤及时防治病虫草害。

**选(引)育单位** 辽宁省农业科学院稻作研究所。

# (二)辽优4418

辽优4418,原名秀岭A/C418。

**品种来源** 秀岭A/C418。2001年,由国家农作物品种审定委员会审定。

**品种特征特性** 全生育期平均为156天,比对照秋光长约3天。株高109厘米,根系发达,分蘗力强,主茎叶片数为15～16叶。叶色绿中有黄,功能叶内卷挺立,抽穗后叶里藏花。穗大,粒多,每穗着粒数 102 粒,结实率为 80.7%,千粒重 26.6 克。籽粒饱满,颖尖黄色,间有稀短芒。米质主要指标:精米率为 76.6%,整精米率为 70%,垩白粒率为 86%,直链淀粉含量为 16.9%,垩白度为 11.2%。中抗苗叶瘟病,感穗颈瘟。1998～1999 年,参加北方稻区国家区试,两年平均每 667 平方米产量为 682.5 千克,比对照秋光增产 7.4%。2000 年,进行生产试验,平均每 667 平方米产量为 724.1 千克,比对照秋光增产 15%,表现较高增产潜力。

**品种适应性及适种地区** 适宜在辽宁、宁夏和新疆等地种植,也适宜在北京、天津和河北唐山地区,作麦茬稻种植。

**栽培技术要点** ①培育壮秧。苗床每平方米播干种子 150 克。叶龄 4～5 叶,带蘖率 30% 以上。②合理稀植。在辽宁省北部稻区,其行株距为 30 厘米×20 厘米,每 667 平方米插 1 万～1.1 万穴,每穴 2～3 苗。在宁夏,行株距以 20 厘米×15 厘米为宜,每 667 平方米插 2.2 万穴,每穴 2～3 苗。③肥料运筹:氮肥平稳促进,磷、钾、锌肥配方施用,坚持前足、中控、后保原则,每 667 平方米施标准氮 50 千克,标准磷 40 千克,钾肥 20 千克,锌肥 3 千克。④水层管理:带水插秧,浅水分蘖,够苗晒田,叶色褪淡复水,之后间隙灌溉,收获前灌一次透水。⑤及时防治病虫草害。插秧前后,结合施分蘖肥进行化学药剂封闭灭草。7 月初和 8 月初防治二化螟虫各一次。7 月底当纹枯病株率达 5% 时,及时用井冈霉素防治。

**选(引)育单位** 辽宁省农业科学院稻作研究所。

# (三)3 优 4418

3 优 4418,原名 3A/18,又名 3 优 18。

**品种来源** 3A/18。2001 年,经国家农作物品种审定委员会审定。

**品种特征特性** 该组合属粳型三系杂交水稻,在黄淮地区作麦茬稻种植,全生育期平均为 150 天。株高 115 厘米,分蘖力中等,株形紧凑挺拔,主茎有叶片 18～19 叶,叶片宽厚上冲,叶色深绿,茎秆粗壮,抗倒伏。穗长 21.3 厘米,每穗着粒数为 180 粒,结实率为 80%,千粒重 26.3 克。颖尖黄色,稍有顶芒。米质主要指标:整精米率为 62.4%,垩白粒率为 72%,直链淀粉含量为 17%,垩白度为 12.4%,胶稠度为 76 毫米。中抗稻瘟病。1998～1999 年,参加北方稻区国家区试,两年平均每 667 平方米产量为 614.7 千克,比对照豫粳 6 号增产 8.31%。2000 年进行生产试验,平均每 667 平方米产量为 616.3 千克,比对照豫粳 6 号增产 11.6%。

**品种适应性及适种地区** 该品种适宜在江苏省,及安徽省北部和山东省西南部地区种植。

**栽培技术要点** ①种子处理:用菌虫清或浸种灵进行浸泡,防治干尖线虫病和恶苗病。②稀播培育壮秧,秧龄宜短不宜长。栽插株行距为 23 厘米×13.2 厘米,每穴栽双株。③施肥宜早宜重,早促早发,搭好丰产苗架,确保有效穗在 18 万穗以上。适当补施粒肥。④注意对稻曲病和二化螟的防治。

**选(引)育单位** 天津市水稻研究所。

## (四)辽优 5218

**品种来源** 辽优 5216A/C418。2001 年,由辽宁省农作物品种审定委员会审定。

**品种特征特性** 该组合属粳型三系杂交水稻品种,大穗,散穗,全生育期为 160 天左右。株高 115～120 厘米,穗长 20 厘米,分蘖力强,成穗率高,每 667 平方米有效穗数为 23 万穗左右,每穗实粒数为 110 粒左右,结实率高达 90% 以上,千粒重 26～27 克。灌浆期较长,活秆成熟,高抗稻瘟病与纹枯病,中抗白叶枯病,一般不感稻曲病,苗期耐低温力强于常规品种。米质优良,适口性好,并具有省肥、省水、省种和省药的优点。2001 年,在海城市八里镇、温香镇等地种植辽优 5218 品种 66.7 公顷,平均每 667 平方米产量

为 721.6 千克,具有很强的增产潜力。

**品种适应性及适种地区** 该品种适宜在辽宁、宁夏、新疆等地种植,也适宜在北京、天津和河北唐山地区作麦茬稻种植。

**栽培要点** ①稀播旱育秧,早插。在辽南稻区,于 4 月初播种,每 667 平方米用种量为 2 千克。可比常规品种早插 5 天。②合理稀植,适当扩大行距。插秧规格为 36 厘米×13 厘米,每穴插 4 苗。③科学施肥。每 667 平方米施用氮肥量可比一般直立穗品种减少 10%～15%。④浅、湿、干间歇灌溉,每 667 平方米用水量可减少 100～150 立方米。够苗晾田,后期晚断水。⑤要及时防治二化螟和白叶枯病等病虫害。

**选(引)育单位** 辽宁省农业科学院稻作研究所。

## (五)辽优 3225

**品种来源** 326A/C253。1998 年,由辽宁省农作物品种审定委员会审定。

**品种特征特性** 该组合属粳型三系杂交水稻品种。在辽宁的全生育期为 160 天左右。株高 105 厘米,株形紧凑,幼苗粗壮,叶片宽厚、直立,剑叶浓绿,与穗等高,活秆成熟,分蘖力强,转色好,穗形稍松散,每穗成粒 130 粒以上,颖、颖尖黄白色,千粒重 27.8 克。米质较优,抗逆性强,耐旱、耐寒,抗倒伏。中抗稻瘟病,易染稻曲病。产量高,在两年省区域试验中,比对照增产 15.4%。在两年生产试验中,比对照增产 12.6%～37.8%,一般每 667 平方米产量为 721.6 千克,比常规稻多收稻谷 100～150 千克。1998 年,大洼县王家农场种植该品种 200 余公顷,每 667 平方米产量最低达 700 多千克。在新疆库尔勒地区种植,每 667 平方米产量达 1 077 千克,创历史单产最高纪录。

**品种适应性及适种地区** 该品种适宜在辽宁省的沈阳、辽阳、鞍山、营口和盘锦,以及津、鲁、豫、新、宁等地区种植。

**栽培技术要点** ①适时早播,培育带蘖壮秧。杂交稻每 667 平方米用种量为 2 ～ 2.5 千克。适时早播。每平方米播干种子 100 ～ 150 克。②采取"田中稀,穴中密"栽植方式。密度为 33.3 厘米 × 16.5 厘米或 36.3 厘米 × 13.3 厘米,每穴 4 ～ 5 苗,按"肥地稀,薄地密"的原则掌握密度。③合理施肥,提倡前重、后轻原则,即基肥每 667 平方米施硫酸铵 25 千克,磷酸二铵 15 千克。每 667 平方米施返青肥硫酸铵 20 千克,硫酸钾 10 千克,锌肥 1.5 千克。同时,根据当地土壤肥力状况及水稻长势,酌情增减施肥量。④防治病虫害,要注意防治二化螟和稻飞虱。在抽穗前 7 ～ 10 天,要喷施络铵铜防治稻曲病。其它病害,应根据预报酌情防治。

**选 ( 引 ) 育单位** 辽宁省农业科学院稻作研究所。

# (六)9 优 418

**品种来源** 9201A/C418。2002 年,由安徽省农作物品种审定委员会审定。

**品种特征特性** 该组合属迟熟三系杂交中粳,有一定的感温性,竞争优势强,产量显著高于常规中粳和原有杂粳组合,米质主要指标达国家农业部颁布的二级优质米标准。高抗稻瘟病,抗白叶枯病,对水稻纹枯病抗性较好。1998 ～ 1999 年,在北方区试中,两年平均每 667 平方米产量为 622 千克,比 CK 豫粳 6 号增产 9.61%,极显著,居首位。1999 年,在北方生产试验中,平均每 667 平方米产量为 622 千克,比 CK 豫粳 6 号增产 10.6%。在北方区试中,平均生育期为 155 天,有一定的感温性,每 667 平方米有效穗为 24.4 万穗,每穗着粒数为 169 粒,结实率为 80%,千粒重 26.2 克。

**品种适应性及适种地区** 该品种适于北方稻区种植。

**栽培技术要点** ①合理安排生育进程,充分发挥高产潜力。②确立适宜基本苗,发挥大穗优势。③合理进行肥料运筹,培育高质量群体。④加强后期管理,促进良好灌溉。断水时间不宜过早,注意养好老稻。

**选(引)育单位** 江苏省徐州市农业科学研究所。

## (七)泗优 418

**品种来源** 泗稻 8 号 A/C418。1999 年,经江苏省农作物品种审定委员会审定。

**品种特征特性** 属三系杂交粳稻组合,株高 110 厘米,全生育期为 150~155 天。穗长 25.5 厘米,千粒重 28 克,着粒密度适中。茎秆粗壮挺拔,耐肥抗倒,剑叶挺举,中前期生长清秀,后期熟色熟相好。抗白叶枯病、稻瘟病。外观米质较好,食味佳。

**品种适应性及适种地区** 适宜在江苏、安徽省北部,山东省西南部地区种植。

**栽培技术要点** ①4 月底 5 月初落谷,用浸种剂"901"浸种防治恶苗病,稀播培育壮秧。②移栽行株距为 25 厘米×13.3 厘米,每 667 平方米栽插 2 万穴,其基本苗为 4 万~5 万株。③大田可重施氮肥,注意磷、钾肥的配合。④水浆管理采取深水活棵、浅水分蘖、后期干湿交替的灌水方法,收获前 5~7 天断水。

**选(引)育单位** 江苏省淮阴市农业科学研究所。

## (八)津粳杂 2 号

津粳杂 2 号,又名津优 9701。

**品种来源** 3A/C272。2001 年,由天津市农作物品种审定委员会审定;2003 年,经国家农作物品种审定委员会审定。

**品种特征特性** 属粳型三系杂交水稻,全生育期平均为 175 天,比对照中作 93 迟熟 3.8 天。株高 115 厘米,主茎有 18~19 片叶,株形紧凑,叶片厚舒展,叶色浓绿,茎秆粗壮。每 667 平方米有效穗为 17 万穗,穗长 22.8 厘米,平均每穗总粒数为 221.9 粒,结实率为 73.9%,千粒重 26.6 克。颖尖黄色,无芒或稀顶芒。抗稻瘟病。米质优良,整精米率为 65.4%,垩白粒率为 57%,垩白度为 12.5%,胶稠度为 76.5 毫米,直链淀粉含量为 17%。2000 年,该品种参加北方稻区中作 93 熟期区试,平均每 667 平方米产量为 570.7 千克,比对照中作 93 增产 17.9%,达显著水平。2001 年续试,平均每 667 平方米产量为 637.2 千克,比对照中作 93 增产 10.4%。

**品种适应性及适种地区** 该品种适宜在北京、天津市及河北省东部和中北部一季稻区种植。

**栽培技术要点** ①种子处理。用菌虫清或浸种灵浸种,防治干尖线虫病和恶苗病。②稀播壮秧,适龄移栽。秧田每 667 平方米播种量控制在 40 千克以内,并通过肥床旱苗等技术培育多蘖壮秧,秧龄 40 天左右,控制在 50 天内。③少本稀植。本田移栽行株距一般为 30 厘米×13.3 厘米,每穴插 2～4 苗。④施肥。要求底肥足,追肥平稳促进,确保每 667 平方米有效穗在 18 万穗以上,适当补施粒肥。⑤水层管理。插秧至分蘖期小水勤灌,分蘖末期落水烤田,孕穗至抽穗期深浅交替,灌浆到成熟期间歇灌水,收获前 10 天左右停水。⑥病虫防治:做好纹枯病、稻曲病和二化螟的防治工作。

**选(引)育单位** 天津市农业科学院水稻研究所。

## (九)盐两优 2818

**品种来源** CB028S/C 418。2003 年,经国家农作物品种审定委员会审定。

**品种特征特性** 该组合属粳型两系杂交稻,全生育期平均为 158 天,比对照中丹 2 号晚熟 5 天。株高 107.8 厘米,株形紧凑,茎秆柔韧抗倒伏,叶片直立,叶色浓绿,散穗形,穗大整齐,平均每穗总粒数 139.9 粒,结实率为 75.5%,千粒重 26.1 克。抗稻瘟病。

米质优良,整精米率为 59.1%,垩白粒率为 50%,垩白度为 7.8%,胶稠度为 84 毫米,直链淀粉含量为 14.2%。1999 年,参加北方稻区中丹 2 号熟期组区试,平均每 667 平方米产量为 687.6 千克,比对照中丹 2 号增产 12.5%,达极显著水平。2000 年续试,平均每 667 平方米产量为 657.3 千克,比对照中丹 2 号增产 14.3%,亦达极显著水平。2001 年进行生产试验,平均每 667 平方米产量为 638.4 千克,比对照中丹 2 号增产 13.5%。

**品种适应性及适种地区** 该品种适宜在辽宁南部、河北东北部、北京、天津以及新疆中部稻区种植。

**栽培技术要点** ①培育壮秧。播种前进行种子消毒,旱育苗每平方米播种 250 克,秧龄 45 天;盘育苗每盘播种 70 克,秧龄 35 ~ 40 天。②合理稀植。辽宁地区一般在 5 月 20 日前后移栽,中等肥力田栽插规格为 30 厘米×16.5 厘米,每穴 2 ~ 3 苗;肥力高的田块栽插规格为 30 厘米×20 厘米;盘育秧每 667 平方米抛 25 ~ 30 盘。③施肥。一般肥力田,每 667 平方米施标准氮 60 千克,磷酸二铵 20 千克,硫酸钾 15 千克,硫酸锌 2.5 千克。④水层管理:盐碱较重地区,在插秧后前 3 天必须深水扶苗,第四天换水施返青肥,保持水层 6 天。然后结合换水施分蘖肥,转入浅水层管理,扬花期水层加深,灌浆期湿干交替管理,收获前 7 天撤水。

**选(引)育单位** 辽宁省盐碱地利用研究所。

## (十)8 优 682

**品种来源** 8908A/37682。2000 年,经江苏省农作物品种审定委员会审定。

**品种特征特性** 属粳型三系杂交稻,在江苏省淮北属中熟杂交中粳,全生育期平均为 145 ~ 148 天。主茎总叶片数为 17 片,株高 105 ~ 110 厘米,株形紧凑,茎秆柔韧,抗倒伏。叶片直立,叶色浓绿。散穗形,穗大整齐,单株有效穗为 8 ~ 10 穗,穗长 21.8 厘米,平均每穗总粒数为 180 粒,结实率在 85% 以上,千粒重 24~25 克。较抗稻瘟病,中抗白叶枯病。米质优良,糙米率为 83.3%,精米率为 74.6%,整精米率为 63.7%,糊化温度 6.8 级,胶稠度为 82 毫米,直链淀粉含量为 14.7%。1997~1998 年,参加江苏省杂交中粳区试,平均每 667 平方米产量分别为 597.3 千克和 656 千克,分别比对照 9 优 138 增产 5.62% 和 8.48%。1999 年,进行生产试验,每 667 平方米产量为 656 千克,比对照 9 优 138 增产 10.99%。

**品种适应性及适种地区** 该品种适宜于江苏省淮北和苏中地区种植,也可在皖北、鲁西南、河南及陕西的部分地区作麦茬稻种植。

**栽培技术要点** ①适期早播早栽。播种前进行种子消毒。旱育苗每平方米播种 250 克,秧龄 45 天。盘育苗每盘播种 70 克,秧龄 35~40 天。②合理稀植。辽宁地区一般在 5 月 20 日前后移栽,中等肥力田栽插规格为 30 厘米×16.5 厘米,每穴 2~3 苗;肥力高的田块,栽插规格为 30 厘米×20 厘米;盘育秧每 667 平方米抛 25~30 盘。③施肥:一般肥力田,每 667 平方米施标准氮 60 千克,磷酸二铵 20 千克,硫酸钾 15 千克,硫酸锌 2.5 千克。④水层管理:盐碱较重地区,在插秧后前 3 天必须采取深水扶苗,第四天换水施返青肥,保持水层 6 天。然后转入浅水层管理,扬花期水层加深,灌浆期湿干交替管理,收获前 7 天撤水。

**选(引)育单位** 江苏省徐州市农科所。

# (十一)盐优 1 号

**品种来源** 盐粳 5 号 A/盐恢 93005。2002 年,由江苏省农作物品种审定委员会审定。

**品种特征特性** 该组合属三系杂交中粳组合,具有较强的杂种优势,表现产量高,米质好,抗病,抗倒性好,株型理想。全生育期平均为 157 天,株高 112 厘米,株形紧凑,茎秆柔韧抗倒伏,叶片直立,叶色浓绿。散穗型,穗大整齐,平均每穗总粒数为 142 粒,结实率为 78.5%,千粒重 26.8 克。抗稻瘟病,米质优,全部米质指标达到国家优质米二级标准。

**品种适应性及适种地区** 适宜在江苏以北稻区作中稻种植。

**栽培技术要点** ①培育壮秧。播种前进行种子消毒,旱育苗每平方米播种 250 克,秧龄 45 天;盘育苗每盘播种 70 克,秧龄 35 ~ 40 天。②合理稀植。辽宁地区一般在 5 月 20 日前后移栽。中等肥力田,栽插规格为 30 厘米 × 16.5 厘米,每穴 2 ~ 3 苗;肥力高的田块,栽插规格为 30 厘米 × 20 厘米;盘育秧每 667 平方米抛 25 ~ 30 盘。③施肥:一般肥力田每 667 平方米施标准氮 60 千克,磷酸二铵 20 千克,硫酸钾 15 千克,硫酸锌 2.5 千克。④水层管理:盐碱较重地区,在插秧后前 3 天必须采取深水扶苗,第四天换水施返青肥,保持水层 6 天。然后进行浅水层管理。在扬花期,将水层加深,灌浆期实行湿干交替管理,收获前七天撤水。

**选(引)育单位** 江苏省盐都县农业科学研究所。

# (十二)69 优 8 号

**品种来源** 69A/R 11238。2002 年,由江苏省农作物品种审定委员会审定。

**品种特征特性** 该组合属粳型三系杂交稻组合,在江苏省淮北属迟熟杂交中粳,全生育期平均为 150 天。主茎总叶片数为 17 ~ 18 片,株高 110 厘米,株形紧凑。茎秆柔韧,抗倒伏。叶片直立,叶色浓绿。散穗形,穗大整齐,单株有效穗为 7 ~ 9 穗,穗长 26.4 厘米,平均每穗总粒数为 180 ~ 200 粒,结实率在 85% 以上,千粒重 28 克。高抗稻瘟病,抗白叶枯病。米质优良,糙米率为 83.5%,精米率为 78.2%,整精米率为 75.4%,粒长 5.5 毫米,长宽比值为 1.9,垩白粒率为 40%,垩白度为 3.8%,糊化温度为 7.0 级,胶稠度为 90 毫米,直链淀粉含量为 15.2%,蛋白质含量为

9.1%。1999~2000 年,参加江苏省杂交中粳区试,平均每 667 平方米产量分别为 646.7 千克和 665.3 千克,分别比对照 9 优 138 增产 9.02% 和 9.74%,极显著。2000 年进行生产试验,平均每 667 平方米产量为 619.3 千克,比对照 9 优 138 增产 7.84%。

**品种适应性及适种地区** 该品种适宜于江苏省淮北和苏中地区种植。

**栽培技术要点** ①适期早播早栽,播种前进行种子消毒,秧龄 35 天。盘育苗每盘播种 70 克,秧龄 35~40 天。②合理稀植。肥力高的田块,栽插规格为 30 厘米×20 厘米;盘育秧每 667 平方米抛 25~30 盘。③施肥:面肥(秧苗移栽前施在大田中土壤表面的肥料)、分蘖肥、穗粒肥的比例以 4:4:2 为宜;一般肥力田,每 667 平方米施标准氮 60 千克,磷酸二铵 20 千克,硫酸钾 15 千克,硫酸锌 2.5 千克。④水层管理:盐碱较重地区,在插秧后前三天必须以深水扶苗,第四天换水施返青肥,保持水层 6 天,然后结合放露换水施分蘖肥,转入浅水层管理。扬花期水层加深,灌浆期湿干交替管理,收获前六天撤水。后期要注意防治稻曲病。

**选(引)育单位** 江苏省徐州市农业科学研究所。

# (十三)86 优 242

**品种来源** 863A/R 242。2002 年,由江苏省农作物品种审定委员会审定。

**品种特征特性** 该组合属三系中熟优质杂交晚粳组合,在江苏省苏州地区种植,全生育期平均为 170 天。主茎总叶片数为 19 片,株高 110~115 厘米,株形紧凑。茎秆柔韧,抗倒伏。叶片直立,叶色浓绿。散穗形,穗大整齐,单株有效穗为 8~10 个,穗长 22~24 厘米,平均每穗总粒数为 185 粒,结实率在 80% 以上,千粒重 25~26 克。成穗率在 75% 以上,每 667 平方米的有效穗为 16 万穗。高抗稻瘟病,抗白叶枯病,抗倒性好。米质优良,糙米率为

83.9%,精米率为75.8%,整精米率为65.9%,粒长5.2毫米,长宽比值为1.8,垩白粒率为16%,垩白度为1.9%,透明度1级,糊化温度为7.0级,胶稠度为68毫米,直链淀粉含量为16.3%,蛋白质含量为9.3%。1999～2000年,参加江苏省杂交粳稻单晚组区试,产量低于对照泗优422,但米质较优。2001年,参加江苏省杂交粳稻单晚组生产试验,每667平方米产量为619.8千克,产量低于对照泗优422(其667平方米产量为662.1千克),比对照8优161增产。

**品种适应性及适种地区** 该品种适宜于在江苏省太湖稻区中上等肥力条件下种植。

**栽培技术要点** ①适期早播早栽,合理安排生育进程。播种前进行种子消毒,秧龄30天。②宽行少本优群体,合理稀植。③优化肥水促群体。一般肥力田,每667平方米施标准氮60千克,磷酸二铵20千克,硫酸钾15千克,硫酸锌2.5千克。④水层管理:盐碱较重地区,在插秧后前三天必须以深水扶苗,第四天换水,施返青肥,保持水层6天。然后结合放露换水,施分蘖肥,转入浅水层管理,扬花期水层加深,灌浆期浅湿干交替管理,收获前七天撤水。

**选(引)育单位** 江苏省太湖地区农科所。

# (十四)津粳杂3号

**品种来源** 早花2号A/超优1号。2001年,由天津市农作物品种审定委员会审定。

**品种特征特性** 该组合属粳型中熟偏晚三系杂交水稻,全生育期平均为160天。株高107厘米,主茎17片叶,剑叶挺短。每667平方米的有效穗为17万穗,穗长19.4厘米,平均每穗总粒数为137粒,结实率为86%,千粒重24.8克。颖尖黄色,无芒或稀顶芒。分蘖力强,成穗率高,灌浆速度快。中抗稻瘟病、纹枯病和稻曲病,耐盐碱。米质优良,糙米率为85.25%,精米率为77.3%,整精米率为70.28%,垩白粒率为10%,透明度为0.75级,直链淀粉含量为15.88%,蛋白质含量为10%。每667平方米产量一般为600千克。

**品种适应性及适种地区** 该品种适宜在京、津、唐地区作早稻或中稻,在辽宁省南部地区作一季稻,在河南和山东作麦茬稻种植。

**栽培技术要点** ①种子处理:用菌虫清或浸种灵浸种,防治干尖线虫病和恶苗病。②稀播壮秧,适龄移栽。秧田每667平方米的播种量控制在40千克以内,并采用肥床旱苗等技术,培育多蘖壮秧。在京、津、唐地区作早稻栽培,一般4月下旬播种,6月上中旬栽插。③少本稀植。本田移栽行株距一般为30厘米×13.3厘米,每穴插2~4苗。④施肥:要求底肥足,追肥平稳促进,确保每667平方米的有效穗为18万穗以上。适当补施粒肥。⑤水层管理:插秧至分蘖期进行小水勤灌,分蘖末期进行落水烤田,孕穗至抽穗期灌水进行深浅交替,灌浆到成熟期进行间歇灌水,收获前10天左右停水。⑥病虫防治:注意稻瘟病。

**选(引)育单位** 天津市农业科学院水稻研究所。

# (十五)辽优5号

**品种来源** 辽盐28A/504-6。2001年,由辽宁省农作物品种审定委员会审定。

**品种特征特性** 该组合属粳型中熟偏晚三系杂交水稻,全生育期平均为160天。株高115厘米,每667平方米有效穗数在25万穗以上,穗长25厘米,平均每穗总粒数为140粒,结实率为80.3%,千粒重27克。叶片披散。散穗形,出穗整齐。根系发达,分蘖力强。抗逆性强,抗稻瘟病。米质优良,糙米率为85.2%,精米率为74.2%,整精米率为71.3%,粒长5.2毫米,长宽比值为

1.8,垩白粒率为 60%,垩白度为 8.3%,透明度 3 级,碱消值 7.0 级,胶稠度为 64 毫米,直链淀粉含量为 15.4%,蛋白质含量为 11.2%。1998~1999 年,参加辽宁省杂交粳稻组区域试验,平均每 667 平方米产量分别为 654.7 千克和 631.3 千克,比对照辽粳 454 分别增产 19.5%和 11.5%。2000 年,进行生产试验,平均每 667 平方米产量为 640.7 千克,比对照辽粳 454 增产 17.5%。

**品种适应性及适种地区** 该品种适宜在沈阳南部、辽阳、鞍山、大连、盘锦中南部等地区种植。

**栽培技术要点** ①种子处理。用菌虫清或浸种灵浸种,防治干尖线虫病和恶苗病。②稀播壮秧,适龄移栽。秧田每 667 平方米播种量控制在 40 千克以内,并采取肥床旱苗等技术,培育多蘖壮秧。一般 4 月下旬播种,5 月上中旬栽插。③少本稀植。本田移栽行株距一般为 30 厘米×13.3 厘米,每穴插 2~4 苗。④施肥:要求底肥充足,占全年总施量的 40%~50%,追肥平稳促进,确保每 667 平方米有效穗在 18 万穗以上。适当补施粒肥。⑤水层管理:插秧至分蘖期进行小水勤灌,分蘖末期实行落水烤田,孕穗至抽穗期灌水进行深浅交替,从灌浆到成熟期实施间歇灌水,收获前 10 天左右停水。⑥病虫防治:注意二化螟、稻蝗的防治。

**选(引)育单位** 辽宁省农业科学院。

# (十六)常优 1 号

常优 1 号,又名常优 99-1

**品种来源** 武运粳 7 号 A/R 254。2001 年,由江苏省农作物品种审定委员会审定。

**品种特征特性** 该组合属粳型中熟偏晚三系杂交水稻,全生育期平均为 160 天。株高 100 厘米,根系发达,穗型大。每 667 平方米有效穗为 17 万~19 万穗。穗长 19.4 厘米,平均每穗总粒数为 150~160 粒,结实率为 85%,千粒重 24~28 克。分蘖力强,成穗率高,灌浆速度快。中抗稻瘟病。米质优良,达国标优质米二级标准。其糙米率为 85.5%,精米率为 76.8%,整精米率为 73.9%,垩白粒率为 17%,垩白度为 2%,透明度为 1 级,碱消值为 7 级,胶稠度为 92 毫米,直链淀粉含量为 17.1%,蛋白质含量为 7.5%。1999 年,参加苏州市杂粳联鉴,平均每 667 平方米产量为 560.75 千克,比对照泗优 422 增产 9.6%。2000 年,参加江苏省晚杂粳组区试,平均每 667 平方米产量为 594.4 千克,与对照八优 161 产量相仿。每 667 平方米产量一般为 600 千克。

**品种适应性及适种地区** 该品种适宜在江苏省太湖稻区种植。

**栽培技术要点** ①适时播种,培育壮秧。一般 5 月 15 日播种,秧龄 30～32 天。②适时移栽,合理密植。每 667 平方米插植 1.5 万～1.8 万穴。③科学施肥,合理灌溉。要求底肥足,追肥平稳促进,不施穗肥。④水层管理:插秧至分蘖期进行小水勤灌,分蘖末期实行落水烤田,孕穗至抽穗期进行深浅交替灌水,灌浆到成熟期进行间歇灌水,确保后期秆青籽黄,活熟到老。⑤病虫防治:注意防治稻曲病和螟虫。

**选(引)育单位** 江苏省常熟市农科所。

# (十七)9 优 138

**品种来源** 9201A／N 138。1996 年,经江苏省农作物品种审定委员会审定;2000 年,通过国家农作物品种审定委员会审定。

**品种特征特性** 该组合属三系杂交中粳水稻,全生育期平均为 145～150 天。主茎总叶片数为 17 片。株高 105～110 厘米,株形挺拔,紧凑适中。分蘖力较强,生长繁茂。叶片厚而挺,根系发达,耐肥抗倒伏。单株的有效穗为 8～10 穗。穗长 21 厘米,平均每穗总粒数为 180 粒,结实率为 85%,千粒重 26 克。中抗白叶枯病,较抗稻瘟病。该水稻品种米质优良,食味和口感均佳,糊化温度低,胶稠度为22毫米,直链淀粉含量为16.6%,蛋白质含量为10.1%。

1994~1995年,该水稻品种参加江苏省杂交中粳区试,平均每667平方米产量分别为612千克和579.3千克,分别比对照增产6.58%和12.7%。1995年参加江苏省生产试验,平均每667平方米产量为684千克,比对照增产17.66%。

**品种适应性及适种地区**　该品种适宜在苏、鲁、豫、皖、陕等地种植。

**栽培技术要点**　①适期早播早栽,合理安排生育进程。淮北,一般在4月20~25日播种,控制秧龄在45天以内。②确立适宜基本苗数。在中肥条件下,每667平方米插栽2.1万穴,每穴1~2株,基本苗数为10万株。③适量增施氮肥,配施磷、钾肥。④施好穗粒肥,加强后期田间管理。插秧至分蘖期,进行小水勤灌,分蘖末期实行落水烤田,孕穗至抽穗期进行深浅交替灌水,灌浆到成熟期进行间歇灌水,确保后期秆青籽黄,活熟到老。⑤病虫防治:注意对稻曲病和螟虫的有效防治。

**选(引)育单位**　江苏省徐州市农科所。

# (十八)泗优9022

**品种来源**　泗稻8号A/C 9022。1997年,由江苏省农作物品种审定委员会审定。

**品种特征特性**　该组合属三系杂交中粳水稻,全生育期平均为150天。剑叶长而宽,直立。株高110厘米,穗长25厘米,每公顷有270万穗。平均每穗总粒数为180粒,结实率为80%,千粒重25.5克。中抗白叶枯病,抗稻瘟病。该水稻品种米质优良,食味和口感均佳。精米率为76.8%,整精米率为71.5%,糊化温度为7.0级,胶稠度为74毫米,直链淀粉含量为13.0%,蛋白质含量为11.0%。

1995～1996年,该水稻品种参加江苏省杂交中粳区试,平均每667平方米产量分别为620.7千克和660千克,分别比对照增产4.9%和14.75%。1996年和1997年,在江苏省进行生产试验,平均每667平方米产量为650千克。

**品种适应性及适种地区**　该品种适宜在江苏淮河流域及其以北地区种植。

**栽培技术要点**　①适时播种,稀播足肥育壮秧。一般5月初播种,控制秧龄35天内。②适时移栽,合理密植,行株距一般为25厘米×13.3厘米。单株栽植。③施足基肥,巧施穗粒肥,适量增施氮肥,配施磷、钾肥。④施好穗粒肥,加强后期田间管理。插秧至分蘖期进行小水勤灌,分蘖末期实行落水烤田,孕穗至抽穗期进行深浅交替灌水,灌浆到成熟期进行间歇灌水,提前轻搁田,确保后期秆青籽黄,活熟到老。⑤病虫防治:栽培泗优9022水稻品种时,要注意纹枯病的防治。

**选(引)育单位**　辽宁省农业科学院稻作所,江苏省淮阴市农科所。

# (十九)盐优2号

**品种来源**　盐粳93538A/轮回422。2003年,由江苏省农作物品种审定委员会审定。

**品种特征特性**　属迟熟三系杂交中粳稻,株高105厘米,全生育期为157天,较9优138迟熟6天。每667平方米有效穗为19万～20万穗。每穗实粒数为180粒左右,结实率为80%左右,千粒重23～24克。抗倒性强,后期熟色较好,落粒性中等。经接种鉴定,抗稻瘟病和中抗白叶枯病,感纹枯病。

2001～2002年,该水稻品种参加江苏省区域试验,两年平均每667平方米产量为745.05千克,较9优138增产15.67%,两年均达极显著水平,均列于参试水稻品种的第一位。2002年在区试的同时进行生产试验,平均每667平方米产量为622.2千克,较9优138增产17.08%。

**品种适应性及适种地区** 适宜江苏省苏中地区中上等肥力条件下种植。

**栽培技术要点** ①适期播种,培育壮秧。一般5月10日前后播种,播种前应用药剂浸种,防种传病害。每667平方米净秧板播种12.5~15千克,大田每667平方米用种1.5千克。秧田应施足基肥,早施断奶肥,三叶期增施长粗促蘖肥,培育带蘖壮秧。②适时移栽,合理密植。一般6月上中旬移栽,秧龄为30~35天。每667平方米栽插2万穴,基本苗每667平方米为8万株左右。③科学管理肥水。大田每667平方米施纯氮17.5千克左右。基肥以有机肥为主,重施分蘖肥,施好保花肥,巧施穗粒肥,后期少施或不施肥,以免贪青迟熟。水浆管理应浅水插秧,寸水活棵,薄水分蘖,总茎蘖苗达到预定穗数的80%时搁田,灌浆结实阶段实行干湿交替,以便养根保叶壮籽。后期切忌断水过早,以免影响粒重。④病虫草害防治。注意螟虫、纵卷叶螟和纹枯病的综合防治,孕穗至抽穗期防治好稻曲病。

**选(引)育单位** 江苏省盐都县农业科学研究所。

# 第五章　长江流域水稻良种引种

# 一、概　述

长江流域水稻东起东海之滨,西至成都平原西缘,南接南岭山脉,北毗秦岭、淮河。包括苏、沪、浙、皖、赣、湘、鄂、川八省(市)的全部或大部,和陕、豫两省的南部。属亚热带温暖湿润季风气候。本区是我国最大的稻作区,其稻米生产的丰歉,对全国水稻生产有举足轻重的影响,对粮食形势也有重大影响。区内温、光、水等气候资源,因地形、地势的不同而千差万别,形成十分明显的农业气候地域差异。我国双季稻高产地区,位于本稻作区内。本区分以下三个亚区:

## (一)长江中下游平原双、单季稻亚区

本亚区自然气候条件好,社会经济条件优越。种植双季稻的热量虽嫌不足,且早春阴雨多,常伴随低温,使早稻易烂秧和死苗,但光、热、水配合较协调,且秋季降温慢,日照条件好,加上劳动力充裕,田间耕作水平高,城镇多,工业发达,水利设施和农用物资供应较好,故而双季稻仍占 2/5 ~ 2/3 的面积,长江以南部分平原,甚至在 4/5 以上。江淮平原秋季少雨,对单季中籼稻和晚粳稻灌浆成熟十分有利。由于热量偏紧,双季稻种植一般采用"早籼晚粳"的复种格局。连作晚稻,单产一向低于早稻。自晚稻推广杂交稻后,差距有所缩小,有的地方的晚稻产量超过了早稻。近年来,饲料作物、经济作物和蔬菜纳入稻田种植制度,部分稻田改"两水一旱"为"两旱一水"。今后,要稳定稻田面积,多种、种好双季稻,发

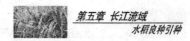

展多种形式的三熟制;继续扩大杂交晚稻,推广杂交早稻;增施有机肥,恢复绿肥,从多种途径提高地力;推行现代化科学技术,有条件的地方应实行适度规模经营。

## (二)川陕盆地单季稻两熟亚区

以四川盆地和陕南川道平原为主体,由于盆地北缘有秦岭、大巴山两道屏障阻隔,盆地四周高山环绕,形成了以下特殊的自然气候和稻作特点:一是寡照多雾,日照和总辐射量为全国最低值;二是春季气温回升早,秋季气温下降快;三是春季干旱,夏季高温,秋季阴雨,陕南水稻生长季节短;四是水源缺,有效灌溉面积少,形成全国最大的冬水田地带。四川省的冬水田面积占稻田总面积的40%以上。长江和岷江、沱江、嘉陵江下游的河谷坝地,≥10℃的年积温为5 500℃~6 000℃,可种植双季稻或双季稻三熟,但单季中稻和晚稻面积占水稻面积的90%以上。近年来,在大春作物中增加了一季饲料作物或旱粮作物,效果很好。水稻种植以籼稻为主,少量粳稻分布在山区。本亚区由于寡照多雾,湿度大,病虫害发生较重,四川盆地是稻飞虱危害的重灾区之一。今后要大力兴修水利,重点在增强丘陵地区的蓄水能力和灌溉能力,改造冬水田;条件适宜地区应多种双季稻;要增加对稻田的投入,增施有机肥料,恢复和扩大绿肥种植。

## (三)江南丘陵平原双季稻亚区

热量条件好,水稻生长季节长,光、温、水配合比较协调,但在梅雨过后,常在北纬25°~32°的范围内出现伏旱圈。稻田分布在湖泊平原、丘陵谷地和河川坝地,部分在山岭岗地、垄地和台地。双季稻田面积占稻田总面积的65.6%,部分地区在80%以上。本亚区气候适宜,但不少丘陵山区稻田(多为稻—稻、冬作物—稻两熟),由于水源缺乏或水利设施差,加上肥力低,产量不高,以籼稻为主,粳稻主要分布在洞庭湖、鄱阳湖平原和湖边丘陵作晚稻栽培,有少数在山中深丘作单季稻种植。水稻单产比其它两亚区低,增产有较大潜力。今后要兴修水利,增加投入,合理轮作,恢复绿肥,提高地力。要加强中、低产田改造,在水源充足,肥力较高的稻田,发展"迟配迟"形式的双季稻,部分地区扩种双季杂交稻;开发低丘红壤,防止水土流失。

# 二、长江流域主要常规稻品种——早籼良种

## (一)长早籼 10 号

长早籼 10 号,原名 95 – 81。

**品种来源** 湘早籼 18 辐射后代。2002 年 3 月,通过湖南省农作物品种审定委员会审定。

**品种特征特性** 属早籼中熟品种,全生育期为 107 天左右,比湘早籼 13 号长 2 天,比湘早籼 19 号早 2 天。适合与晚稻的早、中迟熟品种进行搭配。叶型好,株形较紧,分蘖力强,叶色深绿,茎秆较粗壮,株高 87 厘米,每 667 平方米有效穗在 25 万穗左右,每穗总粒数平均为 110.6 粒,结实率为 86.8%,千粒重 27 克。苗期抗寒能力强,后期叶青籽黄,落色好,耐肥抗倒,苗瘟 7 级,穗瘟 7 级,白叶枯病 5 级。米质优良。1999 年,经农业部稻米及制品质量监督检验测试中心测定,其糙米率为 80%,精米率为 51.2%,粒长 7.3 毫米,长宽比值为 3.2,垩白粒率为 16%,透明度为 1 级,碱消值为 3 级,胶稠度为 72 毫米,直链淀粉含量为 13.8%,蛋白质含量为 11.9%。

**品种适应性及适种地区** 适宜于湖南省稻瘟病轻发地区作早稻种植。

**栽培技术要点** ①适时播种,培育健壮秧苗。塑料软盘育秧,宜在 3 月 20 日左右播种,每 667 平方米大田用种 3.5~4.0 千克。种子用强氯精消毒,采用壮秧营养剂培育壮秧。地膜湿润育秧宜在 3 月下旬播种,每 667 平方米大田用种 6 千克,秧田 667 平方米播量为 45~50 千克。②适时适量抛秧。一般在 4 月 20 日左右抛秧,每 667 平方米大田抛 1.8 万~2.0 万蔸,每 667 平方米基本苗为 10 万株左右。移栽秧宜 4 月下旬进行,每 667 平方米插 2 万蔸,基本苗为 10 万株左右。③施足基肥,科学管水。一般每 667 平方米施碳铵 50 千克、磷肥 25 千克作基肥。移栽后 7 天,结合施除草剂,每 667 平方米追施尿素 7.5 千克。在管水上,薄水抛秧,浅水分蘖,干干湿湿到成熟。④及时防治病虫。

**选(引)育单位** 湖南省宁乡县农业技术推广中心。

# (二)鄂早 13

**品种来源** 用常菲 22B/鄂早 6 号的 F1 代作母本,湖大 242 作父本,进行有性杂交,经系谱法选择育成。原代号为 5213。2001 年,通过湖北省农作物品种审定委员会审定。

**品种特征特性** 属中熟偏迟籼型早稻品种,全生育期为 112 天,比鄂早 1i 长 4 天。株形较紧凑,叶色浓绿,剑叶短而挺直。营养生长期较长,但抽穗后灌浆速度快,成熟一致,无两段灌浆现象。前期长势旺,后期落色好,成熟时叶青籽黄,不早衰。区域试验中每 667 平方米有效穗为 28.6 万穗,株高 83.7 厘米,穗长 18.0 厘米,每穗总粒数为 80.4 粒,实粒数为 69.4 粒,结实率为 86.3%,千粒重 23.7 克。抗性鉴定为感白叶枯病,高感穗颈稻瘟病,纹枯病较重。米质经农业部稻米及制品质量监督检验测试中心测定,其糙米率为 79.60%,精米率为 71.64%,整精米率为 58.03%,长宽比值为 2.8,垩白粒率为 25%,直链淀粉含量为 23.59%,胶稠度为 40 毫米,蛋白质含量为 10.10%。在湖北经两年区域试验,平均每

667 平方米产量为 455.6 千克,比对照鄂早 11 增产 16.30%,比鄂早 6 号增产 5.0%,极显著。

**品种适应性及适种地区** 适宜于湖北省无稻瘟病区或轻病区作早稻种植。

**栽培技术要点** ①适时早播。3 月底至 4 月初播种,每 667 平方米秧田播种量为 50 千克;秧龄 30 天左右,叶龄不超过 5.5~6.0 叶时移栽。②合理密植。一般株行距以 13.3 厘米×16.7 厘米或 10.0 厘米×23.3 厘米为宜,每穴插 4~6 苗,每 667 平方米插基本苗 12 万~16 万株。③科学管水,合理施肥。宜在肥力中等偏上的田块种植,不宜在高肥水平下种植。应注意施足底肥,早施追肥。每 667 平方米的施肥量为纯氮 9~12 千克,底肥用量占总用肥量的 70%~80%。④注意防治病虫害。重点要在孕穗破口至抽穗期防治穗颈稻瘟病。

**选(引)育单位** 湖北大学生命科学学院。

## (三)鄂早 14

**品种来源** 用"泸早 72"作母本,"90D2"作父本,进行有性杂交,经系谱法选择育成。原代号为 9530。2001 年,通过湖北省农作物品种审定委员会审定。

**品种特征特性** 该品种属中熟籼型早稻品种,全生育期为 108 天,比鄂早 11 长 1 天。株形适中,苗期耐寒早发,生长势、分蘖力均较强。单株主穗与分蘖穗高矮不齐,叶上禾,少数谷粒有短顶芒。在区域试验中,每 667 平方米的有效穗为 24.8 万穗,株高 90.6 厘米,穗长 19.9 厘米,每穗总粒数为 97.5 粒,实粒数为 69.5 粒,结实率为 71.30%,千粒重 25.28 克。抗性鉴定为感白叶枯病,中感穗颈稻瘟病,纹枯病较重。米质经农业部稻米及制品质量监督检验测试中心测定,糙米率为 79.77%,精米率为 71.80%,整精米率为 53.38%,长宽比 3.0,垩白度为 2%,垩白粒率为 26%。直

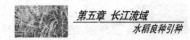

链淀粉含量为 25.65%,胶稠度为 41 毫米,蛋白质含量为 10.06%。1998~1999 年参加区域试验,平均每 667 平方米产量为 393.89 千克,比对照鄂早 11 增产 6.10%,极显著。

**品种适应性及适种地区** 该品种适于湖北省作早稻种植。

**栽培技术要点** ①每 667 平方米大田用种量为 6 千克,秧田播种量为每 667 平方米 40 千克。秧田底肥以有机肥为主,配合速效化肥。②插秧株行距为 13.3 厘米 × 16.7 厘米或 13.3 厘米 × 20.0 厘米,每穴插 4~6 苗。③大田用肥量略高于一般中熟早稻,每 667 平方米施纯氮 14 千克左右,氮、磷、钾肥配合施用。④注意防治病虫,特别要注意防治螟虫危害。⑤其余栽培管理同一般中熟早稻。

**选(引)育单位** 湖北省黄冈市农业科学研究所。

# (四)鄂早 15

**品种来源** 用“粳籼 21”作母本,“科选 2 号”作父本,进行有性杂交,经系谱法选择育成。原代号为 9222。2001 年,通过湖北省农作物品种审定委员会审定。

**品种特征特性** 属迟熟籼型早稻品种,全生育期为 112 天,与鄂早 6 号相同。株形适中,茎秆粗壮,剑叶上举,穗大粒多,千粒重较低。成熟时叶青籽黄,熟相好。在区域试验中,每 667 平方米的有效穗为 27.8 万穗。株高 89.6 厘米,穗长 19.2 厘米,每穗总粒数为 102.8 粒,实粒数为 81.7 粒,结实率为 79.50%,千粒重 22.20 克。抗性鉴定为中感白叶枯病,高感穗颈稻瘟病,中感纹枯病。米质经农业部稻米及制品质量监督检验测试中心测定,糙米率为 80.56%,整精米率为 61.70%,长宽比值为 2.5,垩白粒率为 56%,垩白度为 6.9%。直链淀粉含量为 24.1%,胶稠度为 51 毫米,优于对照鄂早 6 号。1999~2000 年,两年参加湖北省早稻品种区域试验,平均 667 平方米产量为 428.63 千克,比对照鄂早 6 号减产

2.06%。

**品种适应性及适种地区** 该品种适于湖北省无稻瘟病区或轻病区作早稻种植。

**栽培技术要点** ①适时稀播匀播,培育带蘖壮秧。每667平方米秧田用种量为40千克,大田用种量为每667平方米5～6千克。秧龄30天左右。②合理密植。株行距为13.3厘米×16.7厘米,每667平方米插基本苗12万～15万株。③合理施肥,科学管水。不宜在高肥水平下种植。注意施足底肥,早施追肥,增施磷钾肥,追肥宜在移栽后15天内全部施下。深水活蔸,浅水分蘖,当每667平方米苗数达25万株时,及时排水晒田。④注意防治病虫害。苗期注意防治稻蓟马,本田注意防治螟虫和稻瘟病。

**选(引)育单位** 湖北省荆州市农业科学院。

## (五)鄂早16

**品种来源** 用泸红早1号作母本,常菲B作父本,进行有性杂交,经系谱法选择育成。原代号为荆优早104。2002年,通过湖北省农作物品种审定委员会审定。

**品种特征特性** 属迟熟籼型早稻,全生育期为111.6天,比鄂早11长3.6天。株形紧凑,叶片厚,叶色浓绿,剑叶短小挺直。分蘖力强,有效穗多,穗形较小,后期转色较好。苗期耐寒性较弱,成熟后易落粒。区域试验中,每667平方米有效穗为36.6万穗。株高77.8厘米,穗长16.9厘米,每穗总粒数为63.0粒,实粒数为47.6粒,结实率为75.6%,千粒重23.79克。抗病性鉴定为高感白叶枯病和穗颈稻瘟病。米质经农业部稻米及制品质量监督检验测试中心测定,糙米率为80.1%,精米率为72.1%,整精米率为35.9%,粒长6.6毫米,长宽比值为3.5,垩白粒率为29%。直链淀粉含量为17.6%,胶稠度为55毫米,蛋白质含量为10.6%,米质较优。1998～1999年参加湖北省早稻品种区域试验,两年平均每

667平方米产量为378.07千克,比对照鄂早11减产3.51%。

**品种适应性及适种地区** 适宜于湖北省稻瘟病无病区或轻病区作早稻种植。

**栽培技术要点** ①采用地膜旱育秧或盘育抛秧,以克服其苗期耐寒性较差的弱点。3月下旬播种,大田每667平方米用种量为7.5千克。②高密度栽培。每667平方米抛3.5万穴或插栽3.2万穴,插基本苗22万株。③科学管理,合理施肥。每667平方米施纯氮12千克,五氧化二磷6千克,氧化钾6千克。苗足后及时晒田,后期勿断水过早。④注意防治病虫害。重点防治稻瘟病、纹枯病和白叶枯病。⑤及时收割,机械脱粒,防止暴晒,以保证稻谷品质。

**选(引)育单位** 湖北省荆州市种子总公司。

# (六)鄂早18

**品种来源** 用中早81作母本,嘉早935作父本,进行有性杂交,经系谱法选择育成。原代号为禾优早1号。2003年,通过湖北省农作物品种审定委员会审定。

**品种特征特性** 属迟熟籼型早稻,全生育期平均为115.5天,比嘉育948长3～6天。株形紧凑,叶片中长略宽,叶色浓绿,剑叶短挺。分蘖力中等,生长势较旺。抽穗后剑叶略高于稻穗,齐穗后灌浆速度快,成熟时叶青籽黄,转色好。区域试验中,每667平方米的有效穗为27.3万穗,株高86.8厘米,穗长20.2厘米,每穗总粒数为97.9粒,实粒数为77.8粒,结实率为79.5%,千粒重25.34克。抗病性鉴定为中感白叶枯病和穗颈稻瘟病。米质经农业部稻米及制品质量监督检验测试中心测定,出糙米率为78.4%,整精米率为54.9%,垩白粒率为23%,垩白度为2.9%,直链淀粉含量为17.1%,胶稠度为82毫米,长宽比值为3.3,主要理化指标达国标二级优质稻谷标准。2001～2002年,参加湖北省早稻品种区域试验,平均每667平方米产量为458.94千克,比对照嘉育948增产9.47%。

**品种适应性及适种地区** 适宜于湖北省稻瘟病无病区或轻病区作早稻种植。

**栽培技术要点** ①适时播种,培育壮秧。3月下旬播种,秧田播种量为30千克/667平方米,秧龄不超过30天。薄膜保温育秧,3~4叶期注意灌水保温,防止冷害。②合理密植。株行距为13.3厘米×16.7厘米,667平方米插基本苗15万~18万株。③科学管理,合理施肥。实行氮磷钾配方施肥,尤其要注意增施钾肥。适时晒田,后期严格控制氮肥,以防贪青倒伏。④注意防治稻瘟病和纹枯病。

**选(引)育单位** 湖北省黄冈市农业科学研究所,湖北省种子集团公司。

## (七)嘉育164

**品种来源** 嘉育948/Z94-207//嘉兴13。2001年12月和2002年2月,分别通过浙江省、湖北省农作物品种审定委员会审定。

**品种特征特性** 属早籼中熟常规稻品种,全生育期为108.6天。株高78.4厘米,与嘉育293相仿。每667平方米的有效穗数为24.83万穗,比嘉育293多0.7万穗;成穗率为75.9%,每穗总粒数为98.4粒,每穗实粒数为76.2粒,结实率77.64%,千粒重27.4克。苗期较耐寒,株形优,叶色较深,叶片长而挺,移栽后起发快,生长繁茂,后期转色好。中感稻瘟病,抗性优于对照嘉育293。对白叶枯病、细条病、白背稻虱及褐稻虱的抗性,与对照嘉育293相仿。据农业部稻米及制品质量监督检验测试中心测定,该品种的稻米除垩白率外,其余品质指标均达部颁一、二级优质米标准。1999~2000年,参加浙江省早籼中熟组区试,平均每667平方米的产量为451.4千克,比对照嘉育293增产1.49%。在浙江省进行生产试验,平均每667平方米的产量为410.4千克,比对照嘉育293减产2.17%,比浙733增产7.43%。

**品种适应性及适种地区** 适宜于浙江和湖北等省稻瘟病无病区或轻病区作双季早稻种植。

**栽培技术要点** ①稀播育壮秧。秧田每667平方米播种量为35千克,秧龄不超过25天,叶龄不超过5.5叶。②密植争足穗。每667平方米插3.0万穴,基本苗12万~15万株,争取667平方米有效穗达到28万穗左右。③科学管理,合理施肥。施足基肥,早施、足施分蘖肥,后期严格控制追氮肥,以免贪青倒伏。灌浆至成熟期宜干干湿湿,忌断水过早,以利于籽粒充实。④注意防治稻瘟病、纹枯病。⑤适时收获,机械脱粒,防止暴晒,以保证稻谷品质。

**选(引)育单位** 浙江省嘉兴市农业科学研究院。

# (八)嘉育202

**品种来源** 用嘉育948/Z94－207/YD951杂交选育而成。2002年,通过湖北省农作物品种审定委员会审定。

**品种特征特性** 属中熟籼型早稻,全生育期平均为106.8天,比鄂早11长0.8天。株型适中,茎秆粗壮。叶片较宽较长,叶色浓绿,剑叶挺直。分蘖力中等,田间生长势较旺,成熟时剑叶枯尖,但熟色较好。在区域试验中,每667平方米的有效穗为28.9万穗,株高73.2厘米,穗长18.3厘米,每穗总粒数为95.2粒,实粒数为75.9粒,结实率为79.7%,千粒重25.32克。抗病性鉴定为中抗白叶枯病,高感穗颈稻瘟病。经农业部稻米及制品质量监督检验测试中心测定,糙米率为78.9%,整精米率为60.4%,长宽比值为3.3,垩白粒率为11%,垩白度为1.4%,直链淀粉含量为14.3%,胶稠度为86毫米,米质较优。在湖北省两年区域试验中,平均每667平方米产量为454.09千克,比对照鄂早11增产5.33%。其中2000年平均每667平方米产量为452.75千克,比鄂早11增产5.49%,极显著;2001年平均每667平方米产量为455.43千克,比鄂早11增产5.17%,极显著。

**品种适应性及适种地区**　适用于湖北省稻瘟病无病区或轻病区作早稻种植。

**栽培技术要点**　①稀播育壮秧。秧田每667平方米播种量为35千克,秧龄不超过30天,叶龄不超过5.5叶。②密植争足穗。每667平方米插3.0万穴,基本苗为12万~15万株,争取使每667平方米的有效穗数达到26万~28万穗。③科学管理,合理施肥。施足基肥,早施、足施分蘖肥,后期严格控制氮肥,以防倒伏。前期应露泥增温,促根争壮蘖;后期注意湿润灌溉,以干为主;忌断水过早,以利于籽粒充实。④注意防治稻瘟病和纹枯病。

**选(引)育单位**　浙江省嘉兴市农业科学研究院,湖北省种子管理站。

# (九)嘉育948

**品种来源**　YD4-4/嘉育293-T8。1998年由浙江省农作物品种审定委员会审定;2000年,经湖北省、安徽省农作物品种审定委员会审定,并经江西省农作物品种审定委员会认定。2001年,通过国家农作物品种审定委员会审定。

**品种特征特性**　属早籼常规水稻品种。在浙江省,其全生育期为108天。茎秆粗壮,株形紧凑,分蘖力中等,每667平方米的有效穗数为30万穗左右,千粒重22.3~23克。中感白叶枯病,高感稻瘟病。该品种米质较优,糙米率为79.9%~80.8%,精米率为71.1%~71.7%,整精米率为46.1%~54.8%,长宽比值为2.7,垩白粒率为13%~39%,透明度为3.0级,糊化温度为4.8~5.5级,胶稠度为75~80毫米,直链淀粉含量为13.0%,达到部颁二级优质米标准。米饭柔软,食味较好。

**品种适应性及适种地区** 适宜在湖北省、安徽省和浙江省的金华与杭州地区,江西省的中北部,以及湖南省的益阳与湘潭地区稻瘟病和白叶枯病轻发区作双季早稻种植

**栽培技术要点** ①稀播培育适龄壮秧,每 667 平方米播量不超过 40 千克,秧龄 25 ~ 30 天。②少本足丛密植,每 667 平方米栽基本苗 12 万 ~ 15 万株,争取 28 万穗以上的有效穗。③施足基肥,早施足施苗期肥,后期酌情补肥;前期多次轻搁,长根促蘖争穗,中期控制最高苗,后期湿润灌溉。④要特别注意稻瘟病防治。

**选(引)育单位** 浙江省嘉兴市农业科学研究院。

# (十)嘉早 935

**品种来源** Z91 – 105/优 905/嘉育 293/Z91 – 43。1999 年,经浙江省农作物品种审定委员会审定;2000 年,通过国家农作物品种审定委员会审定。

**品种特征特性** 属中熟早籼稻常规品种,全生育期平均为 109.2 天。苗期较耐寒,秧龄弹性较大。每 667 平方米的有效穗数为 25.9 万穗。穗长 18.9 厘米,每穗总粒数平均为 97.2 粒,结实率为 74.7%,千粒重 25.5 克。经中国水稻研究所分析,该品种糙米率为 78.6%,整精米率为 35.8%,垩白度为 10.9%,直链淀粉含量为 11.6%,米质特别是外观品质较好。叶瘟 5 ~ 6 级,穗瘟 5 ~ 9 级,白叶枯病 2 ~ 3 级,白背飞虱 7 ~ 9 级。1998 ~ 1999 年,参加全国南方稻区早籼早中熟组区试,平均每 667 平方米产量分别为 453.6 千克和 406.0 千克,比对照浙 852 分别增产 9.9% 和 7.3%。1999 年进行生产试验,平均每 667 平方米产量为 399.1 千克,比对照浙 733 增产 0.5%。

**品种适应性及适种地区** 适宜在浙江、江西、湖南、湖北和安徽省稻瘟病轻病区作双季早稻种植。

**栽培技术要点** ①秧田每 667 平方米的播种量为 50～60 千克。要插足 10 万株基本苗。②施足基肥,早施足施苗期肥,后期酌情补肥。③前期多次轻搁,以利于长根促蘖争穗,中期控制最高苗,后期进行湿润灌溉。④注意稻瘟病和白叶枯病的防治。

**选(引)育单位** 浙江省嘉兴市农业科学研究院。

# (十一)湘早籼 31 号

湘早籼 31 号,原名丰优早 11 号。

**品种来源** 用 85－183 与舟优 903 杂交选育而成。2000 年 2 月,通过湖南省农作物品种审定委员会审定。

**品种特征特性** 属中熟早籼品种,全生育期为 108 天。该品种生长前期株形紧凑,灌浆后集散适中,分蘖力强,有效穗多,抽穗整齐。灌浆成熟快,后期叶青籽黄,结实率高,籽粒充实度好。抗性鉴定结果为:叶瘟和穗瘟均为 5～7 级,白叶枯病 5 级,耐肥抗倒伏。但抗纹枯病和耐寒性不强。米质优良,丰产性好。1998～1999 年,参加湖南省区试,两年平均每 667 平方米产量为 426.8 千克,比对照湘早籼 13 号增产 2.9%。

**品种适应性及适种地区** 适合于湖南省南部作双季早籼稻种植。

**栽培技术要点** ①适宜播插期,湘中一般于 3 月 15～20 日播种。如采用水育秧,则于 3 月 25 日播种,4 月 25 日前移栽。②育秧技术:采用旱育或软盘旱育的方法育秧。旱育秧的关键技术,是要把好播种质量关、消毒防病关、出苗关和炼苗关。软盘旱育秧的关键技术,是确保匀播和无空洞。③施肥技术:一般中等肥力稻田每 667 平方米施肥量为:总氮量 11～12 千克,适宜的氮磷钾配比为 1:0 5:0 8。④水分调节:采取"露田扎根,薄水分蘖,多露轻晒,湿润灌溉"的管水方法。⑤病虫防治技术:由于该品种是多穗型的,对纹枯病的抗性较弱,故在及时晒田、加强稻田水分管理的同时,还要做好纹枯病的防治。在稻瘟病重病区种植该品种时,要加强对该病的防治。

**选(引)育单位** 湖南省水稻研究所。

# (十二)浙辐910

**品种来源** 浙辐219/长丝软占杂交,对杂种 F1 辅以辐照处理而育成。2000 年 4 月,通过浙江省农作物品种审定委员会审定。

**品种特征特性** 该品种在浙江省属中熟偏早类型,在江西、湖南等地为早熟类型。它植株较矮,在绿肥田株高 70 ~ 76 厘米。前期叶色较深,株形较紧凑,叶片窄而呈瓦状旋转直立,着生角度小;后期叶色稍退淡,株形更为紧凑。单株平均每穗总粒数为 123.9粒,实粒数为 98.0 粒,结实率为 79.1%,千粒重 23.2 克。经浙江省农业科学院植保所鉴定,该品种对稻瘟病表现为中抗,抗性优于对照品种浙 852 和嘉育 293。其品质性状如下:粒长 7.2 毫米,宽2.1 毫米,长宽比值为 3.4;透明度为 3 级,垩白度 19.5%;糙米率为 81.6%,精米率为 74.5%,整精米率为 42.4%,糊化温度为4.9 级,胶稠度为 36 毫米,直链淀粉含量为 22.8%。蛋白质含量高达 13.2%,是一个食味较佳的高蛋白质稻米新品种。在浙江省金华市 1997 ~ 1998 两年区试中,比对照品种浙 852 分别增产5.5% 和 9.8%。

**品种适应性及适种地区** 适宜在浙江、安徽、湖南和江西等双季稻地区作早稻种植。

**栽培技术要点** ①适时播种,培育壮秧。3 月底、4 月初播种。秧田播种量为每 667 平方米 30 ~ 40 千克,大田用种量为每 667 平方米 3 千克左右。②少本密植,足穗争粒。每 667 平方米插足基本苗 3 万丛左右,每丛 3 ~ 4 苗。③合理施肥。在增施磷、钾肥的基础上,适当控制氮肥用量,掌握前促、中控、后补的原则。④科学管水。前期浅灌并多次露田,苗数达计划穗数的 80% 时,排水搁田。

选(引)育单位　浙江大学核农学研究所。

# (十三)中鉴 99-38

**品种来源**　WT5///中早 4/舟 903//浙 8010。2002 年,通过湖南省农作物品种审定委员会审定。

**品种特征特性**　作双季稻的早稻种植,全生育期为 107 天左右。株高 87 厘米,株形紧凑,剑叶挺直,茎秆粗细中等。单株分蘖力和群体分蘖力中等,成穗率为 80% 左右。穗型中等,穗长 20 厘米左右,平均每穗 117 粒,结实率为 82%。谷粒长 6.7 毫米,长宽比值为 3.1,千粒重 25.6 克。抗性鉴定:叶瘟 3 级,穗瘟 5 级,白叶枯病 3 级。经农业部米质分析测试中心测试表明:粒长、长宽比、垩白度、透明度、碱消值、胶稠度、蛋白质含量七项指标,均达部颁一级优质米标准。糙米率、精米率、垩白粒率和直链淀粉含量四项指标,均达部颁二级米标准。特别是透明度为 1 级,垩白粒率和垩白度低,外观品质与优质晚籼相近,特别适合与晚籼进行配方米生产。经两年湖南省区域试验,平均每 667 平方米产量为 469 千克,比湘早籼 13 号增产 7.2%。

**品种适应性及适种地区**　适宜在湖南省作双季稻的早稻种植。

**栽培技术要点**　①3 月底 4 月初播种,每 667 平方米播种量为 25~30 千克,大田用种量为 3.5~4 千克,直播用种量为 5~6 千克左右。②稀播少插,培育壮秧。5 月 1 日前插秧,秧龄宜控制在 30 天左右。③该品种分蘖力中等偏强,宜少本密植。插秧的株行距为 16.7 厘米×20 厘米,每 667 平方米插栽基本苗 10 万株左右。④分蘖盛期及时晒田控蘖,增强植株抗倒性,后期采用湿润灌溉,抽穗扬花期不宜断水。一般每 667 平方米施纯氮 10~12 千克,五

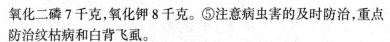

氧化二磷 7 千克,氧化钾 8 千克。⑤注意病虫害的及时防治,重点防治纹枯病和白背飞虱。

**选(引)育单位** 中国水稻研究所、湖南省水稻研究所。

## (十四)中鉴100

**品种来源** 舟 903//红突 5 号/84-240。1999 年,通过湖南省农作物品种审定委员会审定。

**品种特征特性** 属中熟偏迟早籼品种,从播种至齐穗为 87.3 天,全生育期平均为 114.8 天。其农艺性状好,每 667 平方米的基本苗 9.46 万株,最高苗数为 39.03 万株,有效穗数为 30.84 万穗,成穗率为 79.02%,抽穗整齐。每穗平均总粒数为 81.1 粒,实粒数为 71.3 粒,结实率为 87.9%,千粒重 24.2 克。米质优良,糙米率为 80.55%,精米率为 72.8%,整精米率为 44.16%(对照舟优 903 为 30.0%),籽粒长 6.6 毫米,长宽比值为 3.2,垩白粒率为 23%,垩白度为 4.1%,透明度为 2 级;糊化温度为 6.6 级,胶稠度为 55.4 毫米。直链淀粉含量为 15.4%。适口性鉴定为 6.18 分(对照舟优 903 为 5.54 分)。1996 年,参加浙江省"9410"优质米品种育种攻关计划的迟熟组联合评比试验,每 667 平方米产量为 493.95 千克,比对照浙 733 增产。

**品种适应性及适种地区** 适于浙江、江西和湖南等双季稻区作早稻种植。

**栽培技术要点** 宜适时早播,稀播培育壮秧。每 667 平方米秧田的播种量为 30~35 千克,大田用种量 4.5~5 千克。宜密植,每穴 4~5 苗,667 平方米插基本苗 9 万~10 万株。施足基肥,早施追肥。分蘖盛期及时晒田控蘖,后期采用湿润灌溉。要及时收获。

**选(引)育单位** 中国水稻研究所。

# (十五)中优早5号

**品种来源**  测系 A345/84-173。1997年,分别由江西省和湖南省农作物品种审定委员会审定;1998年,通过国家农作物品种审定委员会审定。

**品种特征特性**  属中熟早籼品种,全生育期为112天左右。株高76厘米,平均每穗85粒,结实率为75%左右。感温性强,株形紧凑,分蘖力强,苗期耐寒。稻瘟病,叶瘟5级,穗颈瘟3级;白叶枯病3级。米质达部颁二级优质米标准。糙米率为79.7%,精米率为74%,整精米率为64%,长宽比值为3.1,垩白粒率为24%,垩白度为2%,透明度为3级,糊化温度为7级,胶稠度为44毫米。直链淀粉含量为17.8%,蛋白质含量为12.7%,米质好。1995~1996年,参加江西省优质早籼稻区试,平均每667平方米产量为318.8千克,比对照赣早籼26减产2.74%,不显著。1996年续试,667平方米产量为388.7千克,比对照赣早籼37增产5.57%,增产显著。1995~1996年,中优早5号品种参加湖南省早籼早熟组区试,其平均每667平方米产量为411.73千克,比湘早籼13号减产1.44%。

**品种适应性及适种地区**  适宜在江西、湖南、湖北南部和浙江的双季稻区作早稻种植。

**栽培技术要点**  ①该品种耐寒性较强,宜适时早播,3月底至4月初播种。秧田667平方米播种量为30千克,大田667平方米用种量为4千克左右。直播每667平方米用种量为5~6千克左右。播种期为4月10~15日。培育壮秧,秧龄不宜过长。②该品种分蘖力较强,宜少本密植。③注意防治稻瘟病。④及时收获,防止暴晒,以烘干或阴干最好。

**选(引)育单位**  中国水稻研究所。

## (十六)中早 1 号

**品种来源** 中 156/(军协/青四矮)。1995 年,由浙江省和江西省农作物品种审定委员会审定;1998 年,通过国家农作物品种审定委员会审定。

**品种特征特性** 属早籼中熟类型品种,全生育期为 110 天。株高 80 厘米,株形集散适中,叶片挺拔。每穗总粒数为 75～80 粒,结实率在 85%以上,谷粒椭圆形。穗尖紫色,千粒重 28 克。米质中等。糙米率为 80.3%,精米率为 72.1%,整精米率为 54.0%,透明度为 4 级,直链淀粉含量为 24.4%,碱消值为 5.3 级。胶稠度为 37 毫米。分蘖力较强。苗期耐寒性强、耐肥抗倒。中抗褐飞虱、白背飞虱,感稻瘟病和白叶枯病。1992～1993 年,同时参加浙江省区试和江西省区试,平均每 667 平方米产量分别为 446.7 千克和 360.9 千克。大田生产,一般每 667 平方米产量为 400～450 千克。

**品种适应性及适种地区** 适宜在浙江、江西和湖南等稻瘟病轻发区栽培。

**栽培技术要点** ①种子消毒,稀播育壮秧,秧龄在 30 天以内。②少本密植,每 667 平方米栽 2.5 万穴,使基本苗达 10 万～13 万株。③施足基肥,早施追肥,增施磷、钾肥。④及时防治病虫害。

**选(引)育单位** 中国水稻研究所。

## (十七)中早 21

**品种来源** "中早 5 号/嘉香 3 号"与"中优早 81/科庆 HA－7"杂交,经过体细胞变异选育。2003 年 3 月,通过江西省农作物品种审定委员会审定

**品种特征特性** 属常规早稻品种,全生育期平均为 113.7 天,比对照赣早籼 40 号迟熟 3.5 天。株高 94.61 厘米,株型适中,分蘖

力中等,抽穗整齐。667平方米的有效穗为20.82万穗,每穗总粒数平均为125.93粒,实粒数平均为98.81粒,结实率为78.46%,千粒重20.84克。病区自然诱发鉴定稻瘟病抗性:苗瘟0级,叶瘟0级,穗颈瘟0级。糙米率为78.0%,整精米率为43.8%,米粒长6.3毫米,长宽比值为2.9,垩白粒率为29%,垩白度为5.8%,直链淀粉含量为21.54%,胶稠度为90毫米。2001~2002年,参加江西省水稻区试,2001年平均每667平方米产量为442.97千克,比对照赣早籼40号增产17.27%,达极显著水平;2002年平均每667平方米产量为438.63千克,比对照赣早籼40号增产4.68%。

**品种适应性及适种地区** 在江西全省各地均可种植。

**栽培技术要点** ①3月下旬或4月初播种,秧田每667平方米播种量为30~35千克,秧龄28~33天。②栽插行株距为16.5厘米×16.5厘米,每667平方米的基本苗为8万~12万株。③施足基肥,早施追肥,增施磷、钾肥,以适当控制株高。④分蘖盛期及时晒田控蘖,后期湿润灌溉,保证结实灌浆。注意防治病虫害。

**选(引)育单位** 中国水稻研究所。

# (十八)中组1号

**品种来源** Basmati 370系统选育而成。1998年,经江西省农作物品种审定委员会审定;1999年,经浙江省农作物品种审定委员会审定;2000年,通过国家农作物品种审定委员会审定。

**品种特征特性** 该品种属中熟早籼稻品种,全生育期平均为110天。每穗总粒数为100.7粒,结实率为76.8%,千粒重26.4克。株形紧凑,分蘖力中等偏弱。苗期耐寒性强,后期耐高温。感稻瘟病、白叶枯病和恶苗病。米质中上等。据农业部稻米及制品质检中心测定,整精米率、碱消值和蛋白质含量三项指标,达优质米一级标准;糙米率、精米率、粒长和胶稠度四项指标,达优质米二级标准。蛋白质含量高达11.8%。高产。1998~1999年,参加全国南方稻区早籼早中熟组区试,平均每 667 平方米产量分别为 484.1 千克和 438.3 千克,分别比对照浙 852 增产 17.3% 和 15.8%。1999 年进行生产试验,平均每 667 平方米产量为 426.9 千克,比对照浙 733 增产 7.5%。

**品种适应性及适种地区** 适宜在江西、浙江、湖南和湖北省稻瘟病轻病区作双季稻的早稻种植。适合于直播、抛秧等轻型栽培。

**栽培技术要点** ①秧龄控制在 30 天以内,每 667 平方米插 12 万~15 万苗。②种子一定要用药剂正确处理防治恶苗病的发生。③注意稻瘟病和白叶枯病防治。

**选(引)育单位** 中国水稻研究所。

## (十九)舟 903

**品种来源** 红突 80/电 412,1994 年,由浙江省农作物品种审定委员会审定;1997 年,经安徽省农作物品种审定委员会审定;2000 年,又经湖北省农作物品种审定委员会审定;2001 年,通过国家农作物品种审定委员会审定。

**品种特征特性** 该品种属优质常规早籼水稻品种,全生育期为 106~114 天。株高 75~80 厘米,株形紧凑,根系发达,分蘖力强。苗期较耐寒,耐肥抗倒伏。有效穗多,每穗 85 粒左右,结实率为 82.10%,千粒重 26 克。谷粒细长。后期耐高温。较耐涝,耐盐碱。感稻瘟病,高感白叶枯病。米饭柔软,咀嚼有弹性,适口性好,冷饭不回硬,主要品质达到部颁优质米标准。其糙米率为 80.7%~81%,精米率为 73.5%,整精米率为 47.3%,透明度为 1 级,垩白度为 5.9%~9.2%,长宽比值为 3.4。直链淀粉含量为 16.4%~17.1%,胶稠度为 66~86 毫米,糊化温度为 6.6~7 级。一般每 667 平方米产量为 400 千克左右,高产田块可达 450 千克。

**品种适应性及适种地区** 适宜在浙江、安徽和湖北省稻瘟病、白叶枯病轻发区作双季稻的早稻种植。

**栽培技术要点** 每667平方米播种量为40千克。大田每667平方米用种量为4~5千克。秧本比以1：8为宜。秧龄控制在35天以内,叶龄5.5片叶。667平方米基本苗数为10万~12万株,有效穗数为35万穗左右。要注意稻瘟病和白叶枯病的防治。

**选(引)育单位** 浙江省舟山市农业科学研究所。

# 三、长江流域稻区中晚稻良种

## (一)宝农12

宝农12,原名92-12。

**品种来源** 82-2/秀水06//紫金糯(82-2系"鄂丰"/"新秀"的后代)。1998年,由上海市农作物品种审定委员会审定;1999年,通过国家农作物品种审定委员会审定。

**品种特征特性** 属中熟晚粳偏迟类型品种,全生育期单季平均为162.8天,双季为133.1天,比秀水11早1~2天。株高单季为110.4厘米,双季为89.6厘米。茎秆粗壮,叶片挺,叶色偏深,株形集散适中,田间长势清秀,繁茂性好,分蘖力偏弱,一般667平方米的有效穗21万穗左右。穗型偏大,每穗总粒数为100~115粒,实粒数为95~105粒,千粒重26~27克。较抗纹枯病。其糙米率为83.7%,精米率为75.5%,整精米率为66.2%,垩白粒率为11%,透明度为2级,直链淀粉含量为15.8%,米质较好。1996年,参加全国南方稻区单季晚粳组区试,平均每667平方米产量为582.3千克,比对照秀水11增产10.9%。1997年,参加全国南方稻区单季晚粳组区试,平均每667平方米产量为514.13千克,比对照秀水11增产10.4%。1998年,生产试验平均每667平方米产量为486.18千克,比对照秀水11增产6.4%。表现出较好的丰产稳产性,适应性较广。

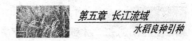

**品种适应性及适种地区** 适宜在长江流域粳稻区稻瘟病轻的地区种植。

**栽培技术要点** ①适时播种,移栽。在上海地区以5月底、6月上旬直播或5月下旬、6月初播种抛秧稻为宜。②合理密植。移栽稻基本苗控制为每667平方米8万~10万株,高峰苗数为30万~35万株,保证每667平方米的有效穗数为22万~25万穗。③基肥的总用肥水平,略高于秀水17等品种。④病虫防治:要注意稻瘟病的防治工作。

**选(引)育单位** 上海市宝山区农业良种繁育场。

# (二)成糯397

**品种来源** 由在香粳糯70681中发现的一个变异株系,经多年选择育成。2002年,通过四川省农作物品种审定委员会审定。

**品种特征特性** 属常规籼糯品种,全生育期平均为147.4天,比对照荆糯6号长1天左右。株高121厘米,生长势旺,分蘖力中等偏上,株形分散适中。667平方米的有效穗数为18万穗左右。穗长23厘米,穗粒数为134粒,结实率为79%左右,千粒重26克。稻瘟病鉴定结果,叶瘟1~8级,颈瘟0~9级。糯性较好,直链淀粉含量为1.8%。1999年参加四川省区试,平均每667平方米产量为475.6千克,比对照荆糯6号增产5.8%;2000年续试,平均每667平方米产量为502.4千克,比对照增产4.7%;两年平均每667平方米产量为489.0千克,比对照增产5.2%。进行生产试验,平均每667平方米产量为496.08千克,比对照增产5.35%。

**适宜种植地区** 适宜于四川省种植荆糯6号的地区种植。

**栽培技术要点** 适时早播,秧龄40天左右。合理密植,667平方米栽插1.7万穴左右,基本苗数为12万株左右。每667平方米施纯氮10~12千克。

**选(引)育单位** 四川省农业科学院作物研究所。

## （三）春江 15

**品种来源**　B20/H89012。2000 年 4 月，通过浙江省农作物品种审定委员会审定。

**品种特征特性**　属中迟熟晚粳常规品种，作连作晚稻种植，全生育期平均为 135.1 天，比秀水 11 略长。分蘖力强，移栽后发棵快。叶色较淡，剑叶挺，后期青秆黄熟，抗倒伏能力强。作连晚种植一般株高 85 厘米，每 667 平方米有效穗为 20 万穗。每穗总粒数为 65～70 粒，结实率为 90% 左右，千粒重 28～29 克。据浙江省农业科学院植保所鉴定，其稻瘟病抗性显著优于对照秀水 11。白叶枯病、细条病、褐稻虱和白背飞虱的抗性，与对照相仿。米质分析结果，精米率、整精米率、粒长、长宽比、糊化温度和直链淀粉含量六项指标，均达到部颁优质米一级标准，与对照秀水 11 基本相仿。

1997～1998 年，春江 15 品种在浙江省晚粳（糯）区试中，平均每 667 平方米产量为 417.0 千克和 447.4 千克，分别比对照秀水 11 增产 6.99% 和 4.14%。1999 年参加浙江省晚粳生产试验，平均每 667 平方米产量为 385.5 千克，比对照秀水 11 增产 4.9%。

**品种适应性及适种地区**　需肥量中等，适应性较广，适合浙江省稻区作双季稻种植。

**栽培技术要点**　①浙中地区作连晚栽培，可在 6 月 22 日左右播种，浙南可适当推迟。一般播种量为每 667 平方米 30～35 千克，本田用种量为每 667 平方米 5～6 千克。②一般每 667 平方米插 2.5 万丛，每丛 4～5 本。③施足基肥，早施追肥，充分发挥其分蘖早而快的特性。后期断水不宜过早。④播前进行种子药剂处理，在秧田三叶期、拔秧前和台风到来之前，用叶青双预防白叶枯病。

**选（引）育单位**　中国水稻研究所。

# （四）鄂糯7号

**品种来源**　母本为 R82033 - 41,父本为 BG90 - 2 突变体,通过杂交育成。1995 年,由湖北省农作物品种审定委员会审定;1997 年,又由河南省农作物品种审定委员会审定;1999 年,通过国家农作物品种审定委员会审定。

**品种特征特性**　在湖北作中稻种植,全生育期为 130 天左右。株高 110 厘米左右,株形较紧凑。谷粒椭圆形,颖壳呈黄色,谷粒长 5.4 毫米,长宽比值为 2.4,千粒重 24 克左右。抗白叶枯病,感稻瘟病,苗期耐低温,抽穗扬花期较耐高温。稻米品质好,糙米率为 78% 左右,整精米率为 60% 左右,直链淀粉含量 2% 左右,蛋白质含量为 8% 左右。丰产性好,一般每 667 平方米产量为 500 千克左右。

**品种适应性及适种地区**　适宜在湖北、河南省稻瘟病轻发区的中等肥力田种植。

**栽培技术要点**　①稀播育壮秧。秧龄 30 天左右移栽,栽插密度为 17 厘米 × 20 厘米。②合理施肥。该品种适合中等肥田种植。③适时晒田,防病治虫。移栽后分蘖苗数达每 667 平方米 22 万株左右时及时晒田,晒田后及时复水。后期干湿交替管水,及时防治稻纵卷叶螟和二化螟。④抢晴收获。根据天气抢晴收获,并将糯谷晒至乳白色。

**选（引）育单位**　湖北省荆州市农业科学研究所。

# （五）赣晚籼 30 号（923）

**品种来源**　系用涟选籼为母本,[（莲塘早/IR36）F6//外 3]F1 为父本,杂交选育而成的晚稻新品种。2000 年,通过江西省农作物品种审定委员会审定。

**品种特征特性**　属晚籼常规品种,全生育期二晚种植为 135

天,一晚种植为 140 天。株高 93 厘米,株形松散适中,分蘖力强,叶面略带凹形,总叶片数为 16~17 片。667 平方米的有效穗 18.6 万穗。每穗总粒数为 87 粒,结实率为 78%,千粒重 27.6 克。稻瘟病抗性苗瘟 3 级,叶瘟 5 级,穗瘟 0 级。其糙米率为 78.6%,精米率为 72.8%,整精米率为 69.5%。粒长 7.6 毫米,长宽比值为 3.4,垩白粒率为 4%,垩白度为 0.4%,碱消值 7.0 级,胶稠度为 54 毫米。直链淀粉含量为 14.9%,蛋白质含量为 8.5%。1998~1999 年,参加江西省区试,平均每 667 平方米产量为 374.1 千克,比对照汕优 63 减产极显著。

**品种适应性及适种地区** 在赣中、南地区作一季、二季晚稻,在赣北地区作一季晚稻种植。

**栽培技术要点** 作一晚种植时,于 5 月中下旬左右播种;作二晚种植时,于 6 月上旬末播种。667 平方米播种量为 12~16 千克,大田用种量为 1.5~2 千克。秧龄 46 天以内。667 平方米插 1.7 万~2 万蔸,每蔸为 2~3 苗。重施基肥,早施追肥,科学管水,后期干湿壮籽。注意防治病虫害。

**选(引)育单位** 江西省农业科学院水稻研究所。

# (六)淮稻 6 号

**品种来源** 以武育粳 3 号/中国 91//盐粳 2 号杂交选育。2000 年,通过江苏省农作物品种审定委员会审定。

**品种特征特性** 属中熟中粳稻品种,熟期与镇稻 88 相当,全生育期为 143 天左右。中抗白叶枯病,中感稻瘟病。抗寒性较好,抗倒性中等。据农业部稻米及制品质量监督检验测试中心测试,其糙米率为 83.8%,整精米率为 75.0%,垩白粒率为 12%,垩白度为 1.1%,胶稠度为 66 毫米,达国标三级优质粳米标准。在 1997~1998 年的江苏省区试中,两年平均每 667 平方米产量为 649.2 千克,比对照泗稻 9 号增产 10.2%,与对照镇稻 88 平产。在 1999 年

省生产试验中,平均每 667 平方米产量为 601.5 千克,比对照镇稻
88 增产 3.2%。

**品种适应性及适种地区**　适宜淮北地区中上等肥力条件下种
植。已在陕西汉中、河南新乡、上海及江苏淮北地区推广种植。

**栽培技术要点**　主要注意稻瘟病与白叶枯病的防治。其它栽
培管理技术同一般常规稻品种。

**选(引)育单位**　江苏省徐淮地区淮阴农业科学研究所。

# (七)连粳 2 号

连粳 2 号,原名连 8671。

**品种来源**　系台湾稻。1997 年,由江苏省农作物品种审定委
员会审定,1999 年,通过国家农作物品种审定委员会审定。

**品种特征特性**　属中熟中粳品种,全生育期 154～155 天。株
高 105 厘米,幼苗直立,较粗壮,叶片较窄,叶色淡绿,株形紧凑,挺
直,剑叶短小上举,与穗平,主茎 5～6 节,主茎总叶片数为 15～16
片。穗部整齐,穗半直立,有的有短芒,每穗 117 粒,穗长 16.17 厘
米,结实率为 90% 以上。籽粒卵圆形,生有绒毛,淡黄色,有光泽,
有的成熟后有裂口,千粒重 27～28 克。熟相好,秆青籽黄。耐盐
性好,抗白叶枯病,轻感稻瘟病。其糙米率为 85.2%,精米率为
78.2%,整精米率为 71.9%,垩白度为 6.4%,透明度为 1 级。直链
淀粉含量为 14.8%,蛋白质含量为 8.7%。1994～1995 年,参加全
国北方中粳中熟组区试,两年平均每 667 平方米产量为 632.3 千
克,较对照种泗稻 9 号增产 13.7%。

**品种适应性及适种地区**　适宜在黄淮流域稻瘟病轻发区种
植。

**栽培技术要点**　①播种前进行药剂处理,以防恶苗病。②一
般 5 月下旬播种,秧龄 35～40 天,667 平方米播种量不超过 30 千
克。③栽插密度为每 667 平方米 2 万～2.5 万穴,每穴 3～4 株种

子苗。④注意防治稻瘟病、纹枯病以及稻纵卷叶螟等虫害。

**选(引)育单位** 江苏省连云港市农业科学研究所。

## (八)皖稻89

皖稻89,原名96-2。

**品种来源** 系扬稻6号中选择的变异单株,经系统选育而成。2003年1月通过安徽省农作物品种审定委员会审定。

**品种特征特性** 属一季稻,全生育期为140天。株高115厘米,分蘖力中等,株形紧凑,穗大粒多,结实率高,产量三因素结构合理,对光照、温度反应迟钝,生育期稳定。该品种茎秆粗壮,抗倒伏,高抗白叶枯病、纹枯病、穗茎瘟病,后期落黄好。2002年2月,经农业部谷物检测中心检测,四项指标均达部颁一级优质米标准,综合指标评定为部优二级米,米粒细长,垩白度小,食味好,出米率高。一般每667平方米产量为600千克左右,高产栽培时每667平方米产量可达700千克。2001年,进入安徽省水稻生产试验,每667平方米产量为524.11千克,较汕优63增产1.1%。

**品种适应性及适种地区** 适合安徽省全省作一季中稻种植。

**栽培技术要点** 作一季中稻栽培,秧田播量为每667平方米25千克,大田每667平方米用种1.5~2千克。栽插密度一般为16.7厘米×23.3厘米,每穴3~5苗。大田分蘖肥,每667平方米施尿素15千克,标准磷肥30千克,钾肥10千克。烤田拔节期,根据大田禾苗的长势长相,每667平方米施穗肥5千克。后期灌水干干湿湿,活熟收割。综合防治病虫草害,采用高效低毒无残留农药,实行高产高效无公害科学栽培。

**选(引)育单位** 安徽省凤台县农业科学研究所。

## (九)武运粳7号

**品种来源** 加48/香糯9121//丙815。1998年和1999年,分

别经江苏省、上海市农作物品种审定委员会审定;2000年,通过国家农作物品种审定委员会审定。

**品种特征特性** 属早熟晚粳常规稻品种,感光性较强,全生育期平均为129.2天。每穗总粒数为93.6粒,结实率为82.7%,千粒重28.1克。株形紧凑,茎秆粗壮,叶片宽挺,穗层整齐。丰产性好,对白叶枯病有一定的抗性。米质中等偏上,在优质食用稻米评分10项指标中,除垩白度和垩白粒率以外的8项指标,均达到部颁一级标准。整精米率为63.5%,垩白度为12.2%,直链淀粉含量为17.6%。1998~1999年,参加全国南方稻区双季晚粳组区试,平均每667平方米产量分别为472.9千克和496.1千克,比对照秀水11分别增产7.9%和6.3%。1999年进行生产试验,平均每667平方米产量为414.3千克,比秀水11增产13.7%。

**品种适应性及适种地区** 适宜长江中下游粳稻区作双季晚稻种植。

**栽培技术要点** 一般5月15~20日播种,6月15~20日移栽,秧田播种量为每667平方米25~30千克,大田用种量为每667平方米3.0~3.5千克。栽插时每667平方米要插足1.8万~2万穴,保证基本苗7万~8万苗。丰产性好,对白叶枯病有一定的抗性,米质中等偏上。栽培上应注意防治稻瘟病和褐飞虱。

**选(引)育单位** 江苏省武进市农业科学研究所。

## (十)湘晚籼13号

湘晚籼13号,原名农香98。

**品种来源** 用湘晚籼5号作母本,湘晚籼6号作父本,杂交选育而成。2001年2月,通过湖南省农作物品种审定委员会审定。

**品种特征特性** 属迟熟晚籼品种,在湖南晚稻区试两年,生育期平均为123.7天,比对照威优46长1.6天。作中稻栽培,全生育期为135~140天。株高95~106厘米,株形松散适中,茎秆粗壮坚韧,剑叶较长,叶色较深,单株分蘖力较弱,但成穗率较高,每 667 平方米的有效穗数为 20.7 万穗左右。每穗总粒数为 110 粒,结实率为 80%左右,有顶芒,穗长 23~24 厘米,千粒重 28 克。籽粒细长,充实度好。谷壳较薄,脱粒性好。感稻瘟病。米质分析结果:糙米率为 80.0%,精米率为 74.2%,整精米率为 70.0%,精米粒长 7.5 毫米,长宽比值为 3.5。垩白粒率 6%,垩白度为 0.6%,透明度为 1 级,碱消值为 7.0 级,胶稠度为 62 毫米。直链淀粉含量为 16.6%,蛋白质含量为 9.1%,食味综合评分为 7.6。米饭有光泽,伸长性好,食味可口,软而不粘,冷饭不回生。1999 年,参加湖南省晚籼迟熟组区试,平均每 667 平方米产量为 402.2 千克,比对照威优 46 减产 11.7%。2000 年续试,平均每 667 平方米产量为 392.4 千克,比对照威优 46 减产 15.82%。两年区试,平均每 667 平方米产量为 397.3 千克,比对照威优 46 减产 13.76%。

**品种适应性及适种地区** 适合于湖南无稻瘟病地区或轻发地区种植。

**栽培技术要点** 应选择稻瘟病发生较轻的地区种植。在病区种植,要切实搞好穗颈瘟的预防工作,防止造成重大损失。一般在分蘖盛期、孕穗期、破口期各预防一次,就可以防止稻瘟病发生。其它病虫防治措施,与一般品种类似。其它栽培管理技术与一般常规中晚籼品种相同。

**选(引)育单位** 湖南省水稻研究所。

# (十一)秀水 110

**品种来源** 嘉 59 天杂/丙 9513。2002 年 3 月,通过浙江省农作物品种审定委员会审定。

**品种特征特性** 系晚粳稻新品种,平均全生育期为 157 天,比对照秀水 63 长 1.5 天。平均每 667 平方米的有效穗数为 22.9 万穗。每穗总粒数为 123.5 粒,实粒数为 106.7 粒,结实率为

86.4%,千粒重 25 克。抗性鉴定结果:抗稻瘟病(显著优于对照),中感白叶枯病,感细条病、褐稻虱和白背稻虱。米质测试结果:糙米率、精米率、整精米率、长宽比、垩白度、碱消值、胶稠度、直链淀粉含量和蛋白质含量等 9 项指标,均达农业部颁布的一级食用优质米标准。经浙江省嘉兴市 1999 年和 2000 年两年单季稻区试,平均每 667 平方米产量为 559 千克,比对照秀水 63 增产 4.04%。2001 年,在嘉兴市进行生产试验,平均每 667 平方米产量为 591.3 千克,比对照秀水 63 增产 5.72%。

**品种适应性及适种地区** 适宜浙北地区作单季稻种植。

**栽培技术要点** ①适时播栽,培育壮秧。浙北地区移栽种植的,5 月 20~25 日播种,秧田播种量为每 667 平方米 25~35 千克,本田用种量为每 667 平方米 2.5~3.5 千克,秧龄 30 天左右,育成带蘖壮秧,6 月下旬移栽。作直播稻栽培的,6 月上旬播种,播种量为每 667 平方米 3 千克。②合理密植。行株距为 23.3 厘米 × 13.3 厘米,每 667 平方米插栽 2 万丛左右,保证基本苗 6 万~7 万株。③适氮增钾,科学施肥。④防病治虫,水浆调控。重点做好秧苗期稻蓟马,大田期螟虫、褐稻虱及纹枯病、稻曲病的防治工作。水浆管理上,栽时防败苗,浅水促早发,拔节前后及时分次适度烤搁田,抽穗灌浆期湿润灌水,后期切勿断水过早。

**选(引)育单位** 浙江省嘉兴市农业科学研究院。

# (十二)秀水 13

秀水 13,又名丙 95 – 13。

**品种来源** 秀水 47/秀水 31。2003 年,通过国家农作物品种审定委员会审定。

**品种特征特性** 属常规晚粳水稻品种,全生育期平均为 134.6 天,比对照秀水 63 长 1.4 天。株高 86.6 厘米。分蘖力强,株形集散适中,叶片窄挺,色淡。成穗率高,每 667 平方米有效穗为 26.1 万穗,穗长 14.9 厘米,平均每穗总粒数为 92.6 粒,结实率为 79.9%,千粒重 25.4 克。后期转色佳,易脱粒。颖壳、护颖、颖尖均为黄色。抗性:叶瘟 7.7 级,穗瘟 9 级,白叶枯病 5 级,褐飞虱 7~9 级。米质主要指标:整精米率为 64.6%,长宽比值为 1.8,垩白粒率为 62.5%,垩白度为 6%,胶稠度为 80 毫米,直链淀粉含量为 15.5%。1999 年,参加双季晚粳组区试,平均每 667 平方米产量为 512.2 千克,比对照秀水 11(CK1)、秀水 63(CK2)分别增产 9.7% 和 4.0%,达极显著。2000 年续试,平均每 667 平方米产量为 487.55 千克,比对照秀水 63 增产 6.27%,达极显著。2001 年,参加生产试验,平均每 667 平方米产量为 587.05 千克,比对照秀水 63 增产 7.06%。

**品种适应性及适种地区** 适宜在湖北、安徽、浙江、江苏和上海等长江流域稻瘟病轻发区,作单季稻种植。

**栽培技术要点** ①适时播种。适期早播,在浙江北部作连晚一般在 6 月 20 日播种。②培育壮秧。连晚大田用种量为每 667 平方米 6~7 千克,秧田每 667 平方米播种 40 千克左右。③科学用肥。在施足基面肥的基础上,要早施重施分蘖肥,后期适施穗肥。要求有机肥和氮、磷、钾肥配合施用。④加强水浆管理。齐穗后要干湿交替,以改善灌浆质量。⑤加强病虫防治。要加强对稻瘟病、白叶枯病及稻飞虱等病虫的防治。

**选(引)育单位** 浙江省嘉兴市农业科学研究院。

## (十三)秀水 63

秀水 63,原名丙 93-63。

**品种来源** 该品种的母本为善 41 与秀水 61 杂交的后代,父本为秀水 61,通过杂交培育而成。1998 年,通过浙江省农作物品种审定委员会审定;2000 年,获得国家优质稻品种后补助。

**品种特征特性** 属中熟晚粳新品种。作连晚栽培,全生育期为135天左右；作单季稻,全生育期为155天左右。植株高度,单季晚稻为95～105厘米；连作晚稻为85厘米左右。茎秆坚韧,株型挺,叶片窄而色淡。分蘖力较强,穗粒兼顾。一般单季晚稻,每667平方米有25万～28万穗,每穗95～105粒；连作晚稻每667平方米有30万～32万穗,每穗70～80粒。结实率为90%左右,千粒重26克。后期转色好,穗部着粒均匀,灌浆速度快,谷粒饱满。容易脱粒。秀水63感光性强,历年生育期稳定。中抗稻瘟病和白叶枯病,米质较优,食味好。1997～1998年,参加全国南方稻区连作晚稻区试,平均每667平方米产量为509.10千克和465.67千克,分别比对照秀水11增产9.30%和6.2%,均达极显著水平。

**品种适应性及适种地区** 适宜在浙江省、江苏省和上海地区作单晚或连晚种植。

**栽培技术要点** ①浙北作单季晚稻种植,可于5月下旬播种,6月下旬移栽,每667平方米用种量为3～4千克,秧田每667平方米播20～25千克；作连作晚稻,可于6月25日播种,7月底、8月初移栽,每667平方米用种6～7千克,秧田667平方米播35～40千克。②合理密植。单季稻,可采用20厘米×13.3厘米或23.3厘米×10厘米插双本；连作晚稻,可采用16厘米×12厘米或16.7厘米×10厘米插3～4本。③科学用肥:要求用有机肥作基肥,并每667平方米配施钾肥7.5～10千克。后肥切忌过迟、过重。④深水护苗和浅水发棵。每667平方米穗数,单季晚稻达28万穗,连作晚稻达35万穗。应及时实施分次搁、烤田。齐穗后,坚持干湿交替,防止断水过早。⑤加强病虫害防治。

**选（引）育单位** 浙江省嘉兴市农业科学研究院。

# （十四）盐稻6号

**品种来源** 以86735为母本,盐粳91334-1为父本,通过杂交培育而成。2001年12月,通过江苏省农作物品种审定委员会审

定。

**品种特征特性** 系中熟中粳稻新品种,全生育期为 155 天。分蘖性强,生长整齐,株高 100 厘米左右。成穗率在 70% 以上,每 667 平方米有效穗数为 20 万~22 万穗。穗型较大,穗长 15.4 厘米,每穗总粒数为 125 粒左右,结实率为 90% 以上,千粒重 27~28 克。抗性强。据 1999 年江苏省农业科学院植保所接种鉴定结果:高抗白叶枯 KS-6-6、PX079、JS49-6 等三个致病型菌株,中抗白叶枯浙 173 致病型菌株,高抗稻瘟病中 D1、中 G1 等两个生理小种,纹枯病较轻,抗倒伏性较强。米质较优,糙米率、精米率、整精米率、碱消值、胶稠度、直链淀粉含量、垩白度、长宽比和蛋白质含量等 9 项指标,均达部颁优质米一级标准。

1999~2000 年,盐稻 6 号品种参加江苏省淮北中粳区域试验,两年平均每 667 平方米产量为 631.8 千克,比泗稻 9 号增产 8.5%,极显著;比镇稻 88 增产 1.0%,不显著。2001 年,参加江苏省淮北中粳生产试验,每 667 平方米产量为 623.6 千克,比镇稻 88 增产 7.96%,居第一位。

**品种适应性及适种地区** 适宜于江苏省江淮及淮北中粳稻地区中上肥水条件下种植。

**栽培技术要点** ①适期播种,培育壮秧。在江苏省作麦茬中稻栽培,5 月上中旬播种,大田用种量为每 667 平方米 2.5~3.0 千克。要培育多蘖壮秧。②适时移栽,合理密植。6 月中旬移栽,每 667 平方米栽足基本苗 7 万~8 万苗。③肥水促控,协调群体。在肥料运筹上,应掌握"前重、中控、后补"的原则,基肥以有机肥为主,配施磷、钾肥。分蘖肥分两次施用,分蘖末期适当增施钾、锌肥,有利于壮秆健叶。水浆管理宜采取"浅水栽秧、寸水活棵、薄水分蘖、深水抽穗扬花、后期干湿交替"的灌溉方式。

**选(引)育单位** 江苏省盐城地区农业科学研究所。

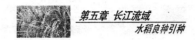

# （十五）盐粳7号

**品种来源** 秀水122/武粳4号。2001年4月,通过江苏省农作物品种审定委员会审定。

**品种特征特性** 作单季稻栽培,全生育期为154天左右,比泗稻9号迟5天左右,比镇稻88迟2天左右。分蘖性较强,一般每667平方米总蘖数为27万~33万苗,有效穗为22万~25万穗,成穗率为75%以上。株形集散度适中,剑叶短而挺,株高95~100厘米。穗型较大,着粒较密,穗长14.5~15厘米,每穗总粒数为105~110粒,实粒数为95~100粒,结实率一般在90%以上,千粒重28~29克。耐肥抗倒性特好,稻飞虱发生较轻,稻瘟病田间抗性较好,抗白叶枯病,中感纹枯病。品质优,综合评分为60分。1999~2000年,参加江苏省中粳新品种区域试验,两年平均每667平方米产量为654.1千克,比泗稻9号(CK1)增产12.3%,比镇稻88(CK2)增产4.5%,名列第一位。2000年提前参加江苏省中粳生产试验,平均每667平方米产量为627.01千克,比镇稻88(CK)增产6.18%。

**品种适应性及适种地区** 适宜于苏中、淮北稻区中高肥力水平田块种植。

**栽培技术要点** ①适期播种,培育壮秧,合理密植。适宜播期为5月上旬,采用肥床旱育技术,每667平方米大田用种2.5千克左右,大田移栽密度掌握在每667平方米2.0万穴左右,每667平方米基本苗为6万~7万株。②配方施肥,用好中期穗粒肥,把穗粒肥比重提高到40%~50%。应在拔节前叶色褪淡的前提下施用穗肥,并坚持促保两次施用。③间歇湿灌,调节群体,促进灌浆结实。当每667平方米茎蘖数达20万苗左右时,脱水分次轻搁,控制高峰苗不超过35万株,成穗22万~25万穗。④抓住适期,综合防治病虫害。播前用施保克浸种,预防恶苗病;苗期防治好稻蓟

马;分蘖期要做好纹枯病、螟虫与纵卷叶螟的防治;中期要搞好综合防治。

**选(引)育单位** 江苏省盐都县农业科学研究所。

# (十六)扬稻6号

**品种来源** (扬稻4号/3021)F1$^{60}$Co-r辐照。1997年、2000年和2001年,分别通过江苏省、安徽省和湖北省农作物品种审定委员会审定;2001年,通过国家农作物品种审定委员会审定。

**品种特征特性** 该品种属中熟中籼常规水稻,全生育期为135~144天。株高115厘米,幼苗矮壮墩实,分蘖力较弱,茎秆粗壮,总叶片数为17~18叶,叶挺色深。单株成穗7~8个,穗层整齐,穗长24厘米,每穗165粒,结实率在90%以上,谷粒顶端有芒或短芒,千粒重30克以上。在江苏省表现抗稻瘟病和白叶枯病。在安徽省表现抗稻瘟病,中感白叶枯病。在湖北省表现抗白叶枯病,感稻瘟病。米质主要指标:精米率为74.7%,整精米率为44.8%,垩白粒率为26%,垩白度为5.0%,胶稠度为94毫米,直链淀粉含量为17.6%。1995~1996年,参加江苏省中籼区试,两年平均每667平方米产量为614.1千克,比对照扬辐籼2号增产7.21%。1997~1998年,参加安徽省区试,两年平均每667平方米产量为534.75千克,比对照扬稻4号增产5.51%。1999~2000年,在湖北省区试中,两年平均每667平方米产量为583.96千克,比对照汕优63减产0.91%。

**品种适应性及适种地区** 适宜在江苏、安徽和湖北省作一季中稻种植。

**栽培技术要点** ①适期早播,一般4月底5月初播种,秧龄30~35天。②培育多蘖壮秧。秧田667平方米播种12.5~15千克,旱育秧每667平方米用种20千克,培育三分蘖以上壮秧。③合理密植。每667平方米栽2万穴,肥力较差的田块栽2.5万穴,

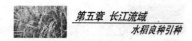

每穴茎蘖苗数不少于 4 个,确保每 667 平方米基本茎蘖 8 万~10 万苗。④加强肥水管理,一般 667 平方米施纯氮 15 千克左右,并注意氮、磷、钾肥搭配合理。⑤注意防治病虫害。

**选(引)育单位** 江苏省里下河地区农科所。

## (十七)扬辐糯 4 号

**品种来源** 对"IR1529 – 68 – 3 – 2"用 $^{60}$Co – γ 射线辐照诱变而选育成。2001 年,通过湖北省农作物品种审定委员会审(认)定。

**品种特征特性** 该品种属籼型糯稻品种。全生育期为 135.3 天,比汕优 63 长 0.2 天。株型较紧凑,叶色淡,剑叶挺直略内卷。分蘖力强,成穗率较高,繁茂性好。茎秆坚韧,抗倒性较强,后期叶青籽黄,熟色好。区域试验中,每 667 平方米的有效穗为 21.8 万穗,株高 103.5 厘米,穗长 22.9 厘米,每穗总粒数为 115.8 粒,实粒数为 98.9 粒,结实率为 85.40%,千粒重 25.38 克。抗病性鉴定为中抗白叶枯病,中感穗颈稻瘟病,纹枯病轻。米质经农业部食品质量监督检验测试中心测定,其糙米率为 79.01%,整精米率为 65.67%,直链淀粉含量为 1.77%,胶稠度为 100 毫米,主要理化指标达到国标优质籼糯质量标准。区域试验中每 667 平方米产量为 511.31 千克,比对照汕优 63 减产 7.51%,极显著。

**品种适应性及适种地区** 适于湖北省作中稻种植。

**栽培技术要点** ①适时早播,培育多蘖壮秧。苗期耐寒性偏弱,应适当推迟播种。在湖北省以 4 月底至 5 月初播种为宜。每 667 平方米大田用种量为 3 千克,秧田播种量为 18~20 千克。二叶一心时喷多效唑促分蘖。秧龄 30~35 天。②合理密植。株行距为 13.3 厘米×20.0 厘米,每 667 平方米插 2.5 万穴,基本苗在 10 万株以上。③施足底肥,早追分蘖肥,巧施穗肥,氮、磷、钾配合施用,特别要注意增施钾肥。一般每 667 平方米施纯氮 11~12 千

克,氮、磷、钾配合施用。④注意防治病虫害。重点防治稻瘟病、稻曲病、螟虫和稻飞虱等病虫害。

**选(引)育单位** 江苏省里下河地区农业科学研究所选育而成;由孝南区农业局、孝感市优质农产品开发公司和湖北省种子管理站引进。

# (十八)越糯 3 号

越糯 3 号,原名绍 95 – 51。

**品种来源** (越糯 1 号/黑宝)//嘉育 293。2001 年,通过国家农作物品种审定委员会审定。

**品种特征特性** 属中熟早籼糯型常规稻品种,全生育期平均为 107 天。株高 85 厘米左右,株形紧凑,叶色浓绿,剑叶挺拔,分蘖力中等。茎秆粗壮,有效穗多,穗型较大,后期转色好。千粒重 21.9 克。中感稻瘟病和白叶枯病。糯性较好。产量较高,1998 ~ 1999 年参加全国南方稻区早籼中熟区试,平均每 667 平方米产量分别为 432.2 千克和 408.7 千克,比对照浙 852 增产 4.7% 和 8.0%,均达极显著水平。

**品种适应性及适种地区** 适宜在湖南、湖北、江西、浙江和安徽省稻区作双季稻早稻种植。

**栽培技术要点** 作直播早稻栽培,适宜播期为 4 月 10 ~ 20 日,667 平方米用种量为 5 ~ 6 千克。作抛秧栽培,于 3 月底 4 月初播种,667 平方米播种量秧田为 50 千克,大田为 5 千克,秧龄 25 天,叶龄 3.5 ~ 4.5 片叶。插植和抛秧田要求每 667 平方米落田苗在 12 万株以上。大田一般 667 平方米施标准肥 2 000 ~ 2 250 千克,适当增施磷、钾肥。后期保持田间湿润,青秆黄熟。栽培上要注意稻瘟病和白叶枯病的防治。

**选(引)育单位** 浙江省绍兴市农业科学研究所。

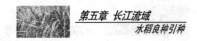

# (十九)浙粳 20

**品种来源**　秀水 63//秀水 63/原粳 7 号。2002 年,由浙江省农作物品种审定委员会审定。

**品种特征特性**　属中熟晚粳常规稻,全生育期平均为 127.4 天,与对照秀水 11 相仿;作单季稻,为 155 天左右,与秀水 63 相仿。作双季稻时,株高约 85 厘米,作单季稻约 100 厘米。秆较粗,株形紧凑,分蘖力较强,叶片挺直,生育后期青秆黄熟。平均每 667 平方米的有效穗为 24.17 万,平均每穗总粒数为 82 粒,实粒数为 75.5 粒,结实率为 92.1%,千粒重 25.2 克。抗性鉴定结果:高抗稻瘟病,对白叶枯病、细条病、褐稻虱和白背稻虱的抗性,与对照秀水 11 基本相仿。米质测试结果:糙米率、精米率、整精米率、粒长、碱消值、胶稠度和蛋白质含量等 7 项指标,均达部颁一级食用优质米标准;垩白度、透明度和直链淀粉含量达二级优质米标准。经浙江省金华市 1999 年和 2000 年两年区试,平均每 667 平方米产量为 453.05 千克,比对照秀水 11 增产 11.05%。其中 1999 年增产达显著水平,2000 年增产达极显著水平。2001 年进行生产试验,平均每 667 平方米产量为 459.8 千克,比对照秀水 11 增产 11.3%。

**品种适应性及适种地区**　适宜于浙江全省作晚稻和单季稻种植。

**栽培技术要点**　作连作晚稻栽培时,宁绍地区的适宜播种期在 6 月 25 日左右,浙北地区在 6 月 20 日左右,秧田播种量每 667 平方米为 35～40 千克。在一叶一心期喷施多效唑,以培育矮壮多蘖秧苗。适宜秧龄为 30 天,一般不超过 40 天。每 667 平方米要插足 3 万丛,每丛 4～5 本,以保证个体与群体间的协调统一。其它栽培管理技术同一般常规中晚粳稻品种。

**选(引)育单位**　浙江省农业科学院作物研究所。

## (二十)浙农大454

**品种来源**　(丙889/中8029)//台202。1999年,经浙江省农作物品种审定委员会审定;2001年,通过国家农作物品种审定委员审定。

**品种特征特性**　属迟熟晚粳糯型常规稻,作双季稻的晚稻种植,全生育期为136天。株高89.5厘米,分蘖力中等,穗型较大,谷粒椭圆形,呈黄色,千粒重28.4克,较易脱粒。感稻瘟病。品质较优,糯性好。1998~1999年,参加全国南方稻区双季晚粳组区试,平均每667平方米产量分别为480.4千克和499.7千克,比对照秀水11增产9.6%和7.1%。

**品种适应性及适种地区**　适宜在湖北、安徽、江苏、浙江省和上海市稻瘟病轻发区作双季稻的晚稻种植。

**栽培技术要点**　①作双季稻晚稻栽培,于6月20~25日播种,秧龄30~35天。②施肥量要求中等偏上,大田施肥应前重后轻,8月15日前后停止施肥。③前期浅灌,中期适度搁田,后期保持干干湿湿。④注意稻瘟病防治。

**选(引)育单位**　浙江大学农业与生物技术学院。

## (二十一)镇稻6号

镇稻6号,原名镇稻532。

**品种来源**　母本为盐粳2号,父本为秀水04,进行杂交而育成。1999年,通过国家农作物品种审定委员会审定。

**品种特征特性**　属早熟晚粳常规品种。作单季稻种植,全生育期为160天左右;作双季稻晚稻种植,全生育期为130天左右。株高100厘米左右。茎秆坚韧,弹性好,株型较紧凑。每穗总粒数为120粒,结实率为90%以上,千粒重25克。耐肥抗倒,白叶枯病3级,叶瘟4级,穗瘟5级。稻米品质优良,糙米率为94.5%,精米率为 78.4%,整精米率为 66.6%,垩白粒率为 36%,垩白度为 5.5%,透明度为 2 级。直链淀粉含量为 17.0%、蛋白质含量为 8.6%。1996 年,参加南方稻区单季晚粳区试,平均每 667 平方米产量为 595.1 千克,比对照秀水 11 增产 13.4%。1997 年,参加南方稻区双季稻晚稻区试,平均每 667 平方米产量为 522.18 千克,比对照秀水 11 增产 12.6%。1998 年,参加南方稻区双季晚粳生产试验,平均每 667 平方米产量为 502.45 千克,比秀水 11 增产 9.9%,表现高产、稳产,适应性广。

**品种适应性及适种地区** 该品种适宜在长江流域粳稻区的稻瘟病轻发区作单、双季晚稻种植。

**栽培技术要点** ①适期稀播,培育适龄壮秧。作单晚种植,秧田每 667 平方米播种量为 25 千克左右,秧龄 30～35 天;作双季晚稻种植,秧田每 667 平方米播种量为 35 千克左右,秧龄为 30 天。②匀棵浅插,合理密植。作单晚种植,株行距为 13.3 厘米×25 厘米,每 667 平方米保证有 6 万～8 万株基本苗;作双晚种植,每 667 平方米的基本苗以在 15 万株左右为宜。③科学管理肥水。早施、重施保蘖肥,重施促花肥,适度施好保花肥。作双季晚稻种植,则采用“一轰头”的施肥技术。科学管水切忌过早断水,以保粒重。④及时做好病、虫、草害的防治工作。

**选(引)育单位** 江苏省丘陵地区镇江农业科学研究所。

# (二十二)镇稻 7 号

镇稻 7 号,原名镇稻 5171。

**品种来源** 86-37/武育粳 2 号。2001 年 4 月,通过江苏省农作物品种审定委员会审定。

**品种特征特性** 属早熟晚粳。苗期矮壮,叶片短挺,叶宽适中,叶色稍淡,分蘖力强,成穗率高。株形集散适中,株高 95 厘米左右,叶鞘包茎紧实,茎秆坚韧,弹性好,耐肥抗倒,剑叶挺拔上举,叶角小,秆青籽黄。一般每667平方米的有效穗23万穗左右。每穗120~125粒,结实率为90%~95%,千粒重27克左右。高抗白叶枯病,稻瘟病中抗以上。稻米品质较优,适口性好。据农业部稻米及制品质量监督检验测试中心分析,8项达部颁一级优质米标准,1项达二级优质米标准。1998~1999年,参加江苏省单季晚粳(糯)区域试验,平均每667平方米产量为610.57千克,比对照武育粳2号增产6.89%,比对照武运粳7号减产0.14%。2000年,参加江苏省单季晚粳(糯)生产试验,平均每667平方米产量为607.03千克,比对照武运粳7号增产1.32%。

**品种适应性及适种地区**　适宜在淮北、苏中作单季稻栽培,也可在苏南作多熟制后季稻栽培。适合于中等肥力以上田块种植。

**栽培技术要点**　①药剂浸种保健苗,稀播足肥育壮秧。在沿江及苏南北部地区,一般在5月15日前后播种为宜。②合理密植,打好高产基础。株行距为13厘米×25厘米,每667平方米栽插2万穴,每穴插3~4苗。③因种施肥,科学管理。高产栽培应在一定穗数的前提下主攻大穗。④后期管理以提高结实率、增粒重为重点,采用干干湿湿的方法。切忌断水过早,确保活熟高产。⑤加强病、虫、草害防治。

**选(引)育单位**　江苏省丘陵地区镇江农业科学研究所。

## (二十三)镇稻99

**品种来源**　镇稻88/武育粳3号。2001年由江苏省农作物品种审定委员会审定。

**品种特征特性**　属中熟中粳常规稻。作单季稻栽培,全生育期为147天左右,比武育粳3号早熟3~4天。株形集散适中,农艺性状好。分蘖力中等偏强,成穗率高,叶片短挺,叶角较小,茎秆健壮。较耐肥抗倒,生长清秀,不落粒,容易脱粒。作单季稻栽培,株高105厘米,一般每667平方米22万~24万穗。每穗115~120

粒,结实率90%以上,千粒重27~28克。作多熟制后季稻栽培,株高75~85厘米,一般每667平方米22.2万~26万穗,每穗80~90粒,结实率90%以上,千粒重28~29克。抗白叶枯病,稻曲病轻,稻瘟病抗性较差。品质优良,适口性好,在主要测定指标中,八项达一级优质米标准,一项达二级优质米标准。

1999~2000年,镇稻99品种在江苏省淮北片中粳新品系区试中,平均每667平方米产量为636.2千克,比对照镇稻88和泗稻9号分别增产1.2%和9.3%。2000年,该品种在继续参试的同时,被破格提升参加江苏省中粳生产试验,平均每667平方米产量为614.8千克,比对照镇稻88品种增产4.4%。该品种参加全国北方稻区区试,平均每667平方米产量为582.5千克,比对照豫粳6号品种增产6.0%,居于第一位。

**品种适应性及适种地区** 适宜于淮北、苏中地区作单季中粳稻栽培,也可在苏南及沿江地区作麦茬直播和多熟制后季稻栽培。

**栽培技术要点** ①适时播种。作单季中粳稻栽培,以5月中旬播种为宜,播量为每667平方米30千克;作后季,应在6月底7月初播种,播量为每667平方米30千克,秧龄以30~35天为宜。②宽行少本栽插。一般应每667平方米栽足2万穴,保证有6万~8万株基本苗;后季每667平方米栽足3万穴,保证有12万株基本苗。③早施重施促蘗肥,20天左右时,每667平方米总茎蘗数达23万~25万株。④注意防治稻瘟病。

**选(引)育单位** 江苏省丘陵地区镇江农业科学研究所。

# (二十四)中健2号

**品种来源** 从Starbonnet/IR841组合,通过标记辅助选择和品质快速鉴定技术育成的优质香型稻新品系。2003年,由湖南省农作物品种审定委员会审定。

**品种特征特性** 全生育期为125~135天。湘南可作连晚和单晚种植,湘北宜作单晚种植。株高 100～110 厘米,叶窄上挺,分蘖力较强,株形紧凑。穗型中等,穗粒结构合理,平均每穗达 112 粒,结实率为 87.3%,千粒重 27 克,抗倒性较强,后期转色漂亮,青秆黄熟。"九五"国家水稻育种攻关"特性鉴定与评价"协作组鉴定,该品种中抗稻瘟病,抗白叶枯病,中感褐飞虱,中度耐热。稻米品质 11 项指标达部颁一级优质米标准,全部 12 项指标达部颁二级标准,糙米率为 82.6%,精米率为 75.7%,整精米率为 60.6%,精米长 7.6 毫米,长宽比值为 3.7,垩白粒率为 6%,垩白度为 0.3%,透明度为 1 级,胶稠度为 62 毫米,糊化温度 6.2 级。直链淀粉含量为 18.1%,蛋白质含量为 9.8%,具有 KDML105 特有的香味,米质可与国际名牌香米媲美。2002 年,被评为湖南省二等优质米,浙江省农博会优质奖。在常德市区试中每 667 平方米产量为 384.6 千克。大田栽植一般每 667 平方米产量为 400～450 千克。一般比中香 1 号增产 10%左右。

**品种适应性及适种地区** 适宜在湖南省作中稻和湘南双季稻地区作晚稻种植。

**栽培技术要点** ①适时播种。作连晚种植时,在长江沿岸于 6 月 15 日前播种,秧田每 667 平方米播种量为 10～12 千克,稀播少插,培育壮秧,秧龄宜 30～35 天。秧田期要以多效唑进行处理。②栽插密度:该品种分蘖力较强,插秧的株行距以 20 厘米×20 厘米或 20 厘米×23.3 厘米为宜,每 667 平方米插基本苗控制在 8 万～10 万株。③肥料管理:要施足基肥,早施追肥。根据土壤肥力水平,适当控制氮肥用量,以防倒伏和感染纹枯病。④病虫防治:要特别注意防治纹枯病。因其有香味,螟虫和飞虱的发生相对较重,要及时用药。稻瘟病重发区,要注意防治叶瘟和穗颈瘟。

**选(引)育单位** 中国水稻研究所,湖南省金健米业股份有限公司。

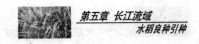
# (二十五)中香1号

**品种来源** 80-66/矮黑。对该品种,江西省农作物品种审定委员会于1998年审定,湖南省农作物品种审定委员会于2000年审定。

**品种特征特性** 属中晚籼品种。在江西省区试中作晚稻种植,全生育期平均为123.5天。该品种株叶形好,剑叶较挺,分蘖力较强,其穗粒结构合理。作连作晚稻栽培,株高95厘米左右,每穗粒数为110粒,结实率为85%,千粒重24.9克。在江西省两年区试田间自然诱发鉴定,苗、叶瘟分别为2、3级和0、4级,白叶枯病表现抗至中抗水平,苗期耐寒性强,后期耐高温。其整精米率为61.8%,米粒长6.9毫米,米粒长宽比值为3.2,垩白粒率为8.0%,垩白度为1.08%,透明度为一级,糊化温度7.0级,胶稠度为88毫米,直链淀粉含量为17.8%。食味好,米饭柔软可口,冷饭不回生,具有天然的爆米花香味。1994~1995年,参加江西省常规晚稻区试,每667平方米产量为338.1千克,比对照赣晚籼5号增产0.06%。大面积试种,一般每667平方米产量为400~450千克。

**品种适应性及适种地区** 适宜在湖南、江西、浙江、湖北和安徽等长江中下游双季稻地区作中晚兼用。

**栽培技术要点** ①播种期和播种量:作连晚,在长江沿岸应在6月15日前播种,每667平方米播种量为15千克,稀播少插,培育壮秧,秧龄宜控制在35~40天。②栽插密度:该品种分蘖力较强,宜少本密植。③水分管理:分蘖盛期及时晒田控蘖和增强植株抗倒性。④肥料管理:要施足基肥,早施追肥,注重穗粒肥。适当控制氮肥用量。⑤病虫防治:特别注意防治纹枯病。因有一股特殊香味,螟虫和飞虱相对较重,要及时用药。稻瘟病重发区,要注意防治叶瘟和穗颈瘟。

**选(引)育单位** 中国水稻研究所。

# 四、长江流域主要杂交早稻组合良种

## (一)金优 F6

**品种来源** 金23A/F6。2002年,经江西省农作物品种审定委员会审定。

**品种特种特性** 属三系杂交早稻组合,全生育期为115.9天。株高92.01厘米,株形松散适中,每667平方米的有效穗数为21.63万穗,每穗总粒数为101.36粒,结实率为76.59%,千粒重25.06克。其糙米率为79.7%,整精米率为41.0%,粒长7.1毫米,长宽比值为3.2,垩白粒率为75%,垩白度为15.0%。直链淀粉含量为18.6%,胶稠度为68毫米。稻瘟病抗性:苗瘟0级,叶瘟3级,穗颈瘟5级。2000~2001年,参加江西省水稻区试,2000年平均每667平方米产量为465.88千克,比对照浙733增产6.92%,达显著水平。2001年,平均每667平方米产量为435.31千克,比对照浙733增产2.93%。

**品种适应性及适种地区** 江西、湖南各地均可种植。

**栽培技术要点** ①适时播种,一般在3月中下旬播种,秧龄控制在35天内。②适当合理密植,每667平方米插足基本苗8万~9万株。③施肥以基肥为主,追肥需早,注意氮、磷、钾配合。④科学管理好水浆,浅水灌溉,够苗晒田,齐穗后干干湿湿,不宜断水过早。⑤注意病虫害防治。

**选(引)育单位** 江西省农业科学院水稻研究所。

## (二)K优 66

**品种来源** K17A/R66。2002年,经江西省农作物品种审定委员会审定。

**品种特种特性** 属三系杂交早稻组合,全生育期为 116.3 天。株高 89.6 厘米,每 667 平方米有效穗数为 24.01 万穗,每穗总粒数为 75.71 粒,结实率为 83.96%,千粒重 20.47 克。出糙率为79.3%,整精米率为 30.0%,粒长 7.0 毫米,长宽比值为 2.9,垩白粒率为 99%,垩白度为 49.5%。直链淀粉含量为 24.0%,胶稠度为 74 毫米。稻瘟病抗性:苗瘟 0 级,叶瘟 0 级,穗颈瘟 0 级,接种鉴定 2 级。1999 年~2001 年,参加江西省水稻区试,1999 年平均每 667 平方米产量为 420.46 千克,比对照优 I 402 增产 1.96%。2001 年,平均每 667 平方米产量为 476.57 千克,比对照优 I 402 增产 7.97%,达显著水平。

**品种适应性及适种地区** 江西、湖南各地均可种植。

**栽培技术要点** ①适时播种,一般在 3 月中下旬播种,秧龄控制在 30 天内。②适当合理密植,每 667 平方米插足基本苗 8 万~9 万株。③施肥以基肥为主,追肥需早,注意氮、磷、钾配合。④科学管理好水浆,浅水灌溉,够苗晒田,齐穗后干干湿湿,不宜断水过早。⑤注意病虫害防治。

**选(引)育单位** 江西省赣州市农业科学研究所,赣州市种子管理站。

# (三)九两优丰

**品种来源** 1290S/优丰稻。2002 年,由江西省农作物品种审定委员会审定。

**品种特征特性** 属两系杂交早稻组合,全生育期为 112.8 天。株高 85.17 厘米。每 667 平方米的有效穗为 21.28 万,每穗总粒数为 109.63 粒,结实率为 78.22%,千粒重 23.96 克。其糙米率为80.1%,精米率为 70.8%,整精米率为 20.9%,粒长 6.6 毫米,长宽比值为 3.1。胶稠度为 38 毫米,直链淀粉含量为 10.6%,蛋白质含量为 8.4%。稻瘟病抗性:苗瘟 0 级,叶瘟 5 级,穗颈瘟 5 级。

2000~2001年,参加江西省水稻区试,2000年平均每667平方米产量为482.64千克,比对照赣晚籼40号增产16.94%,极显著;2001年平均每667平方米产量为443.41千克,比对照浙733增产4.48%。

**品种适应性及适种地区** 江西、湖南各地均可种植。

**栽培技术要点** ①适时播种。一般在3月中下旬播种,秧龄控制在30天内。②适当合理密植,每667平方米插足基本苗8万~9万株。③施肥以基肥为主,追肥需早,注意氮、磷、钾肥配合。④科学管理好水浆,浅水灌溉,够苗晒田,齐穗后保持干干湿湿状态,不宜断水过早。⑤注意病虫害防治。

**选(引)育单位** 江西省农业科学院水稻研究所。

## (四)九两优 F6

**品种来源** 1290S/F674,2002年,由江西省农作物品种审定委员会审定。

**品种特征特性** 属两系杂交早稻组合。全生育期为118天。株高90.41厘米,每667平方米有效穗为26.48万穗,每穗总粒数为82.85粒,结实率为74.46%,千粒重27.01克。其糙米率为77.5%,整精米率为37.5%,粒长7.1毫米,长宽比值为3.1,垩白粒率为83%,垩白度为13.6%,胶稠度为55毫米,直链淀粉含量为10.6%,蛋白质含量为8.4%。稻瘟病抗性:苗瘟0级,叶瘟3级,穗颈瘟5级。1999~2001年参加江西省水稻区试,1999年平均每667平方米产量为399.06千克,比对照优Ⅰ402减产3.23%;2001年平均每667平方米产量为453.44千克,比对照赣早籼40号增产26.96%,极显著。

**品种适应性及适种地区** 在江西省各地均可种植。

**栽培技术要点** ①适时播种,一般在3月中下旬播种,秧龄控制在30天内。②适当合理密植,每667平方米插足基本苗8万~

9 万株。③施肥以基肥为主,追肥需早,注意氮、磷、钾配合。④科学管理好水浆,浅水灌溉,够苗晒田,齐穗后干干湿湿,不宜断水过早。⑤注意病虫害防治。

**选(引)育单位** 江西省农业科学院水稻研究所。

## (五)株两优 83

**品种来源** 株 1S/潭早 183。2002 年,由湖南省农作物品种审定委员会审定。

**品种特征特性** 属两系杂交早稻组合。全生育期 109 天,比金优 402 早熟 3 天。株高 90 厘米左右,株形紧散适中,茎秆粗壮。叶色浓绿,叶鞘、叶耳无色。前期叶片细长,后期叶片宽厚。主茎12.8 叶,剑叶长 32.5 厘米。主茎与剑叶夹角较小,属半叶下禾。成熟落色好,不早衰。分蘖力中强。穗长 19 厘米,每穗着粒 100粒左右,结实率为 80% 左右,千粒重 27.5～28.2 克。谷粒长而圆,饱满度好。经鉴定,叶稻瘟抗性 6 级,穗稻瘟抗性 5 级,白叶枯病抗性 5 级。抗寒性强,纹枯病发病较轻。其稻谷糙米率为 83%,精米率为 69.6%,整精米率为 44.5%,垩白粒率为 100%,垩白度为 10%。在两年湖南省区试中,平均每 667 平方米产量为 494.68千克,比对照金优 402 增产 2.27%;日产 4.52 千克,比对照金优402 增产 5.9%。

**品种适应性及适种地区** 适于在长江中下游地区作双季早稻种植。

**栽培技术要点** ①3 月底播种,每 667 平方米大田用种量为2.5 千克,每 667 平方米秧田播种量为 25 千克。4 月中下旬插秧或抛植,秧龄以 25 天左右为宜。每 667 平方米抛栽或插植 2 万蔸左右。②氮、磷、钾肥全面配套,施足施好大田基肥。插后 5～7天,早施重施促蘖肥,基追肥比例以 6:4 为宜。5 月 20 日前后,每667 平方米总苗数达 30 万株时,及时排水露田,促根壮秆。生育中后期,干湿交替,湿润稳长,促大穗,促结实。齐穗后视情适量补施壮籽肥,争粒重,夺高产。③根据病虫预报,及时施药防治二化螟、稻纵卷叶螟,兼防纹枯病、稻瘟病和稻飞虱等。

**选(引)育单位** 湖南省亚华种业科学院,株洲市农业科学研究所。

## (六)陆两优28

**品种来源** 陆18S/R28。2002年,由湖南省农作物品种审定委员会审定。

**品种特征特性** 属两系杂交早稻组合,全生育期113天,与湘早籼19号相同,属迟熟早籼稻。株高95厘米,茎秆较粗,抗倒力较强。主茎叶片数为12~13片。叶片绿色,叶鞘紫色,后期落色好。分蘖力较强,成穗率较高,穗长22.5厘米,每穗总粒数为103粒,结实率为85%左右,千粒重26克。该品种经湖南省区试鉴定,其叶稻瘟6级,穗稻瘟5级,白叶枯病3级。糙米率为81.3%,精米率为70.2%,整精米率为41.4%。垩白粒率为83%,垩白度为9.3%。谷长粒形,长宽比值3.1。该品种在湖南省两年区试中,平均每667平方米产量为483.1千克,与对照湘早籼19号的产量相当。

**品种适应性及适种地区** 适宜在湖南等省做早稻种植。

**栽培技术要点** ①旱育秧在3月20日播种,水育秧在3月底播种。秧田每667平方米播种量为10千克,大田每667平方米用种量为2~2.5千克。旱育小苗于3.5~4叶抛栽,水育小苗于4.1~5叶移栽。插植密度为17厘米×20厘米,或每667平方米抛栽1.8万蔸。②每667平方米施水稻专用复混肥50千克做基肥。移栽后5~7天,结合施除草剂,追施尿素10千克。③注意及时防治二化螟、稻纵卷叶螟、稻飞虱和纹枯病等病虫害。

**选(引)育单位** 湖南省亚华种业科学院。

## (七)K 优 402

**品种来源** K17A/402。1994 年,由四川省农作物品种审定委员会审定;1998 年,通过国家农作物品种审定委员会审定。

**品种特征特性** 属三系杂交早籼组合,全生育期为 116.3 天,比威优 48 – 2 迟熟 3.8 天。丰产性好,米质中等,中抗稻瘟病和白叶枯病。株高 95 厘米,剑叶中宽上挺,主茎有叶片 13 ~ 14 片。该品种穗长 10 厘米,每 667 平方米的有效穗为 20 万 ~ 24 万穗,穗着粒数为 110 ~ 120 粒。其结实率为 80% ~ 85%,千粒重 29 ~ 30 克,米质中等。苗期耐寒、分蘖力强。1995 ~ 1996 年,该品种在全国籼型杂交早稻区试中,每 667 平方米产量为 453.4 千克,比威优 48 – 2 增产 9.59%。1995 年,在四川省进行生产试验,每 667 平方米产量为 506.2 千克,比泸红早增产 10.38%。

**品种适应性及适种地区** 适于四川和浙江等省种植。

**栽培技术要点** ①播种量为每公顷 22.5 ~ 26.25 千克,浸种时间比汕 A 等组合长 1 天。②栽插密度以 13 厘米 × 20 厘米为宜,每 667 平方米的穴数不少于 2 万穴,穴插 2 ~ 3 粒种子苗。③分蘖盛期,用井冈霉素防治纹枯病 1 ~ 2 次。

**选(引)育单位** 四川省农科院水稻高粱研究所。

## (八)金优 1176

**品种来源** 金 23A/1176。2002 年,由湖北省农作物品种审定委员会审定。

**品种特征特性** 属三系迟熟杂交籼型早稻,全生育期为 114.5 天,比博优湛 19 长 2.5 天。株形较紧凑,茎秆粗壮,剑叶较宽而挺直。叶鞘释尖紫色。分蘖力强,生长势旺,穗大粒多,千粒重较高,抽穗整齐,后期转色好。抗病性鉴定为感白叶枯病,高感穗颈稻瘟病。经农业部稻米及制品质量监督检验测试中心测定,其糙米率为 80.2%,精米率为 72.2%,整精米率为 41.7%,长宽比值为 3.3,垩白粒率为 59%,直链淀粉含量为 21.3%,胶稠度为 45毫米,蛋白质含量为 9.9%。在湖北省两年区域试验中,平均每 667 平方米产量为 456.63 千克,比对照博优湛 19 增产 2.14%。

**品种适应性及适种地区** 适于湖北省稻瘟病无病区或轻病区作早稻种植。

**栽培技术要点** ①适时播种,培育壮秧。3 月 25 日播种,地膜育秧。秧田每 667 平方米播种量为 12.5 千克,大田每 667 平方米用种量为 2~2.5 千克,秧龄不超过 30 天。②合理密植。株行距为 13.3 厘米×20.0 厘米,每穴插 2~3 粒谷苗,每 667 平方米插基本苗 12 万株。③合理施肥。每 667 平方米施纯氮 10~12 千克,过磷酸钙 25~30 千克,氯化钾 7.5~10 千克。后期忌氮肥过多。④重点防治稻瘟病、纹枯病和螟虫。

**选(引)育单位** 湖北省咸宁市农业科学研究所。

# (九)株两优 02

**品种来源** 株 1S/R971。2002 年,由湖南省农作物品种审定委员会审定。

**品种特征特性** 该组合属中籼迟熟两系杂交稻组合。全生育期平均为 112 天,与金优 402 相同。株高 93 厘米。每穗总粒数为115 粒,结实率为 79.6%,千粒重 26.5 克。株形紧散适中,茎秆较粗,耐肥抗倒,根系发达,生活力强,分蘖力中等。后期转色好,不早衰。抗稻瘟病。在湖南省两年区试中,平均每 667 平方米产量为 496.6 千克,比金优 402 增产 2.6%。

**品种适应性及适种地区** 适宜在湖南、江西和湖北等省种植。

**栽培技术要点** ①软盘育秧,适龄抛栽,合理密植,插足基本苗。②薄露灌溉,适时晒田,薄水抽穗,乳熟期后间歇灌水,收割前5~7 天断水。③科学施肥,氮、磷、钾肥合理配置,基肥重,追肥

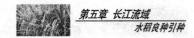

早,中期看苗施穗肥,灌浆期实施叶面追肥。④化学除草,加强病虫害防治,注意对稻瘟病、纹枯病和稻飞虱的防治。

**选(引)育单位** 湖南省亚华种业科学院,湖南省株洲市农业科学研究所。

# (十) Ⅰ优974

**品种来源** 优ⅠA/T0974。2000年,由广西壮族自治区农作物品种审定委员会审定;2001年,又经湖南省农作物品种审定委员会审(认)定。

**品种特征特性** 该品种属感温性三系杂交早熟组合。在桂中,早造全生育期为112天,晚造全生育期为100天。株形紧凑,繁茂性好,分蘖力中等,后期熟色好。株高90厘米左右,每667平方米的有效穗为18.5万穗左右,每穗总粒数为110~120粒左右,结实率为80%~90%,千粒重25克。经农业部稻米及制品质量监督检验测试中心分析,其糙米率为81.3%,精米率为73.6%,整精米率为44.2%,长宽比值为2.8,垩白粒率为43%,垩白度为13.3%,透明度为2级,碱消值为4.8级,胶稠度为52毫米,直链淀粉含量为20.0%,蛋白质含量为9.2%。1997~1998年,在蒙山进行品比试验,其中1997年早造,平均每667平方米产量为480.0千克,比对照优Ⅰ402增产7.9%;1998年的早造与晚造,平均每667平方米产量为分别为429.2千克和407.5千克,比对照优Ⅰ402增产6.6%和8.7%。

**品种适应性及适种地区** 适宜在桂中、桂北作早稻和晚稻种植,在桂东南低水田作晚造推广种植。

**栽培技术要点** ①适时播种,适当稀播,培育分蘖壮秧,秧龄不超过35天。②合理密植,合理施肥,增施穗肥,施足底肥,早施追肥,氮、磷、钾肥配合施用。③科学管水,防治病虫,分蘖期干湿相间促分蘖。当总苗数达到30万株时,及时落水晒田。孕穗期以湿为主,保持田间有水层,抽穗期保持田间有浅水,灌浆期以润为主,干干湿湿壮籽,保持根系活力。忌落水过早,以防衰老。④大田期及时防治二化螟、稻纵卷叶螟、稻飞虱、纹枯病和稻瘟病等。

**选(引)育单位** 湖南省衡阳农业科学研究所,湖南省亚华种业科学院衡阳育种中心,广西壮族自治区蒙山县种子公司。

## (十一)株两优112

**品种来源** 株1S/ZR112。2001年,由湖南省农作物品种审定委员会审定。

**品种特征特性** 属两系杂交早稻组合。全生育期为110天。一般株高84.2厘米。茎秆较粗,耐肥抗倒,根系发达,生活力强,分蘖力较强,成穗率较高,后期落色好,不早衰。一般每667平方米的有效穗为24.8万穗,每穗总粒数为95粒,结实率为81%左右,千粒重26克,颖尖无芒。米质较好,糙米率为80.7%,精米率为73.3%,整精米率为50%,粒长6.7毫米,长宽比值为3.0,垩白粒率为50%,垩白度为8.6%,透明度为2级,直链淀粉含量为21.8%,碱消值为5.8级,胶稠度为48毫米。抗稻瘟病。1999~2000年,参加湖南省区试,两年平均每667平方米产量为477.2千克,与对照威优402的产量相当。

**品种适应性及适种地区** 适宜在湖南省双季稻区推广。

**栽培技术要点** ①适时播种,适当稀播,培育分蘖壮秧,秧龄不超过35天。②合理密植,合理施肥,增施穗肥,施足底肥,早施追肥,氮、磷、钾肥配合施用。③科学管水,防治病虫,分蘖期干湿相间促分蘖。当总苗数达到30万株时,及时落水晒田。在孕穗期以湿为主,保持田间有水层,抽穗期保持田间有浅水,灌浆期以湿润为主,干干湿湿壮籽粒,保持根系活力,忌落水过早,以防衰老。④大田期及时防治二化螟、稻纵卷叶螟、稻飞虱、纹枯病和稻瘟病等。

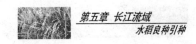

选(引)育单位 湖南省株洲市农业科学研究所和湖南省亚华种业科学院。

## (十二)香两优68

**品种来源** 香125S/D68。1998年,由湖南省农作物品种审定委员会审定。

**品种特征特性** 属优质两系杂交早籼组合。全生育期为110天左右。株高90厘米左右,叶形适中,叶色浓绿,剑叶直立。分蘖力中等,每667平方米的有效穗为25万穗。每穗总粒数为105粒,结实率为83%,千粒重26克左右。精米率为73.6%,整精米率为66.0%,垩白粒率为6%,垩白度为1.2%,透明度为1级,直链淀粉含量为10.9%,米质优良,米饭清香柔软。一般每667平方米产量为500千克左右。中抗叶瘟,感穗瘟,中感白叶枯病。

**品种适应性及适种地区** 适宜在湖南、江西、以及浙江、安徽、湖北等省的早稻区种植。

**栽培技术要点** ①湿润育秧,每667平方米播种20千克,移栽秧苗龄不能超过5叶,短龄早插高产。②每667平方米抛(插)2万蔸以上,每蔸3~4苗,每667平方米的基本苗为8万株左右。③重施基肥,并以有机肥为主。以湿润间歇灌溉为主,当每667平方米苗数在22万株时,开始晒田。后期不宜脱水过早。④以农业防治病虫害为主,适时适量施用对口高效低毒农药,重点防治纹枯病、稻纵卷叶螟、二化螟和稻飞虱,孕穗后禁止使用剧毒农药。

选(引)育单位 湖南省杂交水稻研究中心。

## (十三)K优619

**品种来源** K17A/温恢619。2001年,由浙江省农作物品种审定委员会审定。

**品种特征特性** 属籼粳型三系早杂组合。在浙江省1998、

1999 和 2000 年三年杂交早稻区试中,平均每 667 平方米产量分别为 420.0 千克、431.5 千克和 430.0 千克,分别比对照汕优 48－2 增产 0.11%、7.41 %(达极显著水平)和 6.73%(达显著水平)。2000 年,进行生产试验,平均每 667 平方米产量为 414.7 千克,比汕优 48－2 增产 0.7%。在三年区试中,其平均全生育期为 112.7 天。中感稻瘟病。米质比汕优 48－2 有所改善,制种产量高。

**品种适应性及适种地区** 适宜在南方稻区作早稻种植。

**栽培技术要点** ①培育壮秧,打好基础。可在 3 月下旬播种,播种量为每 667 平方米 10～15 千克,秧龄为 30 天,不超过 40 天。②合理密植,插足落田苗,保证每平方米 30 丛。双本插。③科学进行肥水管理,搭好丰产苗架。该品种属籼粳型早杂组合,根系发达,叶色绿,耐肥抗倒,总施氮量为每 667 平方米 10～12 千克,配施磷、钾肥。施肥方法掌握施足基肥、早追分蘖肥、穗粒肥巧施的原则,要求基肥以有机肥为主。早施速效性分蘖肥,搁田复水后施钾肥,减数分裂前喷施磷酸二氢钾。④水浆管理要做到:插后浅水分蘖,露田促蘖,中期及时晒田控苗,后期干湿交替,保持湿润。不能断水过早。⑤综合防治病虫害,重点是防治好纹枯病、稻瘟病和稻纵卷叶螟与稻飞虱等。

**选(引)育单位** 浙江省温州市农业科学院浙南育种中心。

# (十四)K 优 404

**品种来源** K17A/R404。1999 年,通过国家农作物品种审定委员会审定。

**品种特征特性** 该品种系三系杂交早稻组合。全生育期在江西、湖南、浙江及福建中北部地区为 115.5 天。苗期耐寒,叶色深绿,株形紧散适中。株高 91 厘米左右,每 667 平方米的有效穗为 21.3 万穗。穗长 19.5 厘米,每穗总粒数为 99 粒,结实率为 72.29%左右,千粒重 28.2 克。谷粒黄色,长椭圆形。其糙米率为

79%,精米率为 68.9%,整精米率为 26.9%,垩白粒率为 99%,垩白度为 26.7%,透明度为 4 级,直链淀粉含量为 24.9%。叶瘟 0~7 级,穗瘟 0~7 级,白叶枯病 3~9 级。1997 年,在国家南方稻区早籼中迟熟组区试中,平均每 667 平方米产量为 496.1 千克,比对照浙 733 和博优湛 19 分别增产 10.1% 和 23.4%。1998 年续试,平均每 667 平方米产量为 446.11 千克,与对照威优 402 平产,比对照浙 733 增产 10.1%。1998 年进行生产试验,平均每 667 平方米产量为 491.9 千克,比对照威优 402 增产 8.1%。表现丰产稳产,适应性较广。

**品种适应性及适种地区** 适宜在湖南、江西和浙江省的中南部以及福建省中北部稻瘟病轻发区种植。

**栽培技术要点** ①播种:由于种子千粒重较大,每 667 平方米用种量要求 1.5~1.75 千克。浸种时间比汕优组合长 1 天。②栽插:采用 13.3 厘米×20 厘米规格,保证每 667 平方米栽插 2 万穴以上,每穴 2~3 粒种子苗。③在分蘖盛期,用井冈霉素防治纹枯病 1~2 次。

**选(引)育单位** 四川省农业科学院水稻高粱研究所。

# (十五)优 I 66

**品种来源** 优 I A/66。1997 年,由江西省农作物品种审定委员会审定;2000 年,由广西壮族自治区农作物品种审定委员会审定;2001 年,由福建省农作物品种审定委员会审定;1999 年,通过国家农作物品种审定委员会审定。

**品种特征特性** 该品种系三系杂交早稻组合。全生育期作晚稻栽培时,为 118 天左右。作双季早稻栽培时,株高 80~85 厘米,株形松散适当。分蘖力中等偏上,成穗率为 72.33%。叶形好,剑叶窄短挺举,叶鞘、叶缘、叶耳、稃尖为淡紫色,熟色好,后期不早衰。穗长 19 厘米左右,每穗总粒数为 87~93 粒,结实率为 80% 以上,千粒重 26~27 克。糙米率为 80.4%,精米率为 70.5%,整精米率为 27%,长宽比值为 2.6,垩白粒率为 90%,垩白度为 16%,透明度为 3 级,糊化温度为 6.3 级,胶稠度为 56 毫米,直链淀粉含量为 24.2%。外观和食味较好。感穗颈瘟和白叶枯病,不抗细条病和稻飞虱。1996 年,在南方稻区杂交早稻区试中,平均每 667 平方米产量为 462.67 千克,比对照威优 48-2 增产 11.71%。1997 年,参加南方稻区早籼中熟组区试,平均每 667 平方米产量为 481.2 千克,比对照浙 733 和博优湛 19 分别增产 6.8% 和 19.7%。1998 年,参加南方稻区早籼中熟组生产试验,平均每 667 平方米产量为 471.7 千克,比对照威优 402 增产 3.4%,表现丰产稳产,适应性较广。

**品种适应性及适种地区**  适宜在浙江南部、江西、广西和福建等省作双季早稻种植。

**栽培技术要点**  ①适时播种,稀播育壮秧。一般 3 月下旬播种,旱床育秧,秧龄 30 天左右,每 667 平方米播稻种 15 千克左右。②合理密植,每 667 平方米插足基本苗 8 万~9 万株苗。③重施基肥,合理追肥。该品种耐肥抗倒,应以基肥为主,追肥为辅,后期一般不宜追肥。④科学用水,搞好水浆管理。前期浅水勤灌,中期够苗晒田,齐穗后干干湿湿以利壮籽,成熟前不宜断水过早。⑤注意防治稻纵卷叶螟、钻心虫和稻飞虱。

**选(引)育单位**  中国水稻研究所。

## (十六)威优 402

**品种来源**  V20A/R402。1991 年,由湖南省农作物品种审定委员会审定;1995 年,由江西省农作物品种审定委员会审定,1999 年,通过国家农作物品种审定委员会审定。

**品种特征特性**  属早籼中迟熟三系杂交稻组合。作双季早稻栽培,全生育期为 115~119 天。株高 85~90 厘米,株形松紧适中,剑叶中长,窄而直立,每 667 平方米有效穗为 20 万 ~ 22 万穗,每穗总粒数为 100 ~ 110 粒,结实率为 80% 以上。谷粒长椭圆形,颖壳黄色,无芒,千粒重 29 克。其糙米率为 81.2%,精米率为 73.1%,整精米率为 19.2%,垩白粒率为 94%,粗蛋白质含量为 8.9%,糊化温度为 5.1 级,胶稠度为 28 毫米,直链淀粉含量为 25%。抗稻瘟病能力不强,感白叶枯病。1991 ~ 1992 年,连续两年参加全国南方籼型杂交稻早稻组区试,平均每 667 平方米产量分别为 477.5 千克和 478.8 千克,比对照威优 49 分别增产 7.5% 和 7.4%。

**品种适应性及适种地区** 适宜在长江流域南部双季稻地区作早稻种植。

**栽培技术要点** ①作早稻一般在 3 月底 4 月初播种,秧田播种量为每 667 平方米 12 ~ 15 千克,秧龄 30 天左右。②栽插密度以 12 厘米 × 18 厘米为宜,每 667 平方米插植 8 万 ~ 12 万株基本苗。③施肥以基肥为主,前重,中轻,后补,每 667 平方米施纯氮 12 千克,氮∶磷∶钾 = 1∶0.8∶1,最高苗数控制在每 667 平方米 32 万株以下。④及时防治病虫害。

**选(引)育单位** 湖南省安江农校。

# (十七)八两优 96

**品种来源** 安农 810S/96 - 1。2000 年,由湖南省农作物品种审定委员会审定。

**品种特征特性** 属两系杂交早稻,全生育期 108 天。一般株高 89 厘米,主茎 12 片叶,株形集散适中,叶片直立,剑叶夹角小,叶色较绿,茎秆较粗,耐肥抗倒,根系发达,活力强,分蘖力较强。结实率为 80% 左右,千粒重 23.8 克。其糙米率为 80.9%,精米率为 69.3%,整精米率为 47.0%,垩白粒率为 83.5%,垩白度为 12.5%,其中糙米率、精米率、碱消值、胶稠度和蛋白质含量,均达优质米一级标准;粒长、长宽比、直链淀粉含量达优质米二级标准。中抗稻瘟病和白叶枯病。1997~1999年,参加湖南省两系杂交早稻联合品比试验和两系杂交早稻区试,三年平均,每667平方米产量为463.8千克,比对照威优402增产4.2%。

**品种适应性及适种地区** 适宜在湖南省双季稻区种植。

**栽培技术要点** ①适时播种,适当稀播,培育分蘖壮秧。秧龄不超过30天。②合理密植,每667平方米插2万~2.5万穴,保证基本苗数在5.0万以上。③合理施肥。中等肥力的稻田,每667平方米宜施纯氮8~10千克。施足底肥,早施追肥,氮、磷、钾肥配合施用。④科学管水,防治病虫。分蘖期干湿相间促分蘖,当每667平方米总苗数达到30万苗时,及时落水晒田。孕穗期以湿为主,保持田间有水层,抽穗期保持田间有浅水,灌浆期以润为主,干干湿湿壮籽粒,保持根系活力,忌落水过早,以防衰老。大田期及时防治二化螟、稻纵卷叶螟、稻飞虱、纹枯病和稻瘟病等。

**选(引)育单位** 湖南省株洲市农业科学研究所,湖南省亚华种业科学院。

# 五、长江流域杂交中晚稻组合良种

## (一)两优培九

**品种来源** 培矮64S/9311。1997年,由江苏省农作物品种审定委员会审定。2001年,分别由湖北省、湖南省、陕西省农作物品种审定委员会审定。2001年,通过国家农作物品种审定委员会审定。

**品种特征特性** 该组合属迟熟中籼两系杂交水稻,在南方稻区生育期平均为150天,比汕优63长3~4天。株高110~120厘米,株形紧凑,株叶形态好,分蘖力强,最高茎蘖数可达30万株以上。抗倒性强。主秆的总叶片数为 16～17 片,叶较小而挺,顶三叶挺举,剑叶出于穗上,叶色较深,但后期转色好。中期耐寒性一般。结实率偏低。颖花尖稍带紫色,成熟后橙黄。穗长 22.8 厘米,总颖花数为 160～180 个,结实率为 53.6%。谷粒细长,无芒,千粒重 26.2 克。米质主要指标:整精米率为 53.6%,垩白粒率为 35%,垩白度为 4.3%,胶稠度为 68.8 毫米,直链淀粉含量为 21.2%,米质优良。中感白叶枯病,感稻瘟病。在国家南方稻区生产试验中,平均每 667 平方米产量为 525.8～576.9 千克,与对照汕优 63 相近。在江苏省生产试验中,平均每 667 平方米产量为 625.5 千克。

**品种适应性及适种地区** 适宜在贵州、云南、四川、重庆、湖南、湖北、江西、安徽、江苏和浙江省、上海市,以及河南省信阳、南阳地区与陕西省汉中地区作一季稻种植。

**栽培技术要点** ①播种:淮北地区宜于 4 月 20～25 日播种,移栽期不超过 6 月 10 日;江淮之间地区宜于 5 月 1 日前后播种,6 月 10～15 日移栽;江南地区宜于 5 月 5～10 日播种,6 月 10～15 日移栽。②秧龄在 30～35 天的,秧田每 667 平方米播种量为 8～10 千克;秧龄在 40 天以上的,秧田每 667 平方米播种量为 7～8 千克。一定要培育带蘖壮秧。③栽插密度与群体:667 平方米栽插密度为 1.5 万～1.8 万穴,以 26～33 厘米×13 厘米的行株距较好。单株栽插,667 平方米基本苗为 5 万～6 万株,栽后 15～18 天 667 平方米茎蘖数达 15 万～17 万株,28～30 天茎蘖数达高峰为 22 万～23 万株,不超过 25 万株,成穗 15 万～17 万穗。④肥水管理:在施足基、面肥的前提下,早施分蘖肥,使植株前期早发稳长。促花肥和粒肥要重施,尤其要注意磷、钾肥的施用。⑤注意防治白叶枯、稻曲病和三化螟等病虫害。

**选(引)育单位** 江苏省农业科学院。

# (二)70优9号

**品种来源** 7001S/皖恢9号。1994年,由安徽省农作物品种审定委员会审定;2000年,由云南省农作物品种审定委员会审定;2001年,通过国家农作物品种审定委员会审定。

**品种特征特性** 该组合属早熟晚粳型两系杂交水稻。感光性强,在安徽省沿淮地区作麦茬单晚种植,全生育期为161~170天;在沿江作双晚种植,全生育期为131天左右;在云南省种植,全生育期为175天左右。株高90~103厘米,株形较紧凑,分蘖力中等。主茎有叶片16~18片,叶片挺秀,稃尖紫色。667平方米有效穗为22万~25万穗。穗大粒多,穗总粒数为115~150粒。结实率为80%,千粒重23.5~26克。较难脱粒。米质优,精米率为75.7%,整精米率为72.1%,透明度为2级,胶稠度为52毫米,直链淀粉含量为19.8%,食味佳。抗稻瘟病,中抗白叶枯病。1991~1992年,在安徽省粳杂双晚组区试中,平均每667平方米产量分别为409.14千克和397.8千克,平均比对照鄂宜105增产7.3%。1992年,进行双晚生产试验,平均每667平方米产量为392.2千克,比对照鄂宜105增产9.4%。1998~1999年,在云南省粳杂区试中,两年平均每667平方米产量为735.61千克,比对照合系24平均每667平方米产量为665.85千克,增产10.49%。

**品种适应性及适种地区** 适宜在安徽省作双季晚稻种植,在云南省作一季稻种植。

**栽培技术要点** ①作单晚种植,沿淮于4月播种,江淮于5月初播种,667平方米播种量为12.5千克,秧龄30~35天。本田栽插,株行距为13.3厘米×20厘米,每667平方米2.5万穴,每穴2粒种子苗。②作双晚种植,于6月18~20日播种,667平方米播种量为15千克,秧龄30天左右。栽插的株行距为13.3厘米×16.7厘米,每667平方米插3万穴,每穴2粒种子苗。③要施足基肥,适当控制分蘖肥,后期分期施好穗肥与粒肥。切忌断水过早,以免早衰降低结实率和千粒重。

**选(引)育单位** 安徽省农业科学院。

## (三)中9优838选

中9优838选,原名国丰1号。

**品种来源** 中9A/838选。2000年,由广西壮族自治区农作物品种审定委员会审定;2001年,由江西省农作物品种审定委员会审定;同年,通过国家农作物品种审定委员会审定。

**品种特征特性** 该组合属籼型三系杂交稻,全生育期平均为121天左右。株高99厘米,株叶形好,剑叶直立,秆硬不倒伏,分蘖力中等,成穗率高,平均穗长22.8厘米,每穗总粒数为105粒,结实率为78.8%,长粒形,千粒重27.49克。米质主要指标:精米率为73.4%,整精米率为51.0%,垩白粒率为42%,垩白度为7.1%,透明度为2级,胶稠度为47毫米,直链淀粉含量为22.2%,米质较优。抗性:抗稻瘟病,中抗白叶枯病。1998年,参加江西省杂交晚稻早熟组区试,平均每667平方米产量为454.92千克,比对照汕优晚3增产0.05%。1999年续试,平均每667平方米产量为445.8千克,比对照汕优64增产4.96%。1999年,参加广西区早造迟熟组筛选试验,平均每667平方米产量为519.03千克,比对照汕优桂99增产2.9%。

**品种适应性及适种地区** 适宜在江西、安徽作晚稻,在广西作早稻种植。

**栽培技术要点** ①适时播种,培育带蘖壮秧。各地可根据当地栽培条件适时播种,秧龄为30~35天。②合理密植,插足基本苗。高产栽培一般应每667平方米插基本苗6万~7万株。③施足基肥,早施追肥。插秧前适当施部分农家肥作底肥,每667平方米施40~50千克过磷酸钙,插秧后5~7天内施总肥量的70%,促分蘖,余下的在插秧后 15 天内施完。④科学用水,秧苗返青后浅水灌溉。20 天后应注意防治稻卷叶螟、螟虫、稻飞虱,要对黑粉病、稻曲病进行专门防治,一般在始穗期和齐穗期各用药一次。

**选(引)育单位** 中国水稻研究所,合肥丰乐种业股份有限公司。

## (四)协优 963

**品种来源** 协青早 A/963。2000～2002 年,先后通过浙江省、江西省和国家农作物品种审定委员会审定。

**品种特征特性** 该组合属籼型三系杂交稻。全生育期平均为 122.5 天。株高 97.2 厘米,株形较好,分蘖力强。有效穗多,穗型较小,结实率高,穗层整齐。剑叶短而挺拔,茎秆坚韧,后期转色好,青秆黄熟。每 667 平方米的有效穗为 22.3 万穗。穗长 20.9 厘米,每穗总粒数为 96.9 粒,结实率为 83.9%,千粒重 28.6 克。米质主要指标:整精米率为 41.4%,垩白粒率为 78%,垩白度为 16.6%,胶稠度为 57.5 毫米,直链淀粉含量为 22%。稻瘟病为 5.7级,白叶枯病 6.3 级,褐飞虱 8 级。1999 年参加晚籼中迟熟组国家区试,平均每 667 平方米产量为 484.3 千克,比对照汕优 46 增产 12.25%,达极显著水平。2000 年续试,平均每 667 平方米产量为 485.95 千克,比对照汕优 46 增产 8.9%,达极显著水平,2000 年进行生产试验,平均每 667 平方米产量为 438.08 千克,比对照汕优 46 增产 0.6%。

**品种适应性及适种地区** 适宜在湖南、江西和浙江省以及福建中、南部,广东北部,广西北部,稻瘟病、白叶枯病轻发区作晚稻种植。

**栽培技术要点** ①适时播种,稀播育壮秧。各地的播种期可参考汕优 46 操作。旱育秧应提前 5～10 天。秧田应采用多效唑控长促蘖。②合理密植。移栽密度以 20 厘米×20 厘米为宜,争取 667 平方米基本苗数达到 8 万株以上。提倡宽窄行种植。③施足基肥。每 667 平方米施标准肥 55 担。其中基肥占 60%,分蘖肥占 30%,配施氯化钾 10 千克。④科学管水。苗数达到 25 万株时应及时搁田。灌浆中后期保持干干湿湿,防止断水过早。⑤注意防治病虫害。

**选(引)育单位** 浙江省农业科学院作物研究所。

# (五)K 优 047

**品种来源** K17A/成恢 047。2000 年,由四川、贵州省农作物品种审定委员会审定;2001 年,通过国家农作物品种审定委员会审定。

**品种特征特性** 该组合属中籼迟熟三系杂交稻组合。全生育期平均为 149 天。株高 109 厘米,苗期长势旺。叶片窄,剑叶直立,叶色深绿,单株分蘖 15～20 个。穗量大,一般每 667 平方米达 18 万～20 万穗,成穗率高,达 70%左右。穗呈纺锤形,每穗平均着粒数为 136.7 粒,实粒数为 114.7 粒,结实率为 83.9%。抽穗整齐,黄熟转色好,谷粒淡黄色,长粒形,稃尖紫色,无芒,籽粒饱满,千粒重 26.8 克。米质主要指标:整精米率为 51%,垩白度为 1.6%,垩白粒率为 22%,胶稠度为 44 毫米。直链淀粉含量为 21%,食味较佳。叶瘟 3～5 级,颈瘟 0～5 级,白叶枯病 1 级,抗病能力明显优于汕优 63。1998～1999 年,参加四川省优质米组区试,两年平均每 667 平方米产量为 519.7 千克,比对照汕优 63 品种增产 0.67%。1999～2000 年,参加贵州省区试,两年平均每 667 平方米产量为 564.9 千克,比对照汕优 63 增产 10.5%。1999 年,参加四川省生产试验,平均每 667 平方米产量为 570.2 千克,比对照汕优 63 增产 3.5%。2000 年,参加贵州省生产试验,平均每 667 平方米产量为 601.1 千克,比对照汕优 63 增产 2.5%。

**品种适应性及适种地区** 适宜在四川省种植汕优 63 的地区

和贵州省海拔 1 100 米以下的水稻种植区种植。

**栽培技术要点** ①适时早播，培育多蘖壮秧，要求稀播匀播。②合理密植，插足基本苗。适宜密度为 13.2 厘米×23 厘米,宽窄行栽培可采用行距 16.5 厘米和 30 厘米、穴距为 13.2 厘米的排列方式,每穴栽双株,每 667 平方米基本苗要求达到 10 万～20 万株。③科学管理,建立高产的群体结构。在重施底肥的基础上,早施分蘖肥,促进早发稳长,提高分蘖成穗率。氮、磷、钾肥要合理配置,适时施入。本田每 667 平方米用氮量为 8～9 千克,底肥占 70%～80%,追肥占 20%～30%。多施有机肥,少施氮化肥。④综合防治病虫害。

**选(引)育单位** 四川省农业科学院作物研究所,四川省农业科学院水稻高粱研究所。

# (六)D优多系1号

**品种来源** D702A/多系 1 号。2000 年,由四川省农作物品种审定委员会审定;2001 年,由福建省农作物品种审定委员会审定,并经国家农作物品种审定委员会审定。

**品种特征特性** 该组合属中籼迟熟三系杂交水稻,全生育期为 146 天。苗期繁茂性好,分蘖力强,株高 106 厘米,主茎总叶片数为 16 片。剑叶中等大小,叶角较小,叶舌、叶鞘、节环和颖尖为紫色。每 667 平方米有效穗为 18 万～19 万穗。每穗着粒数为 107～129 粒,结实率为 83%,千粒重 26.4 克。米质主要指标:整精米率为 61.8%,粒长 6.3 毫米,长宽比值为 2.6,垩白度为 3.6%,垩白粒率为 33%,胶稠度为 52 毫米,直链淀粉含量为 22.1%。抗性:叶瘟 3～8 级,颈瘟 1～7 级。1997～1998 年,参加四川省优质米组区试,两年平均每 667 平方米产量为 529.7 千克,比对照汕优 63 减产 0.2%。1999 年试验,平均每 667 平方米产量为 551.65 千克,比对照汕优 63 品种增产 3.26%。1998～1999 年,参加福建省中稻组区试,平均每 667 平方米产量分别为 502.7 千克和 564.1 千克,比对照汕优 63 分别增产 9.21% 和 9.20%。2000 年进行生产试验,平均每 667 平方米产量为 584.75 千克,比对照汕优 63 增产 5.29%。

**品种适应性及适种地区** 适宜在四川省和福建省作一季中稻种植。

**栽培技术要点** 该组合属偏穗数型,穗数在产量构成中比重较大,栽培上宜主攻穗数夺高产。①适时早播,适龄移栽。根据茬口决定播期,秧龄 40 ~ 50 天。秧田每 667 平方米播种量为 10 千克。也可旱育抛秧。②合理密植,栽足基本苗。基本苗为每 667 平方米 9 万 ~ 10 万。③合理施肥,重底早追。底肥占 60%,蘖肥占 30%,穗肥占 10%。一般每 667 平方米用氮量 10 千克左右,氮、磷、钾比例为 1:0.5:0.5。④水浆管理:浅水栽插,深护苗,薄水分蘖,湿润灌浆,够苗晒田,控制无效分蘖。⑤及时防治稻蓟马、螟虫、稻苞虫及稻瘟病。

**选(引)育单位** 四川农业大学水稻研究所。

# (七)D 优 13

**品种来源** D702A/蜀恢 527。2000 年,由贵州省农作物品种审定委员会审定;2001 年,由四川省农作物品种审定委员会审定;同年,通过国家农作物品种审定委员会审定。

**品种特征特性** 该组合属中籼迟熟三系杂交稻,全生育期为 153 天左右。株高 100 ~ 110 厘米,株形紧凑,苗期繁茂性好,分蘖力强,生长整齐,主茎叶片 16 片。叶色深绿,叶角较小,转色正常。叶舌、叶鞘、茎节和谷尖为紫色,无芒。每 667 平方米有效穗 16 万 ~ 18 万穗。穗长 25 厘米左右,穗平均着粒 140 ~ 160 粒,结实率为 83% 左右,长粒,千粒重 27.5 克。米质主要指标:整精米率为 44.8%,垩白粒率为 15%,垩白度为 1.1%,胶稠度为 52 毫米,直链淀粉含量为 21.6%,主要指标达部颁优质米二级标准。在四川省鉴定,叶瘟 2~5 级,颈瘟 3~7 级;在贵州省对稻瘟病的鉴定为抗至高抗。1999~2000 年,参加四川省优质米组区试,两年平均每 667 平方米产量为 545.2 千克,比对照汕优 63 增产 3.93%。2000 年,进行生产试验,平均每 667 平方米产量为 575.7 千克,比对照汕优 63 增产 7.68%。1999~2000 年,参加贵州省区试,两年平均每 667 平方米产量为 558.8 千克,比汕优 63 增产 8.83%。2000 年,进行生产试验,平均每 667 平方米产量为 629.6 千克,比汕优 63 增产 7.4%。

**品种适应性及适种地区**  适宜在四川省平坝、丘陵区及贵州省海拔 1 100 米以下地区,作一季中稻种植。

**栽培技术要点**  ①适时早播,适龄移栽。根据茬口决定播期,秧龄为 40~50 天。秧田每 667 平方米播种量为 10 千克。亦可旱育抛秧。②合理密植,栽足基本苗。宽窄行栽植,规格为(16.5~30 厘米)×15 厘米,或 16.5 厘米×25 厘米,每 667 平方米基本苗数为 25 万株。③合理施肥,重施底肥,早施追肥。底肥占 60%,蘖肥占 30%,穗肥占 10%。一般每 667 平方米施纯氮量 10 千克左右。氮、磷、钾肥的比例为 1:0.5:0.5。④水浆管理:浅水栽插,深水护苗,薄水分蘖,湿润灌浆,够苗晒田或晾田。⑤及时防治病虫害。重点防治稻蓟马、螟虫、稻苞虫及稻瘟病。

**选(引)育单位**  四川农业大学水稻研究所。

# (八)K 优 77

**品种来源**  K17A/明恢 77。2001 年,通过国家农作物品种审定委员会审定。

**品种特征特性**  该组合属籼型三系杂交水稻,全生育期平均为 117.3 天,比汕优 64 长 1.4 天。株高 101 厘米,株叶形态好,后期转色好。每 667 平方米有效穗为 20 万~21 万穗。穗型较大,穗长 21.8 厘米,每穗总粒数为 105.6 粒,结实率为 76.7%,千粒重 28.2 克。米质主要指标:整精米率为 52.6%,垩白粒率为 66%,垩白度为 16.9%,胶稠度为 74 毫米,直链淀粉含量为 22.3%,米质较好。抗性:稻瘟病 5.9 级,白叶枯病 8 级,褐飞虱 7 级。1998 年,参加南方稻晚籼早熟组国家区试,平均每 667 平方米产量为 453.9 千克,比对照汕优 64 增产 6.24%。1999 年续试,平均每 667 平方米产量为 457.5 千克,比对照汕优 64 增产 5.99%。2000 年,进行生产试验,平均每 667 平方米产量为 487.9 千克,比对照汕优 64 增产 8.75%。

**品种适应性及适种地区** 宜在湖南、湖北、江西、安徽和浙江省的稻瘟病、白叶枯病轻发地区,作双季晚稻种植。

**栽培技术要点** ①该组合由于种子千粒重较大,用种量要求达每 667 平方米 1.5 ~ 1.75 千克,浸种时间比汕优组合要长 12 ~ 24 小时。②适时播种,稀播育壮秧。各地的播种期,可参考汕优 46 操作。旱育秧应提前 5 ~ 10 天。秧田应采用多效唑控长促蘖。③合理密植。移栽密度以 20 厘米 × 20 厘米为宜,争取使每 667 平方米的基本苗数达到 8 万株以上。提倡宽窄行种植。④施足基肥,每 667 平方米施标准肥 2.75 吨,其中基肥占 60%,分蘖肥占 30%,配施氯化钾 10 千克。⑤科学管水。每 667 平方米苗数达到 25 万株时,应及时搁田。灌浆中后期,保持干干湿湿,防止断水过早。⑥注意防治稻瘟病和白叶枯病。

**选(引)育单位** 四川省农业科学院水稻高粱研究所,四川省泸州市农业局。

## (九)冈优 725

**品种来源** 冈 46A/绵恢 725。2001 年,经国家农作物品种审定委员会审定;2002 年,经湖南省农作物品种审定委员会审定。

**品种特征特性** 该组合属中籼迟熟杂交稻。全生育期为 150

天左右,与汕优 63 相当。株高 115 厘米,株形紧凑。叶片硬直,剑叶较长,叶色深绿,叶舌、叶耳、柱头紫色,主茎叶片数为 17 片,分蘖力中等。成穗率为 50% ~ 60%,穗大粒多,穗长 25 厘米,平均每穗着粒 180 ~ 190 粒,结实率为 85% 左右,穗层整齐。谷壳黄色,米粒长宽比值为 2.3。颖尖有色,有短顶芒,斜肩,护颖短,千粒重 26克左右。再生力较强。米质主要指标:整精米率为 51.6%,胶稠度为 69 毫米,直链淀粉含量为 19.02%。抗性:稻瘟病 5 ~ 9 级,白叶枯病 5 ~ 9 级,稻飞虱 7 ~ 9 级。

1996 ~ 1997 年,冈优 725 品种参加四川省中籼迟熟组区试,两年平均每 667 平方米产量为 576.16 千克,比对照汕优 63 增产4.16%。1997 年,参加四川省中迟熟杂交稻生产试验,平均每 667平方米产量为 594.5 千克,比汕优 63 增产 8.55%。1997 ~ 1998年,参加贵州省生产试验,平均每 667 平方米产量为 584.4 千克,比汕优 63 增产 6.72%。1997 ~ 1998 年,参加全国南方稻区中籼中晚熟组区试,两年平均每 667 平方米产量为 556.51 千克,比对照汕优 63 增产 3.07%。

**品种适应性及适种地区** 适宜在四川省平坝、丘陵区及贵州省海拔 1 100 米以下的地区作一季中稻种植。

**栽培技术要点** ①适时播种,培育多蘖壮秧。在绵阳地区,3月底至 4 月初播种,秧龄为 45 ~ 50 天。②栽足基本苗,提高有效穗。每 667 平方米栽 1.5 万穴,每穴栽双苗,基本苗为 11 万 ~ 13万株。③合理施肥,保证品种对肥料养分的需求。667 平方米施纯氮 10 ~ 12 千克,并用硫酸锌 1.2 ~ 2.0 千克作底肥。在总肥量中,农家肥占 50%。施肥方法,底肥占 60% ~ 70%,分蘖肥占20% ~ 30%,抽穗前 7 ~ 10 天施穗肥 10%。④科学管理,适时晒田。⑤注意防治病虫害。

**选(引)育单位** 四川省绵阳市农业科学研究所。

# (十)菲优多系 1 号

**品种来源** 菲改 A/多系 1 号。1998 年,经四川省农作物品种审定委员会审定;1999 年,经贵州省农作物品种审定委员会审定;2001 年,通过国家农作物品种审定委员会审定。

**品种特征特性** 该组合属籼性中晚熟三系杂交稻,全生育期为 145 ~ 148 天,比汕优 63 短 2 ~ 3 天。株高 105 ~ 110 厘米,株形松散适中,群体整齐,苗期生长势旺,分蘖力强。主茎叶片数为 16.5 ~ 17 叶,叶耳、叶缘、节、颖尖、柱头和茎内壁无色。叶色淡绿,叶片中宽直立。穗长 24 厘米,每穗平均着粒 130 ~ 140 粒,结实率为 85%以上。谷粒细长,千粒重 30 克左右。穗层整齐,黄熟一致,转色好,不早衰。米质主要指标:整精米率为 67.6%,粒长 6.9 毫米,透明度为 1 级,胶稠度为 66 毫米,垩白度为 13.6%,垩白粒率为 31%,直链淀粉含量为 22%。抗性:叶瘟 1 ~ 7 级,颈瘟 1 ~ 7 级,白背飞虱 5 级。1994 ~ 1996 年参加四川省优质米区试,三年平均每 667 平方米产量为 552.7 千克,比对照汕优 63 增产 1.02%。1996 ~ 1997 年,参加贵州省遵义区试,平均每 667 平方米产量为 565 千克,比对照汕优多系 1 号减产 2.6%。1995 年,在四川省生产试验中,平均每 667 平方米产量为 512.18 千克,比对照汕优 63 增产 3.07%。

**品种适应性及适种地区** 适宜在四川、重庆和贵州省的遵义、安顺等地,作一季中稻种植。

**栽培技术要点** ①适时播种,秧龄 30 ~ 45 天。②大田栽培时,每 667 平方米基本苗控制在 8 万 ~ 12 万株,有效穗以 16 万 ~ 20 万穗为宜。③施肥,应重施底肥,早施追肥,注意氮、磷、钾肥合理施用,慎用穗肥。④注意防治病虫害。

**选(引)育单位** 四川省内江杂交稻科技开发中心。

# （十一）Ⅱ优501

**品种来源** Ⅱ-32-8A/绵恢501。1993年,经四川省农作物品种审定委员会审定;1998年,经湖北省农作物品种审定委员会审定;2001年,通过国家农作物品种审定委员会审定。

**品种特征特性** 该组合属中籼迟熟三系杂交稻。全生育期为153天左右,比汕优63长3~4天。株高10厘米,株形紧凑。叶片硬直,剑叶较长,叶色深绿,叶舌、叶耳、柱头紫色,主茎叶片数为17叶。分蘖力中等,穗大粒多,穗长25厘米,平均每穗着粒数为150~160粒。结实率为81%~87%。穗为弧形,抽穗集中,穗层整齐。谷壳黄色,粒形较长,米粒长宽比值为2.7。颖尖有色,有短顶芒、斜肩、护颖短,千粒重26.1克左右。耐肥、抗倒,不早衰,成熟时转色好。其精米率为70%,整精米率为55%,胶稠度为80毫米,直链淀粉含量为18.55%。抗稻瘟病能力优于汕优63,叶瘟4~5级,颈瘟5~7级。1996~1997年,参加湖北省区试,平均每667平方米产量为593.5千克,比对照汕优63增产4.58%。1996~1997年参加湖北省生产试验,平均每667平方米产量比汕优63增产3.78%~9.72%。1992年,参加四川省生产试验,平均每667平方米产量为571.5千克,比汕优63增产4.45%。

**品种适应性及适种地区** 适宜在四川、湖北和重庆作一季中稻种植。

**栽培技术要点** ①适时播种,培育多分蘖壮秧。在四川省,3月底至4月初播种,秧龄为45~50天左右。②栽足基本苗,提高有效穗。每667平方米栽1.5万穴,每穴栽双苗,基本苗为11万~13万株。③合理施肥,保证肥料养分的需求。每667平方米施纯氮10~12千克,硫酸锌1.2~2千克作底肥。总施肥量中,农家肥应占50%。施肥方法,底肥占60%~70%,分蘖肥占20%~30%,抽穗前穗肥占20%。④科学管理,适时晒田,注意防治病虫害。

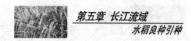

选（引）育单位　四川省绵阳市农业科学研究所,西南科技大学。

## （十二）Ⅱ优725

**品种来源**　Ⅱ－32－8A/绵恢725。2000年,经湖北省、四川省和贵州省农作物品种审定委员会审定;2001年,通过国家农作物品种审定委员会审定。

**品种特征特性**　该组合属中籼迟熟三系杂交稻。全生育期为153天左右,比汕优63长3~4天。株高115厘米,株形紧凑。叶片硬直,剑叶较长,叶色深绿,叶舌、叶耳和柱头为紫色,主茎叶片数为17叶。分蘖力中等。穗大粒多,穗长26厘米,穗为弧形,抽穗集中,穗层整齐。平均每穗着粒数为170~180粒,结实率为85%~87%。谷壳黄色,粒形较长,米粒长宽比值为2.5。颖尖有色,有短顶芒,斜肩,护颖短,千粒重26.4克左右。耐肥抗倒,不早衰,成熟时转色好。其整精米率为53.93%,垩白度为4.8%,胶稠度为46毫米,直链淀粉含量为23.5%。四川省鉴定,其中感稻瘟病和白叶枯病。湖北省鉴定,其为高感白叶枯病和穗颈瘟。1996~1997年,参加四川省区试,平均每667平方米产量为567.07千克,比对照汕优63增产1.41%。1998~1999年参加湖北省区试,两年平均每667平方米产量为609.89千克,比汕优63增产4.28%。1997年参加四川省生产试验,平均每667平方米产量为589.92千克,比汕优63增产8.57%。

**品种适应性及适种地区**　适宜在四川省平坝、丘陵地区,贵州省东部和铜仁中低海拔地区,湖北省稻瘟病轻发区,作一季中稻种植。

**栽培技术要点**　①适时播种,培育多分蘖壮秧。在绵阳,3月底至4月初播种,秧龄为45~50天。②栽足基本苗,提高上等穗数。每667平方米栽1.5万穴,每穴栽双苗,基本苗数为11万~13

万株。③合理施肥,每 667 平方米施纯氮 10 ~ 12 千克,硫酸锌 1.2 ~ 2 千克作底肥。总施肥量中,农家肥应占 50%。施肥方法,底肥占 60% ~ 70%,分蘖肥占 20% ~ 30%。抽穗前 7 ~ 10 天,施穗肥 10%。④科学管理,适时晒田,注意防治病虫害。

**选(引)育单位**　四川省绵阳市农业科学研究所。

## (十三)协优赣 26

协优赣 26,又名协优 1429。

**品种来源**　协青早 A/C1429。1999 年,由江西省农作物品种审定委员会审定;2001 年,通过国家农作物品种审定委员会审定。

**品种特征特性**　该组合属籼型三系杂交晚稻,全生育期为 124 天左右,比油优 46 迟熟 1.8 天。株高 104 厘米左右,茎秆粗壮,叶片较宽。苗期生长势旺,后期转色落黄好,较耐寒。每 667 平方米有效穗为 16.8 万穗。穗长 22.1 厘米,每穗总粒数为 138.5 粒,结实率为 79%,千粒重 26.7 克。米质主要指标:整精米率为 43.4%,垩白粒率 80%,垩白度为 21.5%,胶稠度为 47 毫米,直链淀粉含量为 18.1%。抗性:感稻瘟病和白叶枯病。1998 年参加南方稻区国家区试,平均每 667 平方米产量为 458 千克,比对照油优 46 增产 2.91%。1999 年续试,平均每 667 平方米产量为 462.6 千克,比对照油优 46 增产 7.23%。2000 年进行生产试验,平均每 667 平方米产量为 475.4 千克,比对照油优 46 增产 9.17%。表现熟期适中,高产稳产,适应性广。

**品种适应性及适种地区**　适宜在江西、湖南、福建和浙江南部,以及广东、广西北部,稻瘟病和白叶枯病轻发地区,作双季晚稻种植。

**栽培技术要点**　①适时播种,培育壮秧。秧田要施足基肥,于 6 月 15 ~ 20 日播种。秧田每 667 平方米播种量为 10 千克,秧龄为 30 ~ 40 天。②合理密植。本田栽插规格为 17 厘米 × 20 厘米,或

20 厘米 × 23 厘米,每穴插 2 ~ 3 粒谷秧,每 667 平方米基本苗以 7 万 ~ 8 万株为宜。③本田要施足基肥,早施多施速效追肥,以促进禾苗早生快发,并增施磷、钾肥。中后期不宜多施氮肥。④移栽后深水返青,浅水促分蘖,够苗封行晒田,薄水抽穗,干湿壮籽。后期勿断水过早。⑤及时防治病虫害。秧田注意防治苗瘟病。本田根据病虫测报及时防治。

**选(引)育单位** 江西省宜春市农业科学院研究所。

## (十四)特优 37

**品种来源** 龙特普 A/R37。2002 年,由浙江省农作物品种审定委员会审定。

**品种特征特性** 属三系杂交晚籼组合。经浙江省 1998 年和 1999 年两年区试,平均每 667 平方米产量为 471.29 千克,比对照汕优 10 号增产 7.15%,其中 1998 年增产达显著水平,1999 年增产达极显著水平。2000 年,在浙江省进行生产试验,平均每 667 平方米产量达产 448.8 千克,比汕优 10 号增产 1.91%。两年区试结果表明,全生育期平均为 129.8 天,比汕优 10 号长 1.9 天。平均每 667 平方米的有效穗为 17.5 万穗。每穗总粒数为 125.9 粒,实粒数 105.4 粒,结实率为 83.7%,千粒重 26.9 克。抗性鉴定结果是:中抗稻瘟病、感白叶枯病、白背飞虱和褐飞虱。米质测试结果:精米率、整精米率、碱消值和直链淀粉含量等 4 项指标,达部颁一级食用优质米标准;糙米率、粒长、透明度和胶稠度等 4 项指标,达二级优质米标准,米质综合评分比汕优 10 号高 1 分。

**品种适应性及适种地区** 适于长江流域作连作晚稻种植。

**栽培技术要点** ①稀播育壮秧。秧田每 667 平方米播种量为 10 千克,秧龄为 30 ~ 40 天。②合理密植。本田栽插规格为 17 厘米 × 20 厘米,或 20 厘米 × 23 厘米,每 667 平方米栽插基本苗以 7 万 ~ 8 万株为宜。③本田要施足基肥,早施多施速效追肥,以促进禾苗早生快发,并增施磷、钾肥。中后期不宜多施氮肥。④移栽后深水返青,浅水促分蘖,够苗封行晒田,薄水抽穗,干湿壮籽,后期勿断水过早。⑤及时防治病虫害,注意防治白叶枯病、白背飞虱和褐飞虱。

**选(引)育单位** 浙江大学核农所。

## (十五)Ⅱ优7954

**品种来源** Ⅱ－32A/浙恢7954。2002年,由浙江省农作物品种审定委员会审定。

**品种特征特性** 属三系杂交晚籼稻新组合。经浙江省温州市2000年和2001年两年区试,平均每667平方米产量为478.1千克,比对照汕优10号增产7.22%,其中2000年增产达显著水平。2001年,在温州市进行生产试验,平均每667平方米产量为428.2千克,比对照汕优10号增产7.1%。两年区试结果表明:其全生育期平均为133天,比对照汕优10号长4.6天。平均每667平方米的有效穗为16.53万穗,每穗总粒数为157粒,实粒数为130.1粒,结实率为82.86%,千粒重26.8克。抗性鉴定结果是:中抗稻瘟病,中感白叶枯病,感褐稻虱。米质测试结果是:糙米率、精米率、碱消值和蛋白质含量等4项指标,达部颁一级食用优质米标准。

**品种适应性及适种地区** 适于在长江中下游地区作单季和连晚稻栽培。

**栽培技术要点** ①适期播种,培育多蘖壮秧。②合理密植,提高栽插质量。③科学施肥和管水。④加强病虫防治。

**选(引)育单位** 浙江省农业科学院作物研究所。

## (十六)协优7954

**品种来源** 协青早A/浙恢7954。2001年,由浙江省农作物品种审定委员会审定。

**品种特征特性** 属三系杂交晚籼稻新组合。全生育期平均为135天,与对照汕优63相仿。单株有效穗为13～15个,每穗总粒为130～150粒,结实率为85.%,千粒重30.5克。抗性鉴定结果:中抗稻瘟病,对白叶枯病、细条病的抗性优于对照汕优63。米质测试结果:糙米率为80.3%,整精米率为54.8%,粒长7.0毫米,长宽比值为2.9,垩白粒率为71%,垩白度为13.8%,胶稠度为48毫米,直链淀粉含量为24.4%,透明度为3级,糊化温度为6.6级,蛋白质含量为10.3%。参加浙江省1999年和2000年两年单季晚稻区试,平均每667平方米产量为546.7千克和590.7千克,分别比对照汕优63增产9.3%和9.6%,达极显著水平。2000年,进行生产试验,每667平方米产量为560千克,比对照汕优63增产11.0%。

**品种适应性及适种地区** 适宜江苏和浙江省作单季稻或连作晚稻种植。

**栽培技术要点** ①适时播种,培育多蘖壮秧。适时移栽插好田,合理密植提高栽插质量,秧龄控制在35天以内。②科学管理肥水。该品种抗倒性强,纯氮施肥量为每667平方米12～15千克。应增施有机肥和配施磷、钾肥。要合理灌溉,注意不能断水过早,以防根系、叶片早衰。以收割前7天断水为宜。③加强病虫防治,注意稻蓟马、稻飞虱、白叶枯病和纹枯病的防治。

**选(引)育单位** 浙江省农业科学院作物研究所。

# (十七)甬优3号

**品种来源** 甬粳2号A/K1863。2002年,由浙江省农作物品种审定委员会审定。

**品种特征特性** 该组合为三系中熟晚粳杂交稻,作单季种植,全生育期157天,株高105厘米;作连晚种植,全生育期为136天,株高90厘米。经浙江省1999年和2000年两年区试,平均每 667 平方米产量为 455.95 千克,比对照秀水 63 增产 11.04%,两年增产均达极显著水平。2001 年,在浙江省进行生产试验,平均每 667 平方米产量为 445.3 千克,比对照秀水 63 减产 4.6%。两年区试结果表明:全生育期平均为 135.9 天,比对照秀水 63 长 2.2 天。作单季稻,平均每 667 平方米的有效穗为 19 万穗,每穗总粒数为 170 粒。作连晚稻,平均每 667 平方米有效穗为 20 万穗,每穗总粒数为 110 粒。结实率为 85% 左右,千粒重 29～30 克。抗性鉴定结果为:中抗稻瘟病和白叶枯病。米质测试结果为:米质与对照相仿,其中糙米率、精米率、整精米率、长宽比、透明度和碱消值等 6 项指标,达部颁一级食用优质米标准;垩白度、胶稠度和直链淀粉含量等三项指标,达优质米二级标准。

**品种适应性及适种地区** 适于浙江北部和江苏等地粳稻区种植。

**栽培技术要点** ①适期播种,培育壮秧。单季种植,于 6 月初播种,每 667 平方米播种量为 10 千克;双季种植,于 6 月下旬播种,每 667 平方米播种量为 12.5 千克。②合理密植,攻足有效穗。作单季稻 667 平方米栽 1.25 万丛;作双季稻,667 平方米栽 1.67 万丛。做到双本浅插,促进早发。③运用前促、中控、后补的施肥策略,做到基肥足,蘖肥早,浅水插秧,薄水促蘖,多次搁田管水,齐穗后干干湿湿,养根保叶增粒重。注意不能断水过早,以防根系、叶片早衰。④注意对纹枯病、稻瘟病和细条病的防治。

**选 ( 引 ) 育单位** 浙江省宁波市农业科学院,宁波市种子公司。

# (十八)86 优 8 号

**品种来源** 863A/宁恢 8 号。2000 年,由江苏省农作物品种审定委员会审定。

**品种特征特性** 属三系杂交粳稻组合。2000 年 4 月,通过江苏省农作物品种审定委员会审定后,2001 年开始在省内外大面积示范种植。该品种为适宜沿江、苏南地区栽培的早熟晚粳稻。一般在 5 月下旬播种,6 月中下旬移栽,9 月初齐穗,10 月下旬成熟,全生育期为 150～155 天。高抗白叶枯病和稻瘟病。根据 8 个主要示范点测产汇总资料,平均每 667 平方米的有效穗为 16 万～17 万穗。每穗总粒数为 180 多粒,结实率在 90% 以上,千粒重 26～27 克。每 667 平方米产量达 700 千克以上。该品种有效地解决了杂交粳稻高产与优质的矛盾。据农业部稻米及制品质量监督检验测试中心检测,该品种除垩白率为优质米二级标准外,其余 11 项指标均达优质稻米一级标准。该品种长势平衡,穗大粒饱,外观清秀,穗型协调一致。

**品种适应性及适种地区** 适宜于沿江、苏南地区作早熟晚粳稻栽培。

**栽培技术要点** ①在江苏种植,适宜在 5 月中旬播种,播种前做好种子处理,防治恶苗病和秆尖线虫病。秧田面积和大田面积比,一般为 1:10。秧田播种量为每 667 平方米 12.5～15.0 千克,秧龄 30 天左右。单株带大分蘖 2～3 个,移栽密度为 26.6 厘米×16.7 厘米,每 667 平方米插 1.5 万穴,双本栽插,每 667 平方米基本苗为 7 万～8 万株。栽后 30～35 天,达到高峰苗数 18 万～20 万株。②施肥原则为前足、中稳和后控。③做到浅水插秧,薄水促蘖,多次搁田管水,齐穗后干干湿湿,养根保叶增粒重。注意不能断水过早,以防根系、叶片早衰。

**选(引)育单位** 江苏省农业科学院粮食作物研究所。

# (十九)金优 198

**品种来源** 金 23A/R198。2002 年,由江西省农作物品种审定委员会审定。

**品种特征特性** 属杂交晚稻组合。全生育期为 124.4 天。株高 93.91 厘米。每 667 平方米有效穗为 19.21 万。每穗总粒数为

110.14粒,结实率为81.98%,千粒重26.84克。其糙米率为80.3%,整精米率为68.1%,谷粒长6.4毫米,长宽比值为2.7,垩白粒率为72%,垩白度为14.4%,胶稠度为30毫米,直链淀粉含量为21.30%。稻瘟病抗性:苗瘟6级,叶瘟5级,穗瘟7级。2000~2001年,参加江西省区试,2000年平均每667平方米产量为424.35千克,比对照汕优63减产4.48%。2001年,平均每667平方米产量为464.5千克,比对照汕优46减产4.85%。

**品种适应性及适种地区** 该品种在江西省各地均可种植。

**栽培技术要点** 该品种是一个分蘖力较强、中秆偏大穗类型的迟熟杂交晚稻组合,在栽培上应采用旺根、壮秆与重穗栽培法,充分发挥大穗的增产作用。应适时播种移栽,培育多蘖壮秧。适当稀植,但要插足基本苗。要合理施肥,节水灌溉。注意不能断水过早,以防根系、叶片早衰,以收割前7天断水为宜。注意病虫害防治,及时施药防治二化螟、三化螟、稻飞虱和纹枯病等病虫害。

**选(引)育单位** 湖南农业大学。

# (二十)协优962

**品种来源** 协青早A/T962。2001年,由江西省农作物品种审定委员会审定。

**品种特征特性** 属杂交晚稻组合,全生育期为124天。株高97厘米。每667平方米有效穗为20.39万穗,每穗总粒数为91.4粒,结实率为81.7%,千粒重28.32克。其糙米率为81.7%,整精米率为59.6%,谷粒长宽比值为2.9,垩白粒率为67%,垩白度为10%,胶稠度为86毫米,直链淀粉含量为24.79%。苗瘟3级,叶瘟6级,穗瘟7级。1999~2000年,参加江西省水稻区试,1999年平均每667平方米产量为443.95千克,比对照汕优46增产4.44%;2000年平均每667平方米产量为460.27千克,比对照汕优46增产0.28%。

**品种适应性及适种地区** 适于江西省作连晚稻种植。

**栽培技术要点** 适期播种,培育多蘖壮秧。合理密植,提高栽插质量。科学施肥和管水,注意不能断水过早,以防根系、叶片早衰,以收割前 7 天断水为宜。加强病虫防治,及时施药防治二化螟、三化螟、稻飞虱和纹枯病等病虫害。

**选(引)育单位** 江西省抚州市农业科学研究所。

# (二十一)金优 752

**品种来源** 金 23A/绵恢 752。2002 年,由江西省农作物品种审定委员会审定。

**品种特征特性** 属三系杂交中稻组合,全生育期为 140 天。株高 118.0 厘米,每 667 平方米有效穗为 12.02 万穗。每穗总粒数为 175.75 粒,结实率为 76.83%,千粒重 27.24 克。其糙米率为81.1%,精米率为 74.5%,整精米率为 58.2%,谷粒长 6.7 毫米,长宽比值为 3.1,垩白粒率为 22%,垩白度为 1.7%,透明度为 2 级,碱消值为 6.1 级,胶稠度为 42 毫米,直链淀粉含量为 20.4%,蛋白质含量为 10.1%。稻瘟病抗性:苗瘟 2 级,叶瘟 4 级,穗瘟 7 级。2001 年,参加江西省水稻区试,平均每 667 平方米产量为 439.04千克,比对照博优 752 减产 5.37%。

**品种适应性及适种地区** 适宜江西省作一季稻种植。

**栽培技术要点** 适期播种,培育多蘖壮秧。在长江流域作中稻,4 月中上旬播种,秧龄为 30～40 天。合理密植,每 667 平方米栽插 1.5 万～1.8 万穴。科学施肥和管水,施足底肥,早施追肥,促进低位分蘖,早生快发,酌施保花肥,后期干湿交替。注意不能断水过早,以防根系、叶片早衰,以收割前 7 天断水为宜。加强病虫害防治,及时施药防治二化螟、三化螟和稻飞虱等病虫害。

**选(引)育单位** 江西省农业科学院水稻研究所。

# (二十二)协优218

**品种来源** 协青早 A/R218。2002 年,由江西省农作物品种审定委员会审定。

**品种特征特性** 属杂交晚稻组合,全生育期为 125.2 天。株高 92.3 厘米,每 667 平方米有效穗为 18.7 万穗。每穗总粒数为 86 粒,结实率为 85%,千粒重 33.0 克。其糙米率为 81.8%,整精米率为 50.5%,谷粒长 7.0 毫米,长宽比值为 2.7,垩白粒率为 57%,垩白度为 17.1%,胶稠度为 31 毫米,直链淀粉含量为 22.03%。稻瘟病抗性:苗瘟 3 级,叶瘟 3 级,穗瘟 5 级。2000 ~ 2001 年,参加江西省水稻区试,2000 年平均每 667 平方米产量为 453.13 千克,比对照汕优 46 减产 1.28%。2001 年,平均每 667 平方米产量为 477.42 千克,比对照汕优 46 减产 2.20%。

**品种适应性及适种地区** 适于浙江、江西和湖南等省作连晚稻种植。

**栽培技术要点** ①适时播种,秧龄控制在 35 天以内。②合理密植。③科学运筹肥水,重施底肥,早施追肥。底肥占 60%,蘖肥占 30%,穗肥占 10%。一般每 667 平方米用氮量为 10 千克左右,氮、磷、钾肥比例为 1∶0.5∶0.5。浅水栽插,深水护苗,薄水分蘖,湿润灌浆,够苗晒田,控制无效分蘖,后期以干干湿湿为宜。④及时做好病虫害防治工作,确保丰产丰收。

**选(引)育单位** 中国水稻研究所。

# (二十三)培两优210

**品种来源** 培矮 64S/合 6。2001 年,由湖南省农作物品种审定委员会审定,2002 年,又经江西省农作物品种审定委员会审定。

**品种特征特性** 属两系杂交晚稻组合。全生育期为 123 天。株高 94.8 厘米,每 667 平方米有效穗 19.83 万穗,每穗总粒数为

115.02 粒,结实率为 76.38%,千粒重 25.71 克。其糙米率为 81.5%,精米率为 73.0%,整精米率为 55.3%,谷粒长 6.9 毫米,长宽比值为 3.2,垩白粒率为 22%,垩白度为 2.6%,透明度为 1 级,碱消值为 6.0 级,胶稠度为 80 毫米,直链淀粉含量为 22.1%,蛋白质含量为 9.6%。稻瘟病抗性:苗瘟 4 级,叶瘟 5 级,穗瘟 7 级。2000~2001 年,参加江西省水稻区试,2000 年平均每 667 平方米产量为 442.26 千克,比对照赣晚籼 19 号增产 10.74%,达显著水平;2001 年,平均每 667 平方米产量为 479.57 千克,比对照赣晚籼 19 号增产 1.13%。

**品种适应性及适种地区** 适宜于湖南、江西和福建等地种植。

**栽培技术要点** ①适时播栽,合理密植。②平衡配方施肥,重施底肥,早施追肥,看苗施肥,补施穗肥。有机肥、磷肥和锌肥全部作底肥,氮肥 70% 作底肥,30% 作追肥。③科学用水。实行"浅水栽秧,薄水分蘖,浅水分化,深水抽穗扬花,干湿壮籽"的灌水方法,做到以水调气、以水调肥。④综合防治病虫害。

**选(引)育单位** 湖南省水稻研究所与湖南杂交水稻研究中心。

# (二十四)川香优 2 号

**品种来源** 川香 29A/成恢 177。2002 年,由四川省农作物品种审定委员会审定。

**品种特征特性** 属三系优质抗病杂交香稻。株叶形好,分蘖力中等。作中稻栽培,全生育期为 155 天,比汕优 63 长 4 天,株高 114 厘米,穗长 25 厘米,每 667 平方米有效穗为 160 万,成穗率为 75%。每穗总粒数为 160 粒,结实率为 80%,千粒重 28.5 克。据农业部稻米及制品质量监督检验测试中心检测,其糙米率为 81.2%,精米率为 75.4%,整精米率为 67.4%,谷粒长 6.5 毫米,长宽比值为 2.9,垩白粒率为 24%,垩白度为 2.9%,透明度为 1 级,碱消值为6.5级,胶稠度为70毫米,直链淀粉含量为20%,蛋白质含量为9.8%,除垩白度为国颁优质米三级标准外,其出糙率、整精米率、直链淀粉含量、胶稠度和粒型等关键指标均达到国颁优质米一级标准,而且稻米中有3/16的米粒有香味,1/6的米粒具有泰国米香味,为自然掺合香米。稻瘟病抗性优于对照汕优63。2000～2001年,参加四川省中籼优质组区试,两年平均每667平方米产量为546千克,比对照汕优63增产2.46%。2001年,参加四川省生产试验,平均每667平方米产量为537.3千克,比对照汕优63增产5.09%。

**品种适应性及适种地区** 适宜于南方稻区作一季杂交中稻种植。

**栽培技术要点** ①改进育秧技术,做到早育早栽,充分利用秧田分蘖,培育多蘖壮秧。②适时播栽,合理密植。③平衡配方施肥,重施底肥,早施分蘖肥,看苗施肥,补施穗肥,有机肥、磷肥和锌肥全部作底肥,氮肥的70%作底肥,30%作追肥。④科学用水。实行"浅水栽秧、薄水分蘖、浅水分化、深水抽穗扬花、干湿壮籽"的灌水方法,做到以水调气、以水调而。⑤综合防治病虫害,控制苗瘟、挑治叶瘟、兼治颈瘟,抓好水稻纹枯病、螟虫等病虫害的防治。

**选(引)育单位** 四川省农业科学院作物研究所。

## (二十五)粤优938

**品种来源** 粤泰A/938。2000年,由江苏省农作物品种审定委员会审定。

**品种特征特性** 属三系杂交中、晚稻组合。在南京作一季中籼稻种植,于5月上旬播种,主茎平均总叶片数为17～18叶,全生育期为147～150天,株高120厘米。抽穗整齐,穗大粒重,一般穗长23～25厘米,有效穗为每667平方米15.5万～17.5万穗,每穗总粒数为180～190粒,结实率为80%,千粒重27克左右。抗稻瘟病,中抗白叶枯病。抗倒性一般,在氮肥用量偏高或施用偏迟的情况下,成熟后期植株易倾斜,但其抗倒性强于汕优63。在米质的12项指标中,糙米率为80.6%,精米率为73.1%,整精米率为56.0%,粒长7.1毫米,长宽比值为3.2,垩白粒率为24%,垩白度为4.8%,透明度为1级、碱消值为6.0级,胶稠度为76毫米,直链淀粉含量为22.5%,蛋白质含量为8.7%。米饭软而不黏,味较浓。

**品种适应性及适种地区** 适宜于江苏和浙江等省的中低肥力水平地区种植。

**栽培技术要点** ①适期稀播,培育壮秧。播种前要用施保克或"402"药剂进行浸种消毒处理。秧苗一叶一心期喷300毫克/升多效唑促秧苗矮壮。②适时移栽,合理密植,旱育秧秧龄为25～30天、半旱育秧秧龄为25天左右时移栽。移栽密度为(26.7～30)厘米×16.7厘米,每667平方米插足1.2万～1.5万丛。③施肥要控氮增磷、钾肥,慎施穗肥,在施用适量有机肥的条件下,中等肥力水平田块每667平方米的氮肥用量,宜控制在12千克左右,并配施磷、钾肥。在施用方法上,要坚持前促、中稳和后控,以基面肥为主,慎施穗肥,以防倒伏。④科学管水,及时搁田 做到浅水插秧,深水护苗,薄水分蘖。当每667平方米苗数达到15万苗左右时,及时搁田,搁田宜重不宜轻,以控制最高苗,提高成穗率,并促进根系发育,增强后期抗倒能力。⑤综合防治病虫害,严格抓好稻曲病、螟虫和纹枯病的预防工作,在剑叶露尖和破口期,用20%井冈霉素20～30克各喷一次。在台风暴雨后,要注意细菌性病害的检查和防治。

**选(引)育单位** 江苏省农业科学院。

# (二十六)丰两优1号

**品种来源** 广占63S/9311。2002年,由安徽省农作物品种审

定委员会审定。

**品种特征特性**　属两系杂交中稻,具有高产优质,结实率高,千粒重大,生育期适中,易栽培,适应性广,稻曲病较轻等特点。作中稻播种,全生育期为 126 天,比同期播种的汕优 63 早熟 10 天;作双季晚稻栽培,全生育期为 132 天,比同期播种的汕优 63 早 4 天。作早稻种植时,株高 110.60 厘米 ± 7.44 厘米,每 667 平方米的有效穗数 18.4 万穗。每穗总粒数为 123.10 粒 ± 5.51 粒,结实率为 86.41% ± 4.06%,千粒重 26.2 克 ± 1.10 克。作晚稻种植时,株高 89.20 厘米 ± 1.30 厘米,每 667 平方米的有效穗数 13.6 万穗,每穗总粒数为 113.50 粒 ± 9.35 粒,结实率为 76.05% ± 3.12%,千粒重 30.45 克 ± 0.68 克。高抗白叶枯病和稻瘟病,轻感稻曲病。其米质中的糙米率、精米率、整精米率、粒长、垩白粒率、垩白度、透明度、碱消值、胶稠度和蛋白质含量 10 项指标,均达优质米一级标准,长宽比和直链淀粉含量两项指标为优质米二级标准。

**品种适应性及适种地区**　适宜在江西、安徽、江苏、湖南、湖北、浙江、广西、河南和海南等地种植。

**栽培技术要点**　①应适时播种,秧龄控制在 35 天内。②适当合理密植,每 667 平方米插足基本苗 8 万 ~ 9 万株。③施肥以基肥为主,追肥需早,注意氮、磷、钾肥配合。④科学管理好水浆,浅水灌溉,够苗晒田,齐穗后保持稻田干干湿湿,不宜断水过早。⑤注意病虫害防治。

**选(引)育单位**　北方粳稻杂交稻研究中心,合肥丰乐种业股份有限公司。

## (二十七)陆两优 106

**品种来源**　陆 18S/K106。2002 年,由贵州省农作物品种审定委员会审定。

**品种特征特性**　属两系杂交中稻组合。在贵州作中稻栽培,全生育期为 158.8 天,比汕优 63 短 0.8 天。株高 114 厘米,茎秆较粗,抗倒伏力较强。每 667 平方米有效穗 14.3 万穗。每穗总粒数为 210 粒,结实率为 87.5%左右,千粒重 27.4 克。经省区试鉴定:中抗稻瘟病和白叶枯病。其糙米率为 81%,精米率为 74%,整精米率为 50.3%。垩白粒率为 72%,垩白度为 11.5%。谷长粒型,粒长 6.9 毫米,长宽比值为 2.9,碱消值为 6.3 级,胶稠度为 80 毫米,直链淀粉含量为 24.9%,蛋白质含量为 9.8%。2000 ~ 2001 年,参加贵州省中稻区试,2000 年平均每 667 平方米产量为 509.3 千克,比对照汕优 63 增产 12.4%;2001 年平均每 667 平方米产量为 563.7 千克,比对照汕优 63 增产 12.2%,增产达极显著水平。2001 年进行生产试验,单产 588 千克,比对照增产 2.24%。

**品种适应性及适种地区** 适宜在贵州、湖南、江西等省作中、晚稻种植。

**栽培技术要点** 适时播种,培育壮秧,插好秧苗,秧龄控制在 30 天左右。科学施肥,做到攻前期,稳中期,保后期,壮秆防倒。水分管理,采取前期浅水多露促分蘖,抽穗时保持田间有水层,灌浆期保持田间干干湿湿,以湿润为主,使根系保持活力,切忌断水过早。注意及时防治二化螟、稻纵卷叶螟、稻飞虱和纹枯病等病虫害。

**选(引)育单位** 湖南省亚华种业科学院。

# (二十八)Ⅱ优 92

Ⅱ优 92,原名Ⅱ优 20964。

**品种来源** Ⅱ - 32A//IR209/测 64 - 7。1994 年,由浙江省农作物品种审定委员会审定;1998 年,由安徽省农作物品种审定委员会审定;1999 年,通过国家农作物品种审定委员会审定。

**品种特征特性** 该组合属感温性的三系杂交中籼,作连晚栽培,全生育期为 125 天左右,比汕优 64 长 3 ~ 5 天。株高 90 厘米左右,株形紧凑,茎秆粗韧,谷粒稍细长,无芒,稃尖紫色。分蘖力中等偏强,较耐肥抗倒伏。每穗总粒数为 130 粒左右,结实率为 80%以上,千粒重 25~26 克。其糙米率为 82.3%,精米率为 74.1%,整精米率为 67.0%,透明度为 1 级,直链淀粉含量为 20.7%。稻米外观好,食味佳。中抗稻瘟病,轻感白叶枯病。一般每 667 平方米产量为 400~450 千克。

**品种适应性及适种地区** 适宜在浙江、安徽南部作双季稻的晚稻种植,其它双季稻地区可示范推广。

**栽培技术要点** ①播种期可比汕优 63 提早 3~5 天。②稀播培育带蘖壮秧,秧龄为 30~35 天,如超过 40 天,则要采用两段育秧法。③合理密植,每 667 平方米应插足 8 万~10 万苗。④基肥要足,追肥要早,要重视促花肥。⑤后期要保持干湿灌溉,严防断水过早,并注意螟虫、稻飞虱和白叶枯病等病虫害防治。

**选(引)育单位** 浙江省金华市农业科学研究所。

# (二十九)Ⅱ优 906

**品种来源** Ⅱ-32A/蓉恢 906。1999 年,由四川省农作物品种审定委员会审定。

**品种特征特性** Ⅱ优 906 品种属三系杂交中稻组合,全生育期为 153 天,株高 114 厘米。穗长 23.4 厘米,每穗总粒数为 161粒,结实率为 85.2%,稃尖紫色,无芒,千粒重 26.6 克。其糙米率为 80.9%,精米率为 71.9%。加工品质与对照相当,外观和食味品质均优于对照。抗稻瘟病。1996 年鉴定,其叶瘟 4 级,颈瘟 1~5 级,轻感纹枯病。耐肥抗倒。1996~1997 年,参加四川省区试,两年平均每 667 平方米产量为 574.6 千克,比对照增产 2.76%。1998 年进行生产试验,平均每 667 平方米产量为 563.6 千克,比对照增产 11%。

**品种适应性及适种地区** 适宜于四川平坝和丘陵地区种植。

栽培技术要点  适时早播,培育分蘖壮秧,秧龄为 40～45 天。每 667 平方米插植 1.8 万穴,基本苗为 8 万～10 万苗。每 667 平方米施纯氮 11 千克,磷肥 25 千克,钾肥 15 千克,重施底肥,早施追肥,适当增加分蘖肥的比重和次数。要及时防治病虫害。

选(引)育单位  四川省成都市第二农业科学研究所。

# (三十)Ⅱ优 3027

品种来源  Ⅱ-32A/R3027。2000 年,由浙江省农作物品种审定委员会审定。

品种特征特性  属三系杂交晚籼稻组合。分蘖力中等,茎秆粗壮,耐肥抗倒,剑叶挺立,生长青秀,青秆黄熟,后期转色好。作连晚稻栽培,株高近 100 厘米,穗长约 25 厘米,每穗总粒数为 160～170 粒,结实率达 85%左右,千粒重为 27～28 克。其米质有六项品种指标达到部颁一级食用米标准,4 项达二级标准。整精米率为 70.5%,比对照汕优 10 号高 8.9%。透明度高,垩白粒率和垩白度远小于对照。直链淀粉含量中等,为 20.8%,食味好。1995～1996 年,其 667 平方米产量均居浙江金华市连晚区试所有品种之首,平均比对照汕优 10 号和协优 46 增产 4.55%。1997 年,进行生产试验,每 667 平方米产量比对照汕优 10 号增产 7.93%。中抗稻瘟病、白叶枯病。

品种适应性及适种地区  适宜于浙江金华、丽水及类似地区作单晚或连晚种植。

栽培技术要点  ①适时播种。连晚一般比汕优 10 号早播 2～3 天,单季稻可参照汕优 63 适期播种。适龄移栽。连晚采用两段育种,秧龄控制在 40 天以内;单季稻田采用稀播一段秧,秧龄控制在 30 天左右。②适当密植。每 667 平方米大田插足 1.7 万～2.0 万丛,争取有效穗达 20 万穗以上。③加强肥水管理。一般每 667 平方米施标准肥 40～45 担,比协优 46 或汕优 10 号省肥 1～2 成。

适当增施钾肥。基肥占60%,追肥在插后15天内结束。后期追肥宁缺勿滥,以防造成叶片过披。该组合穗型较大,灌浆期较长。后期不要断水过早,要保持干湿交替,养根保叶促粒重。④及时防治病虫害。要重视螟虫、稻虱和纵卷叶螟的防治。在白叶枯病、细条病和稻瘟病重病区,还应加强喷药保护。

**选(引)育单位**　浙江大学核农所,浙江省金华市种子公司。

# (三十一)D优68

**品种来源**　D62A/多系1号。1999年,由四川省农作物品种审定委员会审定;2000年,由陕西省、河南省农作物品种审定委员会审定;2000年,通过国家农作物品种审定委员会审定。

**品种特征特性**　属三系中籼迟熟杂交组合。全生育期较汕优63长4~5天。株高120厘米,生长整齐,植株繁茂,发蘖力较强,成穗率高,穗大粒多,穗长约23厘米,每穗粒数187~194粒,结实率为80%左右,千粒重26.3~27.7克。适应性广,抗逆性强,熟色较好,秧龄弹性较大。表现高产稳产,一般每667平方米产量为550~650千克。米质优良,糙米率为82.1%,精米率为72.2%,整精米率为66.5%,籽粒长宽比值为3.39,垩白粒率为62%,直链淀粉含量为20.9%,主要米质标准达到部颁一级或二级优质米标准。抗稻瘟病。

**品种适应性及适种地区**　适宜于西南及长江流域和河南、陕西省南部白叶枯病轻发区作一季中稻种植。

**栽培技术要点**　①适时播种,稀播培育壮秧。每667平方米秧田播种量控制在10千克左右,秧龄一般以45天为好。每667平方米栽插1.4万穴为宜,保证基本苗在6万以上。②施肥以基肥为主,追肥为辅;有机肥为主,化肥为辅,增施磷、钾肥。③加强田间管理,防治病虫害。

**选(引)育单位**　四川农业大学水稻研究所,四川省内江杂交水稻中心,湖南农业大学。

# (三十二)K优17

**品种来源** K17A/泸恢17。1997年,由四川省农作物品种审定委员会审定;1999年,通过国家农作物品种审定委员会审定。

**品种特征特性** 该品种属三系杂交水稻晚籼组合。作晚稻时,全生育期为121.8天。植株生长整齐,株高110厘米,株形松散适当。叶深绿色,剑叶大小适中,分蘖力中上等。每667平方米有效穗为18万~20万,穗呈纺锤形,穗长24厘米,穗层整齐,每穗着粒109.8粒,结实率为75.6%,千粒重29.3克。谷粒长形,黄色,少量短顶芒,颖尖紫色。其糙米率为79.8%,精米率为71.7%,整精米率为56.4%,垩白粒率为50%,垩白度为9.2%,透明度为2级,胶稠度为46毫米,直链淀粉含量为22.6%,米质较好。植株茎秆坚硬,耐肥抗倒,中感至高感稻瘟病。1997年,参加国家南方稻区晚籼早熟组区试,平均每667平方米产量为468.12千克,比对照汕优晚3增产9.6%,1998年续试,平均每667平方米产量为475.75千克,比对照汕优晚3增产11.39%。1998年,进行南方稻区晚稻生产试验,每667平方米产量为483.60千克,比对照汕优晚3减产2.6%。

**品种适应性及适种地区** 适宜在长江流域南部稻瘟病轻发区作晚籼种植。

**栽培技术要点** ①秧龄为35天,栽插规格为16.7厘米×26.7厘米,每穴2粒谷苗,浅水栽插。②本田用肥,底肥占总量的60%。中等肥力田用肥总量为每667平方米施纯氮10千克左右,并注意磷、钾肥配合施用。水的管理以浅水灌溉为宜。③重点防治螟虫和稻飞虱,注意防治纹枯病。

**选(引)育单位** 四川省农业科学院水稻高粱研究所。

# (三十三)协优559

**品种来源** 协青早 A/R559。1999 年,由江苏省农作物品种审定委员会审定;2002 年,又经安徽省农作物品种审定委员会审定。

**品种特征特性** 属三系杂交中籼组合。苗期芽鞘紫色,幼苗矮壮,株高 120 厘米,株形集散适中。叶片硬直,主茎叶片数为 17~19 叶。分蘖力中等。成穗率为 70%,穗大粒多,穗长 25 厘米,平均每穗着粒 160~170 粒,结实率为 90%左右,千粒重 28 克左右。1997~1998 年,参加江苏省杂交籼稻区试,平均每 667 平方米产量分别为 614.7 千克和 666.7 千克,比汕优 63 分别增产 8.38%和 8.15%。同年参加生产试验,比汕优 63 增产 7.96%。全生育期比汕优 63 长 4~5 天。米质中等,糙米率为 80.5%,精米率为 73.9%,整精米率为 65.5%,垩白粒率为 78%,垩白度为 11.3%,透明度为 2 级,碱消值为 5.1 级,胶稠度为 58 毫米,直链淀粉含量为 22.4%。对白叶枯病抗性为 1 级,稻瘟病为 3 级。

**品种适应性及适种地区** 适宜在长江中下游地区作中稻栽培。

**栽培技术要点** 该组合属穗粒兼顾型组合,栽培上宜主攻穗数夺高产。①适时早播,适龄移栽。根据茬口决定播期,秧龄为 35~45 天。秧田每 667 平方米播种量 10 千克。也可旱育抛秧。②合理密植,栽足基本苗。每 667 平方米基本苗为 9 万~10 万苗。③合理施肥,重施底肥,早施追肥。底肥占 60%,蘖肥占 30%,穗肥占 10%。一般每 667 平方米施氮量为 10 千克左右,氮、磷、钾肥的比例为 1∶0.5∶0.5。④水浆管理:浅水栽插,深护苗,薄水分蘖,湿润灌浆,够苗晒田,控制无效分蘖,后期田间保持干干湿湿,成熟收割前 3~5 天断水,切忌断水过早。⑤及时防治稻蓟马、螟虫、稻苞虫及纹枯病。

**选(引)育单位** 江苏省盐城地区农业科学研究所。

# (三十四) Ⅱ优559

**品种来源**　Ⅱ-32A/R559。2001年,由江苏省农作物品种审定委员会审定。

**品种特征特性**　属三系杂交中籼迟熟组合,全生育期为150天左右,比汕优63长5~7天。株高120厘米,株形集散适中。叶片硬直,剑叶较长,叶色深绿,叶舌、叶耳、柱头紫色,主茎叶片数为18~19叶,分蘖力中等。成穗率为50%~60%。穗大粒多,穗长25厘米,平均每穗着粒180~190粒,结实率为85%左右,穗层整齐。谷壳黄色,米粒长宽比值为2.3。颖尖有色,有短顶芒,斜肩,护颖短,千粒重26克左右。再生力较强。米质主要指标:整精米率为51.6%,胶稠度为69毫米,直链淀粉为19.02%。抗性:稻瘟病5~9级,白叶枯病5~9级,稻飞虱7~9级。米质中等。1999~2000年,参加江苏省杂交籼稻区试,平均每667平方米产量分别为602千克和632千克,比汕优63分别增产11.03%和9.29%,均达极显著水平。2001年,进行生产试验,比汕优63增产9.9%。

**品种适应性及适种地区**　适宜在江苏省和安徽省作中稻栽培。

**栽培技术要点**　该组合属偏穗数型,穗数在产量构成中所占比重较大,栽培上宜主攻穗数夺高产。①适时早播,适龄移栽。根据茬口决定播期,秧龄为40~50天。秧田667平方米播种量为10千克。也可旱育抛秧。②合理密植,栽足基本苗。基本苗为每667平方米9万~10万苗。③合理施肥,重施底肥,早施追肥。底肥占60%,蘖肥占30%,穗肥占10%。一般每667平方米施氮量为10千克左右,氮、磷、钾肥比例为1:0.5:0.5。④水浆管理:浅水栽插,深护苗,薄水分蘖,湿润灌浆,够苗晒田,控制无效分蘖。⑤及时防治稻蓟马、螟虫、稻苞虫及稻瘟病。

**选(引)育单位**　江苏省盐城地区农业科学研究所。

## (三十五)协优 9308

**品种来源** 协青早 A/9308。1999 年,由浙江省农作物品种审定委员会审定。

**品种特种特性** 属三系杂交中稻迟熟组合。株形紧凑,分蘖中等偏弱,茎秆粗壮,耐肥抗倒。剑叶挺,后期青秆黄熟,转色好。穗大粒多,千粒重 28 克。米质好,糙米率为 81.8%,精米率为 75.7%,整精米率为 62.8%,长宽比值为 2.6,垩白粒率为 82%,垩白度为 3.9%,透明度为 3 级,糊化温度为 5.2 级,胶稠度为 44 毫米,直链淀粉含量为 21.6%,蛋白质含量为 9.4%,食味佳。高产稳产,一般每 667 平方米产量为 500 ~ 550 千克,最高达 700 千克。抗白叶枯病,中抗穗颈瘟,但易遭螟虫危害。植株偏高,但抗倒性较强,耐肥性中等。根量大,分布深,活力强。

**品种适应性及适种地区** 该组合有一定感光性,类似于早熟晚籼。适合于浙江、安徽、江西、湖南和福建等省,作单季稻种植。

**栽培技术要点** ①适期播种。若播种过迟,则生育期缩短,会使穗型变小。②采用稀播、足肥和植物生长调节剂处理等措施培育壮秧。可用足氮、足磷、足钾和多效唑培育壮秧。秧龄掌握在 25 ~ 30 天。③适当增加密植程度,每 667 平方米栽植 1.3 万丛左右。另外,还要求在晴天下午和温暖无风的阴天或雨天移栽,以减少败苗现象。④适当控制氮肥的施用,重视搁田及搁田后的间隙灌溉。⑤重点防治螟虫和纹枯病,做好穗期保产用药。⑥适时收割,既要避免割青,又要防过熟倒伏。因此,特别强调在 90% 谷粒黄熟时收割。

**选(引)育单位** 中国水稻研究所。

## (三十六)丰优 9 号

**品种来源** 丰源 A/R9。2002 年,由湖南省农作物品种审定委员会审定。

**品种特征特性** 属三系中熟杂交晚籼。全生育期为 113 天左右。株高 95 厘米左右,分蘖力中上,叶色淡绿。主茎叶片数为 15 片左右。茎秆粗壮,弹性好。穗长 21 厘米左右。平均每穗总粒数为 110 粒左右,结实率为 80% 左右。谷粒长形,稃尖紫色,千粒重 29 克左右。稳产性好,耐寒抗倒,熟期落色好。抗性鉴定:叶稻瘟 4 级,穗瘟 9 级,白叶枯病 7 级。其糙米率为 82.0%,精米率为 72.0%,整精米率为 59.0%。垩白粒率为 30.5%,垩白度为 11.0%。长宽比值为 3.0。直链淀粉含量为 21.0%,蛋白质含量为 9.7%。稻米品质较好,米饭适口性佳。在湖南省两年区试中,平均每 667 平方米产量为 440.8 千克。

**品种适应性及适种地区** 适于长江中下游地区作双季杂交晚稻栽培。

**栽培技术要点** ①适时播种。作双晚栽培的,一般于 6 月 22 ~ 28 日播种(不同地区可参照威优 77 在当地的播种期播种)。②大田每 667 平方米用种 1 ~ 1.5 千克。③移栽密度为 16.6 厘米 ×20 厘米。④肥水管理。以基肥和有机肥为主,前期重施,早施追肥,后期看苗施肥。⑤注意防治稻瘟病、纹枯病和稻飞虱。

**选(引)育单位** 湖南省杂交水稻研究中心。

# (三十七)冈优 22

**品种来源** 冈 46A/CDR22。1996 年,由四川省、贵州省农作物品种审定委员会审定;后又于 1998 年,经国家农作物品种审定委员会审定;1999 年,经福建省农作物品种审定委员会审定;2000 年,经广西壮族自治区农作物品种审定委员会审定。

**品种特征特性** 属三系中籼迟熟杂交稻。全生育期为 149.3 天,比汕优 63 迟熟 0.6 天。株高 111.1 厘米,株型适中,分蘖中等。叶色淡绿,叶片较宽大,厚直不披,谷黄秆青,不早衰。穗大粒多,每穗着粒149.7粒,比汕优63多17粒,结实率为83.49%,千粒重26.5克。谷壳淡黄。穗尖有色无芒。其抗稻瘟病性能优于汕优63。经鉴定,叶瘟5~6级,穗颈瘟5级。米质较好。1993~1994年,参加四川省区试,冈优22平均每667平方米产量为量553.1千克,比汕优63增产4.52%。在贵州省两年区试中,平均每667平方米产量为587.1千克,比汕优63增产6.33%。参加云南省红河州区试,每667平方米产量为715.2千克,比汕优63增产13.98%。

**品种适应性及适种地区**　适宜于我国稻麦、稻油两熟制中籼稻区以及南方稻区和双季晚稻区种植。

**栽培技术要点**　针对分蘖力稍弱的特点,应争取每667平方米的有效穗数达到16万~17万穗。要栽足基本苗,每667平方米栽10万~12万苗为宜;氮、磷、钾化肥和农家肥合理搭配施用。要科学管水。中期晾田,孕穗至齐穗期充分浇灌水,齐穗后干湿交替,以水控肥。根据当地情况,加强病虫害防治。

**选(引)育单位**　四川省农业科学院作物所,四川农业大学水稻所。

# (三十八)川丰2号

川丰2号,原名冈优364。

**品种来源**　冈46A/江恢364。1999年,由四川省农作物品种审定委员会审定;2000年,通过国家农作物品种审定委员会审定。

**品种特征特性**　该品种属三系中籼迟熟杂交稻。全生育期为148天,比汕优63迟熟2天。株高117.7厘米,株型适中,秆硬、粗壮、耐肥抗倒。分蘖力偏弱。叶色深绿,叶片较宽大,厚直不披,叶鞘颖尖紫色,穗大粒多,每穗着粒164.9粒,结实率为80.7%,千粒重26.85克,谷粒黄色,无芒。其糙米率为78%,精米率为69.4%,整精米率为53.2%,粒长6.0毫米,长宽比值为2.4,垩白粒率为78%,垩白度为21.4%,透明度为3级,直链淀粉含量为21.9%,胶稠度为 50 毫米,糊化温度为 4.8 级。丰产性好,产量高。米质一般。感白叶枯病和稻瘟病。1998~1999 年,参加南方稻区区试,平均每 667 平方米产量分别为 554.25 千克和 610.29 千克,比对照汕优 63 分别增产 7.2% 和 4.36%。1999 年,进行生产试验,平均每 667 平方米产量为 579.7 千克,比对照汕优 63 增产 3.53%。

**品种适应性及适种地区** 该品种适宜在长江流域及西南稻区白叶枯病、稻瘟病轻发区,作一季中稻种植。

**栽培技术要点** 适龄移栽,移栽秧龄为 45~50 天。宜采用偏高肥水栽培,一般肥水田块每 667 平方米施氮量不少于 11 千克,做到氮、磷、钾肥搭配,比例为 1:0.5:0.7,施肥掌握前促、中控、后稳的原则,要求施足底肥,早施重施分蘖肥,适当施穗肥。要浅水勤灌促早发,够苗后及时晒好田,后期采用干干湿湿的方法,不要断水过早,确保活熟、高产和优质。按照病虫草害的发生规律,及时进行防治。尤其在高产栽培条件下,由于氮素水平较高,应注意做好纹枯病、稻瘟病、纵卷叶螟、三化螟、稻飞虱及杂草的防治工作。

**选(引)育单位** 四川省种子站,四川省川丰种业育种中心,四川省江油市水稻研究所。

# (三十九)Ⅱ优084

**品种来源** Ⅱ–32A/镇恢 084。2001 年,由江苏省农作物品种审定委员会审定。

**品种特征特性** 属三系杂交籼稻组合。全生育期为 145 天左右。株高 120 厘米左右,茎秆粗壮,抗倒性好。分蘖力较强,穗大粒多,丰产性好,一般每 667 平方米为 600 千克左右。高抗白叶枯病和稻瘟病,纹枯病轻。该品种株型好,生长繁茂。株高与汕优 63 相仿,结实率高,丰产潜力大。

**品种适应性及适种地区** 适合于苏、皖、鄂、湘、赣、滇、川、闽等 10 多个省作示范试种。

**栽培技术要点** 4 月底 5 月初适期早播。每 667 平方米栽插 1.6 万~1.8 万穴,株行距为 13 厘米×28 厘米。大田 667 平方米用种量为 1.5 千克,秧田播种量为每 667 平方米 15 千克,双苗栽插。Ⅱ优 084 产量水平高于汕优 63,需肥水平也略高于汕优 63。一般每 667 平方米施氮 15 千克左右,并要做到氮、磷、钾肥搭配。肥水运筹要掌握前促、中控、后稳的原则。要求施足底肥,早施重施分蘖肥,浅水勤灌促早发,够苗后及时晒好田。在中控的基础上,补施穗肥,穗肥要注意钾肥的施用;后期灌水采用干干湿湿的方法,注意不要断水过早,确保活熟、高产和优质。按照病虫草害的发生规律,及时进行防治,尤其在高产栽培条件下,由于氮素水平较高,应注意做好纵卷叶螟、三化螟、稻飞虱及杂草的防治工作。

**选(引)育单位** 江苏省丘陵地区镇江农业科学研究所。

## (四十)红莲优 6 号

**品种来源** 红莲粤泰 A/扬稻 6 号。2002 年,由湖北省农作物品种审定委员会审定。

**品种特征特性** 属三系杂交中稻组合。全生育期 139 天,比汕优 63 长 4.6 天。株形较紧凑,茎秆粗壮,叶片窄而直立,柱头、稃尖、叶鞘绿色。分蘖力强,生长势旺。穗大粒多,千粒重较高,后期转色好。抗病性鉴定为:中感白叶枯病和穗颈稻瘟病。经农业部食品质量监督检验测试中心测定,其糙米率为 79.92%,整精米率为 67.14%,长宽比值为 3.1,垩白粒率为 30%,垩白度为 5%,直链淀粉含量为 20.54%,胶稠度为 52 毫米,株高 118.9 厘米,有效穗数为每 667 平方米 19.8 万穗。穗长 23.8 厘米,每穗总粒数为 156.7 粒,结实率为 83.5%,千粒重 27.2 克,主要理化指标达到国标优质稻谷质量标准。2000~2001 年,参加湖北省中稻品种区域试验,平均每 667 平方米产量分别为 577.3 千克和 658.18 千克,比对照汕优 63 分别减产 1.24% 和增产 6.17%。

**品种适应性及适种地区** 适于湖北省鄂西南以外地区作中稻
种植。

**栽培技术要点** ①稀播匀播,培育带蘗壮秧。秧田每 667 平
方米播种量不超过 10 千克,秧龄为 30 天。一叶一心时喷多效唑
溶液促蘗壮苗;两叶一心时每 667 平方米追施尿素 5～6 千克;移
栽前 5 天左右,再追施尿素 5～6 千克,作送嫁肥。②合理密植。
株行距 15 厘米×23.3 厘米或 15 厘米×26.7 厘米,每穴插 2 粒谷
苗。③肥水管理。一般 667 平方米施纯氮 13 千克,以底肥为主,
追肥为辅,氮、磷、钾肥的比例为 2:1:1.5。后期保持田间干干湿
湿,勿断水过早,并防止倒伏。④注意防治稻曲病等病虫害。

**选(引)育单位** 武汉大学。

# (四十一)两优 273

**品种来源** YW-2S/173。2002 年,由湖北省农作物品种审定
委员会审定。

**品种特征特性** 属两系杂交中稻组合。全生育期 133.5 天,
比汕优 63 短 0.9 天。植株较高,剑叶较宽,叶片长而披。分蘗力
强,生长势旺,但后期转色一般,结实率偏低,易倒伏。区域试验中
每 667 平方米的有效穗 18.2 万穗,株高 125.4 厘米,穗长 26.8 厘
米。每穗总粒数为 147.6 粒,实粒数为 114.6 粒,结实率为
77.4%,千粒重 28.89 克。抗病性鉴定为感白叶枯病,中感穗颈
瘟。米质经农业部食品质量监督检验测试中心测定,其糙米率为
80.3%,整精米率为 70%,长宽比值 3.1;垩白粒率为 76%,垩白度
为 17.7%,直链淀粉含量为 21.9%,胶稠度为 40 毫米。2001 年,
在湖北省武汉、仙桃和随州等地试验和试种,每 667 平方米产量为
550 千克。

**品种适应性及适种地区** 适于湖北省鄂西南以外丘陵岗地作

中稻种植。

**栽培技术要点** ①培育壮秧。秧田每 667 平方米播种量为 15 千克,大田每 667 平方米用种量为 0.5 千克,秧龄不超过 30 天。②适当稀植,避免插植密度过大。株行距一般为 16.7 厘米×26.7 厘米或 20 厘米×33.3 厘米,每 667 平方米基本苗为 8 万～9 万苗。③科学管理,合理施肥。该品种前期需肥量较大,后期看苗追肥。一般每 667 平方米施纯氮 13 千克,并注意增施磷、钾肥。每 667 平方米总苗数达 23 万苗时晒田,控制分蘖,防止后期倒伏。④重点防治稻粒黑粉病、螟虫和稻飞虱。

**选(引)育单位** 华中师范大学。

# (四十二)绵 2 优 838

**品种来源** 绵 2A/辐恢 838。商品名为国豪杂优 1 号。2002 年,由湖北省农作物品种审定委员会审定。

**品种特征特性** 属三系杂交中稻组合。株形较紧凑,茎秆粗壮。叶片中宽,剑叶斜上举。分蘖力中等,成穗率较高,生长势较强。抽穗整齐,但有少量包颈,后期转色好。千粒重大,抗倒性强。在区域试验中,每 667 平方米有效穗为 18 万穗,株高 118 厘米,穗长 25.3 厘米。每穗总粒数为 138.5 粒,实粒数为 114.3 粒,结实率为 82.5%,千粒重 30.82 克。全生育期 133 天,比油优 63 短 1.6 天。抗病性鉴定为感白叶枯病和穗颈瘟。米质经农业部食品质量监督检验测试中心测定,其糙米率为 79.9%,整精米率为 62.2%,长宽比值为 2.8;垩白粒率为 50%,垩白度为 12.6%,直链淀粉含量 20.8%,胶稠度为 56 毫米。在湖北省两年区域试验中,平均每 667 平方米产量为 601.78 千克,比对照油优 63 增产 4.16%。2001 年,在仙桃、随州等地试验和试种,比油优 63 增产。

**品种适应性及适种地区** 适于湖北省鄂西南以外地区作中稻种植。

**栽培技术要点** ①适时播种。在鄂北,4月中旬播种,在江汉平原和鄂东,5月中旬播种,以避开苗期低温和抽穗扬花期的高温危害。②插足基本苗。秧田每667平方米播种量为10千克,大田每667平方米用种量为1.25~1.5千克,每667平方米栽插2万~2.5万穴,基本苗数为10万~12万苗。③加强肥水管理。一般667平方米施纯氮7.5~10千克,氮、磷、钾肥比例为1:0.35~0.4:0.5~1.2。底肥占总施肥量的50%以上,分蘖肥占40%以上。在抽穗期或乳熟初期,用磷酸二氢钾根外喷施1~2次。浅水勤灌,适时适度晒田,忌断水过早。④重点防治稻瘟病和纹枯病。

**选(引)育单位** 四川省绵阳市农业科学研究所。

# (四十三)Ⅱ优162

**品种来源** Ⅱ-32A/蜀恢162。1997年,经四川省农作物品种审定委员会审定;1999年,经浙江省农作物品种审定委员会审定;2000年,经国家农作物品种审定委员会审定;2001年,又经湖北省农作物品种审定委员会审定。

**品种特征特性** 属中籼迟熟三系杂交稻,全生育期145天,比汕优63长2.2天。株形紧凑,分蘖力较强,成穗率较高。叶色深绿,叶片直立,植株繁茂。穗大粒多,结实率和千粒重较高,后期转色好。在区域试验中,每667平方米有效穗为19.2万穗,株高114厘米,穗长24厘米,每穗总粒数为156.5粒,结实率为75.3%,千粒重28.4克。抗病性鉴定,为高感白叶枯病,中感穗颈瘟。米质经农业部食品质量监督检验测试中心测定,其糙米率为80.90%,精米率为72.81%,整精米率为59.7%,粒长6.0毫米,长宽比值为2.4,垩白度为18.9%,垩白粒率为70%,直链淀粉含量为20.3%,胶稠度为45.5毫米,蛋白质含量为8.21%。1998~1999年,参加全国南方稻区中籼迟熟组区试,平均每667平方米产量分别为585.26千克和545.64千克,比对照汕优63增产2.6%和5.6%。

1999年，进行生产试验，平均每667平方米产量为609.2千克，比对照汕优63增产8.79%。

**品种适应性及适种地区** 适宜于我国西南地区及长江流域白叶枯病轻发区作一季中稻种植。

**栽培技术要点** 适时播种，稀植培育壮秧，667平方米播种量为10千克，秧龄为45天左右，一般每667平方米插1.2万穴，插足基本苗。大田以基肥为主，追肥为辅；有机肥为主，化肥为辅；氮、磷、钾肥配合施用，并适当增施氮肥。重点防治白叶枯病和纹枯病。抽穗扬花期，注意防治叶鞘腐败病和稻曲病等病害。

**选(引)育单位** 四川农业大学水稻研究所。

## (四十四)华粳杂2号

**品种来源** 5088S/41678。2001年，由湖北省农作物品种审定委员会审定。

**品种特征特性** 属两系中熟粳型晚稻品种。全生育期126天，比鄂粳杂1号短4.6天。株型适中，植株较矮，分蘖力较强。叶色偏淡，穗子大小中等，粒形椭圆，秆尖无色，颖壳秆毛较短，后期落色较好，不早衰，易脱粒。在区域试验中，每667平方米有效穗为22.0万穗，株高89.4厘米，穗长19.1厘米，每穗总粒数为110.1粒，实粒数为86.0粒，结实率为78.1%，千粒重26.08克。抗病性鉴定为感白叶枯病，高感穗颈瘟。纹枯病轻。1999～2000年，参加湖北省杂交晚稻品种区域试验，其品质经农业部食品质量监督检验测试中心测定，结果为：糙米率为82.39%，精米率为74.15%，整精米率为62.11%，长宽比值为1.9，垩白度为3级，垩白粒率为52%，直链淀粉含量为18.94%，胶稠度为47毫米，蛋白质含量为9.80%。两年区域试验，平均每667平方米产量为418.7千克，比对照鄂粳杂1号减产2.27%。

**品种适应性及适种地区** 适于湖北省稻瘟病无病或轻病区，

作晚稻种植。

**栽培技术要点** ①适时播种,稀播育壮秧。在鄂北,6月18～20日播种,在鄂南,6月21～23日播种。秧田每667平方米播种量为10～12.5千克。种子经强氯精、代森铵等药剂浸种后,进行催芽播种。秧苗一叶一心时,喷多效唑溶液,两叶一心前,施断奶肥,秧龄为30天。②适当密植,插足基本苗。株行距为13.3厘米×20.0厘米,或13.3厘米×16.7厘米,每667平方米插基本苗12万株以上。③合理施肥,科学管水。施肥水平中等偏上。每667平方米施纯氮10～12.5千克,过磷酸钙25千克,氯化钾12.5千克。重施底肥,插后3～5天施分蘖肥。适时适度晒田,乳熟期后间歇灌水,收割前5～7天断水。加强病虫害防治。注意对稻瘟病、白叶枯病和螟虫的防治。

**选(引)育单位** 华中农业大学。

# (四十五)两优932

**品种来源** W9593S/胜优2号。2002年,由湖北省农作物品种审定委员会审定。

**品种特征特性** 该组合属中籼迟熟两系杂交稻组合。一季稻全生育期平均为140天。总叶片数为17片,株高120厘米,每穗平均着粒数为190～250粒,结实率为85%。千粒重27克。米质主要指标:糙米率为79.8%,垩白粒率为44%,直链淀粉含量为21.8%。抗白叶枯病和稻瘟病,纹枯病轻。平均产量比Ⅱ优501增产8.0%～10.2%。

**品种适应性及适种地区** 适宜在湖北省和四川省种植Ⅱ优系列与冈优系列组合的地区种植。

**栽培技术要点** ①适时早播,培育多蘖壮秧,要求稀播匀播。②合理密植,插足基本苗。③科学施肥,氮、磷、钾肥合理配置。科学管理,适时适度晒田,乳熟期后间歇灌水,收割前5～7天断水。

④加强病虫害防治,注意对稻瘟病、纹枯病、螟虫和稻飞虱的防治。

选(引)育单位　湖北省农业科学院。

## (四十六)汕优 111

**品种来源**　珍汕 97A/Y11-1。2001 年,由湖南省农作物品种审定委员会审定。

**品种特征特性**　属两系感温型杂交水稻。作中稻栽培时,全生育期为 130～138 天,作晚稻播种时,全生育期为 125～129 天。分蘖力较强,茎秆粗壮,根系发达,一般株高 100～110 厘米,每 667 平方米有效穗数为 20 万～25 万穗。每穗总粒数为 130 粒,结实率为 80% 以上,千粒重 28 克。米质主要指标:糙米率为 80.3%,精米率为 69.0%,整精米率为 52.8%,长宽比值为 2.4,垩白粒率为 97.5%,米饭柔软,食味较好。1999～2000 年,参加湖南省区试,两年平均每 667 平方米产量为 573.1 千克,与对照汕优 63 相当。经抗性鉴定,该品种中抗稻瘟病,不抗白叶枯病。

**品种适应性及适种地区**　适于在湖南、广西作中、晚稻栽培。

**栽培技术要点**　适时播种,适当稀播,培育分蘖壮秧,秧龄不超过 35 天。合理密植,合理施肥,增施穗肥,施足底肥,早施追肥,巧施穗粒肥,氮、磷、钾肥配合施用。水分管理和病虫害防治,按常法进行。

选(引)育单位　湖南省杂交水稻研究中心。

## (四十七)陆两优 63

**品种来源**　陆 18S/明恢 63。2001 年,由湖南省农作物品种审定委员会审定。

**品种特征特性**　属两系杂交中晚稻组合。作中稻栽培时,于 4 月 20 日播种,全生育期为 133 天;作晚稻栽培时,于 6 月 12 日播种,全生育期为 124 天。分蘖力较强,茎秆粗壮,根系发达。作中稻栽培,一般株高 120 厘米,每 667 平方米有效穗为 20.3 万穗,每穗总粒数为 130 粒,结实率为 81.5%,千粒重 29 克,谷粒长 9.5 毫米,长宽比值为 3.2,颖尖紫色,无芒。米质主要指标:糙米率为 81.0%,精米率为 75.2%,整精米率为 65.8%;粒长 7.2 毫米,长宽比值为 3.2,垩白粒率为 32%,垩白度为 3.9%,透明度 1 级,碱消值为 6 级,胶稠度为 58 毫米,直链淀粉含量为 22.6%,蛋白质含量为 8.3%,米质外观鉴定为早造一级米,晚造为特二级米。1999~2000 年,参加湖南省区试,两年平均每 667 平方米产量为 586.2 千克,比对照汕优 63 增产 2.3%。经抗性鉴定,不抗稻瘟病,中抗白叶枯病。

**品种适应性及适种地区** 适于在长江中下游地区作中、晚稻种植。

**栽培技术要点** 适时播种,培育壮秧,及时插好秧苗,秧龄控制在 32 天以内。科学管理肥水,采取一次性施肥法,施足基肥。插秧后 5~7 天,及早追肥。合理密植,攻足有效穗,重施壮籽肥。合理灌溉。注意不能断水过早,以防根系、叶片早衰,以收割前 7 天断水为宜。注意病虫害防治。及时施药防治二化螟、三化螟、稻飞虱和纹枯病等病虫害。

**选(引)育单位** 湖南省株洲市农业科学研究所,亚华种业科学院。

## (四十八)雁两优 921

**品种来源** 雁农 S/92-15。2001 年,由湖南省农作物品种审定委员会审定。

**品种特征特性** 该组合为两系中熟杂交晚籼组合。全生育期为 113 天。一般株高 102 厘米,每 667 平方米有效穗为 19.9 万穗,成穗率为 61.8%,每穗总粒数为 127 粒,结实率为 85%,千粒重 24 克,精米长 5.8 毫米,长宽比值为 2.2。米质较好,主要指标是:糙米率为 84.0%,精米率为 72.8%,整精米率为 60.0%,垩白粒率为 64%,垩白度为 4.8%。1997 年和 2000 年,参加湖南省区试,两年平均每 667 平方米产量为 487.7 千克,比对照威优 64 增产 10.4%。经抗性鉴定,该品种易感稻瘟病,中抗白叶枯病。

**品种适应性及适种地区** 适于在湖南、江苏、广东、广西和海南等省、自治区种植。

**栽培技术要点** 适时播种,播前种子需进行消毒处理。要适时移栽,秧龄以 25 天为佳。肥水管理和病虫防治,以基肥为主,追肥为辅,后期看苗施肥,管水应深水活兜,有水壮苞,抽穗后干湿交替。及时防治病虫害,稻瘟病重发区应于破口期和齐穗期喷药 2 次。

**选(引)育单位** 湖南省水稻研究所,湖南省衡阳市农业科学研究所,亚华种业科学院衡阳育种中心。

## (四十九)新香优 63

**品种来源** 湘香 2 号 A/明恢 63。2001 年,由湖南省农作物品种审定委员会审定。

**品种特征特性** 属三系香型杂交中、晚稻组合。作中稻栽培,全生育期为 140 天,株高 110 厘米;作晚稻栽培,在 6 月 12 日播种,全生育期为 125 天,株高 100 厘米。分蘖力较强,茎秆粗壮,根系发达,单株分蘖数 15 个左右,成穗率为 80% 左右。每 667 平方米的有效穗 20 万穗,每穗总粒数为 130 粒,结实率为 75%,千粒重 29~30 克。米质主要指标:糙米率为 80.2%,精米率为 71.5%,整精米率为 56.5%,,粒长 7.1 毫米,长宽比值为 3.0;垩白粒率为 56%,垩白度为 18.2%,透明度为 1 级,碱消值为 6 级,胶稠度为 58 毫米,直链淀粉含量为 22.8%,蛋白质含量为 9.4%。1995~1996 年,参加全国区试,两年平均每 667 平方米产量为 540.2 千克,比对照汕优 63 增产 1%。米质较好。经鉴定,中抗稻瘟病和白叶枯病。

**品种适应性及适种地区** 适于在长江中下游地区作中、晚稻，华南地区作早、晚稻种植。

**栽培技术要点** 适时播种育壮秧，适时移栽插好田。秧龄控制在 35 天以内。科学管理肥水，采取一次性施肥法，施足基肥，插秧后 5~7 天及早追肥，合理密植，攻足有效穗，重施壮籽肥。合理灌溉，注意不能断水过早，以防根系、叶片早衰，以收割前 7 天断水为宜。注意病虫害防治。

**选（引）育单位** 湖南省杂交水稻研究中心。

# （五十）Ⅱ优 118

**品种来源** Ⅱ-32A/华恢 118。2003 年，由江苏省农作物品种审定委员会审定。

**品种特征特性** 该组合属三系杂交中稻组合。全生育期 145 天左右，较汕优 63 长 5 天。2001~2002 年，参加江苏省区域试验，两年平均每 667 平方米产量为 665.56 千克，较汕优 63 和汕优 559 分别增产 10.00%和 4.02%，均达极显著水平，分别列第三位和第二位。2002 年，在区试的同时组织生产试验，平均每 667 平方米产量为 630.2 千克，较对照汕优 63 增产 10.34%。每 667 平方米有效穗为 16 万穗左右，每穗实粒数近 160 粒，结实率为 90%左右，千粒重 28 克。株高 123 厘米。该组合分蘖力较强，穗型大，结实率高，丰产性好，后期熟色好，熟期略迟。其抗性鉴定结果为抗稻瘟病、白叶枯病，中抗纹枯病。抗倒性较强。

**品种适应性及适种地区** 适宜江苏省中籼稻地区中上等肥力条件下种植。

**栽培技术要点** ①适期播种，培育壮秧。一般 5 月上旬播种，每 667 平方米秧田播种量为：水育秧 10~15 千克，旱育秧 20 千克左右。每 667 平方米大田用种量为 1.0~1.5 千克。②适时移栽，合理密植。一般 6 月上旬移栽,秧龄为 30~35 天。每 667 平方米栽插 2 万穴,基本苗为 8 万株左右。③科学管理肥水。每 667 平方米总施氮量为 15~17 千克,分蘖肥与穗粒肥比例为 7:3。注意增施磷、钾肥,肥料运筹应前促、中控、后稳。要施足基肥,适施蘖肥,巧施穗肥。穗肥应促保结合,以促为主。齐穗后可适当施用粒肥。水浆管理宜浅水栽秧,深水活棵,薄水分蘖,够苗搁田,保水抽穗扬花,后期干湿交替灌溉。④病虫草害防治。注意稻蓟马、螟虫、稻飞虱和纹枯病等病虫害及草害的防治。

**选(引)育单位** 江苏省农垦大华种子集团。

# (五十一)丰优 559

**品种来源** 丰源 A/R559。2003 年,由江苏省农作物品种审定委员会审定。

**品种特征特性** 属三系杂交中稻组合。全生育期 146 天左右,较汕优 63 长 5 天。该组合于 2001~2002 年,参加江苏省区域试验,两年平均每 667 平方米产量为 635.08 千克,较对照增产 5.84%,两年均达极显著水平,均列第二位。2002 年,在区试的同时组织生产试验,平均每 667 平方米产量为 598.6 千克,较对照汕优 63 增产 6.58%。每 667 平方米有效穗为 17 万穗左右。每穗实粒数为 155 粒左右,结实率为 88%,千粒重 26 克左右。株高 123 厘米左右,该组合穗型大,抗倒性较强。经接种鉴定,其抗叶瘟病,中感穗茎瘟和白叶枯病,后期熟相好。

**品种适应性及适种地区** 适宜于江苏省中籼稻地区中上等肥力条件下种植。

**栽培技术要点** ①适期播种,培育壮秧。一般在 4 月底至 5 月上旬播种,秧田每 667 平方米的播种量为:水育秧为 15 千克,旱育秧为 20 千克。秧田要施足基肥,早施断奶肥,追施好长粗促蘖肥和送嫁肥,培育适龄壮秧。②适时移栽,合理密植。一般 6 月上旬移栽,秧龄控制在 35 天以内。每 667 平方米栽插 1.8 万 ~ 2.0 万穴,每穴 1 ~ 2 苗,基本控制在每 667 平方米 7 万 ~ 8 万株,栽插要做到均棵浅栽。③科学肥水。每 667 平方米 650 千克产量水平需施纯氮 20 千克左右,其中基面肥占 40%,分蘖肥占 30%,穗肥占 30%。水浆管理上应采取浅水栽秧,寸水活棵,薄水分蘖,深水抽穗扬花,后期干湿交替的灌溉方式,收割前 5 天断水。④病虫草害防治。秧田期注意防治好稻蓟马、蚜虫,大田期防治好纹枯病、螟虫、和稻飞虱等。

**选(引)育单位** 江苏省沿海地区农业科学研究所,广东省农业科学院水稻研究所。

## (五十二)汕优 559

**品种来源** 珍汕 97A/盐恢 559。1998 年,由江苏省农作物品种审定委员会审定。

**品种特征特性** 属三系籼型杂交稻。全生育期 145 天左右。具有高产稳产、熟期适中、适应性广、抗逆性强和米质优良等特点。一般每 667 平方米产量在 650 千克以上,比汕优 63 增产 10% 以上。属中熟杂交中籼类型。株高 110 厘米左右,抗倒性较强。抗稻瘟病,中抗白叶枯病。

**品种适应性及适种地区** 适合于长江中下游及其以北地区杂交籼稻区中上等肥水条件下种植。

**栽培技术要点** 6 月中上旬移栽,秧龄 35 ~ 40 天,株行距为 13 厘米 × 28 厘米。基肥、分蘖肥和穗肥的比例以 5∶3∶2 为宜。667 平方米施纯氮 16 ~ 20 千克。收割前 3 ~ 4 天断水。

**选(引)育单位** 江苏省沿海地区农业科学研究所。

## (五十三)协优 57

**品种来源** 协青早 A/ZDZ057。1996 年,由安徽省农作物品种

审定委员会审定;1998年,通过国家农作物品种审定委员会审定。

**品种特征特性** 该品种属中籼迟熟三系杂交稻组合。作一季稻栽培时,全生育期为143.5天。株高110厘米。每穗145粒,结实率为84%,千粒重27克。糙米率为81.3%,精米率为69.8%,整精米率为59.4%,垩白粒率为55%,直链淀粉含量为25.6%。对白叶枯病的抗性比汕优63高一个级别,对稻瘟病抗性和汕优63相同,抗稻飞虱。耐肥抗倒,丰产性好。耐旱,耐瘠。对温光反应均不敏感,适应性强。1994~1995年,参加安徽省杂交中籼区试及生产试验,平均每667平方米产量为606.07千克,比汕优63增产9.51%。1995~1996年,参加全国杂交中籼迟熟组区试,两年平均每667平方米产量为565千克,比对照汕优63增产5.76%。

**品种适应性及适种地区** 适宜于安徽、江苏、江西、湖南、湖北和四川省、重庆市及云南、贵州部分地区种植。

**栽培技术要点** ①秧龄为30~35天,每667平方米播量10~15千克。②大田栽播密度为13.3厘米×23.3厘米,或13.3厘米×26.6厘米,每穴插1~2粒种子苗。③大田每667平方米施纯氮15千克,茎、蘖、穗肥比例为7∶1.5∶1.5,增施磷、钾肥。

**选(引)育单位** 安徽省农业科学院水稻研究所,安徽省种子公司。

## (五十四)金优207

**品种来源** 金23A/先恢207。1998年,由湖南省农作物品种审定委员会审定;2002年,又经湖北省农作物品种审定委员会审定。

**品种特征特性** 属优质高产三系杂交晚籼组合。株高95~102厘米,穗长22.7厘米。每穗总粒数为120~145粒,穗平均实粒数为90~116粒,结实率为80%左右,千粒重27克,分蘖力稍弱,株形集散适中。茎秆粗壮,叶鞘紫色,叶色深绿,剑叶斜上举,穗大粒多,结实率较高。后期上部 3 片叶青,成熟时叶青籽黄,熟相好。作双季晚稻种植,一般在 6 月中下旬播种,7 月中下旬移栽,9 月 10 日左右抽穗,10 月中下旬成熟,全生育期为 115 ~ 117 天,与威优 64 相近。抗逆性较强,对白叶枯病和稻瘟病有较强的抗性。耐寒能力强。米质优良,食味好,米饭松软清香,冷后不返生。据农业部稻米及制品质量监督检验测试中心测定,综合评价为部颁二级优质米。

**品种适应性及适种地区** 适宜湖南、湖北等地作双季晚稻种植。

**栽培技术要点** ①适时播种,培育多蘖壮秧,采取湿润育秧或旱育秧或塑盘旱育秧,秧龄控制在 25 ~ 30 天。移(抛)栽时单株带蘖 2 ~ 3 个。②适当密植,插(抛)足基本苗。由于该组合分蘖力稍弱,栽培上应用足种子量,插足基本苗,增加主茎成穗率。③科学运筹肥料,金优 207 比较耐肥,需肥量较大。应做到底肥重施,分蘖肥早追,穗肥巧施,增施有机肥和磷、钾肥,前、中、后期肥比例以 6:3:1 为宜。④加强水浆管理,做到插后浅水分蘖,露田促蘖,中期及时晒田控苗,每 667 平方米达 21 万 ~ 24 万苗时,及时晒田控苗。后期田间干湿交替,保持湿润。不能断水过早,以免妨碍籽粒充实,影响产量和品质。综合防治病虫害,重点是防治好纹枯病和稻瘟病、螟虫与稻飞虱等。

**选(引)育单位** 湖南省杂交水稻研究中心。

# (五十五)K 优 817

**品种来源** K18A/泸恢 17。2000 年,由四川省农作物品种审定委员会审定。

**品种特征特性** 属杂交三系中籼中熟组合,分蘖力强。结实率为 84.53%,千粒重 30.68 克。其糙米率为 82.02%,精米率为 69.49%,整精米率为 50.7%,米粒长 7.0 毫米,米粒长宽比值为

2.9,食味中等。稻瘟病抗性鉴定:叶瘟 4～7 级,颈瘟 7～9 级。1998～1999 年,参加四川省区试,两年平均每 667 平方米产量为554.03 千克,比对照辐优 838 增产 8.94%。

**品种适应性及适种地区**  适宜在种植辐优 838 的地区种植。

**栽培技术要点**  根据各地条件,采用地膜育秧或温室两段法育壮秧,4～4.5 叶时移栽。栽插规格为 16.6 厘米×26.4 厘米,每穴栽 2 株秧苗。每 667 平方米用种量为 1.5 千克。要重施底肥,早施追肥。其它栽培技术可参照汕优 195 进行。

**选(引)育单位**  四川省农业科学院水稻高粱研究所。

## (五十六)协优 9516

**品种来源**  协青早 A/浙恢 9516。1999 年,由浙江省农作物品种审定委员会审定。

**品种特征特性**  属中间偏籼型三系杂交稻组合。1996～1997年,参加浙江省杂交稻区域试验,平均每 667 平方米产量为 533.35千克,比对照汕优 63 增产 10.56%。1998 年参加连晚区试,每 667平方米产量为 522.8 千克,比对照汕优 10 号增产 15.16%。该品种生育期适中,单、双季兼用。分蘖力中等。剑叶挺,茎秆粗壮,穗粒兼顾,结实率和千粒重高。后期青秆黄熟,抗倒性好。

**品种适应性及适种地区**  适宜于浙江、江西、安徽和湖南等省作晚稻种植。

**栽培技术要点**  适期播种,培育多蘖壮秧;合理密植,提高栽插质量;科学施肥和管水;加强病虫防治。

**选(引)育单位**  浙江省农业科学院。

## (五十七)宜香 1577

宜香 1577,原名宜香优 1577。

**品种来源**  宜香 1A/宜恢 1577。2003 年,由四川省农作物品种审定委员会审定和广西壮族自治区农作物品种审定委员会审定。

**品种特征特性** 属感温型杂交水稻组合。全生育期为139.8天。在广西桂南作早稻种植,全生育期126天左右(手插秧)。2001~2002年,参加四川省区试,平均每667平方米产量为524.9千克,比对照汕优63增产6.25%。株形紧束。叶色浓绿,叶片略长而挺直,叶鞘绿色,叶耳无色。长势一般。耐寒性较强,熟期转色较好,抗倒性较强,落粒性中等。谷粒长粒形,黄色,无芒。株高115厘米左右。每667平方米有效穗数为17.0万穗左右,每穗总粒数为155粒左右,结实率为71.0%左右,千粒重24.8克。据农业部稻米及制品质量监督检测中心分析,其糙米率为79.8%,精米率为68.8%,整精米率为45.2%,粒长6.8毫米,长宽比值为3.1,垩白粒率为56%,垩白度为16.2%,透明度为3级,碱消值为5.6级,胶稠度为68毫米,直链淀粉含量为20.9%,蛋白质含量为10.3%。米质总体上优于对照特优63,且有轻微香味。人工接种抗性:稻瘟病7级,白叶枯病5级,褐飞虱和稻瘿蚊9级。

**品种适应性及适种地区** 适宜在四川和广西等地种植特优63、汕优63的地区种植。

**栽培技术要点** 宜香1577在栽培上应避开高温期成熟,有利于优质。宜适时早播。每667平方米播种量为10~15千克。采用地膜育秧或水稻旱育秧,中苗早栽,秧龄为25~35天。每667平方米栽1.5万~1.8万丛。适宜中等肥力地区种植。要注意及时防治病虫害。

**选(引)育单位** 四川省宜宾市农业科学研究所。

# (五十八)光亚2号

**品种来源** M2S/T2。2001年,由浙江省农作物品种审定委员会审定。

**品种特征特性** 属两系杂交晚籼稻组合。作单晚种植时,全生育期为 133 ~ 138 天;作连晚种植时,全生育期为 130 ~ 133 天。株高 100 ~ 110 厘米,株形紧散适中,茎秆粗壮。分蘖力中等。单株成穗 11 ~ 13 个,每公顷有效穗为 270 万穗左右,成穗率为 70% 左右。每穗着粒 115 ~ 125 粒左右,结实率为 80% ~ 85%,千粒重 30 克。谷粒长而圆,稃尖紫红色。米质主要指标:糙米率为 81.5%,精米率为 73.9%,整精米率为 61.4%,粒长 7.0 毫米,长宽比值为 2.7,垩白粒率为 68%,垩白度为 14.6%,透明度为 1 级,碱消值为 5 级,胶稠度为 60 毫米,直链淀粉含量为 16.8%,1997、1998 和 1999 年三年,在浙江省连作晚稻区试,平均每 667 平方米产量分别为 398.7 千克、490.1 千克和 448.1 千克,比对照汕优 10 号分别减产 5.1%、增产 7.9%(达极显著水平)和 5.2%(达显著水平)。2000 年,进行生产试验,平均每 667 平方米产量为 446.1 千克,比汕优 10 号增产 1.29%。三年平均,全生育期为 130.6 天。中抗稻瘟病,感白叶枯病、细条病、褐稻虱和白背稻虱。

**品种适应性及适种地区** 适合在浙江省杂交稻地区种植。

**栽培技术要点** 适时播种育壮秧,适时移栽插好田,秧龄控制在 25 ~ 30 天以内。科学管理肥水,采取一次性施肥法,施足基肥,插秧后 5 ~ 7 天及早追肥。合理密植,攻足有效穗。重施壮籽肥,合理灌溉。注意不能断水过早,以防根系、叶片早衰。以收割前 7 天断水为宜。注意白叶枯病、细条病和稻飞虱的防治。

**选(引)育单位** 中国水稻研究所。

## (五十九)甬优 2 号

**品种来源** 甬粳 2 号 A／K1850。2001 年,由浙江省农作物品种审定委员会审定。

**品种特征特性** 该组合为中熟晚粳三系杂交稻。作单季种植,全生育期为 150 天;作连晚种植,全生育期为 138 天。为半矮生株型,发根力强,株形紧散适中,前松后紧。叶片挺举,叶鞘包节,茎秆粗壮。谷色黄亮,脱粒容易,穗粒兼顾。作单季,每穗着粒145~160粒,结实率为85%左右,千粒重29.9克。中抗稻瘟病和白叶枯病。米质主要指标:整精米率、粒长、长宽比、碱消值、胶稠度、直链淀粉含量等6项指标,均达优质米一级标准,糙米率和精米率、透明度等3项指标,达优质米二级标准。1998~1999年参加浙江省杂交晚粳稻区试,平均每667平方米产量分别为470.0千克和402.1千克,比对照秀水11分别增产12.44%(达极显著水平)和6.1%(达显著水平)。2000年,进行生产试验,平均每667平方米产量为433.5千克,比秀水63减产1.86%。在两年区试中,平均全生育期为134.3天。

**品种适应性及适种地区** 适宜于浙江省作晚粳稻种植。

**栽培技术要点** 适期播种,培育壮秧。每667平方米播种量为12.5千克,秧龄在35天以下。合理密植,攻足有效穗,做到双本浅插,每667平方米有20万~24万有效穗。肥水促控,优化群体,运用前促、中控、后补的施肥策略,做到基肥足、蘖肥早、穗粒肥看情况施用。水浆管理要做到浅水插秧,薄水促蘖,多次搁田管水,齐穗后干干湿湿,养根保叶增粒重。注意不能断水过早,以防根系、叶片早衰。要注意螟虫、细条病和稻飞虱、稻纵卷叶螟的防治。

**选育(引)单位** 浙江省宁波市农业科学院,宁波市种子公司。

# (六十)八优161

**品种来源** 8204A/R161。2001年,由浙江省农作物品种审定委员会审定。

**品种特征特性** 属三系杂交晚粳稻。该组合每667平方米有效穗16.7万~17.3万穗。每穗总粒数为190粒,结实率为83%,千粒重26克。1997~1998年,在嘉兴市进行单季稻区试,平均每

667平方米产量分别为572.8千克和571.4千克,比对照秀水63增产5.29%和1.16%。2000年进行生产试验,平均每667平方米单产为590.8千克,比秀水63增产3.7%。在两年区试中,其平均全生育期为158天。中抗白叶枯病,中感稻瘟病,感细条病、褐稻虱和白背稻虱。外观米质较优,食味较好。

**品种适应性及适种地区** 适宜在上海、江苏和浙北地区作单季晚稻种植。

**栽培技术要点** 该品种优质高产,中后期杂种优势强,秆壮穗大,抗逆性好,喜钾需硅,可通过适群体、壮个体大穗途径,早播稀植,培育壮秧,早栽稀植,促进早发,控制秧龄25~30天,增钾配磷,壮苗早发,前促后控,施氮配套技术,取得高产。浅露搁活,多次搁田管水,齐穗后干干湿湿,养根保叶,增加粒重。

**选(引)育单位** 上海市农业科学院。

# (六十一)K优17

**品种来源** K17A/泸恢17。1997年,由四川省农作物品种审定委员会审定;1999年,通过国家农作物品种审定委员会审定。

**品种特征特性** 属中迟熟三系杂交晚籼稻组合。作晚稻时,全生育期为121.8天。株高110厘米,植株生长整齐,株形松散适当。叶色深绿,剑叶大小适中,分蘖力中上等。每667平方米有效穗为18万~20万穗。穗呈纺锤形,穗长24厘米,穗层整齐,每穗着109.8粒,结实率为75.6%,千粒重29.3克。谷粒长形,黄色,少量短顶芒,颖尖紫色。糙米率79.8%,精米率为71.7%,整精米率为56.4%,垩白粒率50%,垩白度9.2%,透明度2级,胶稠度46毫米,直链淀粉含量22.6%,米质较好。植株茎秆坚韧,耐肥抗倒,中感至高感稻瘟病。1997年,参加国家南方稻区晚籼早熟组区试,平均每667平方米产量为468.12千克,比对照汕优晚3增产9.6%。1998年续试,平均每667平方米产量为475.57千克,比对照汕优晚 3 增产 11.39%。1998 年,参加南方稻区晚稻生产试验,每 667 平方米产量为 483.6 千克,比对照汕优晚 3 减产 2.6%。

**品种适应性及适种地区** 适宜在长江流域南部稻瘟病轻发区作晚籼种植。

**栽培技术要点** ①秧龄为 35 天,栽插规格为 16.7 厘米 × 26.7 厘米,每穴 2 粒谷苗,浅水栽插。②本田用肥,底肥占总量的 60%,中等肥力田用肥总量为每 667 平方米施纯氮 10 千克左右,并注意磷、钾肥配合使用。水的管理,以浅水灌溉为宜。③在栽培中,对该品种要重点防治螟虫和稻飞虱,并注意防治纹枯病和稻瘟病。

**选(引)育单位** 四川省农业科学院水稻高粱研究所

## (六十二)K 优 88

**品种来源** K18A/万恢 88。2001 年,由重庆市农作物品种审定委员会审定

**品种特征特性** 该品种系三系杂交水稻晚籼组合。作晚稻,全生育期为 145～150 天。株高 110 厘米,植株生长整齐,株形松散适当。叶色深绿,剑叶大小适中,分蘖力强。单株分蘖 14 个左右,每 667 平方米有效穗为 16 万～18 万穗,成穗率为 84.5%,穗长 25.4 厘米,穗层整齐。每穗着粒 150～180 粒,结实率为 83.9%,千粒重 27.6 克。谷粒长形,黄色,少量短顶芒,粒长 6.8 毫米,长宽比值为 3.0。其糙米率为 77.6%,精米率为 67.8%,整精米率为 26.9%,垩白粒率为 14%,垩白度为 2.9%,透明度为 1 级,碱消值为 4.2 级,胶稠度为 91 毫米,直链淀粉含量为 17.8%,米质较好。植株茎秆坚韧,耐肥抗倒,中抗纹枯病,抗白叶枯病和稻瘟病。1997～1998 年,参加重庆市杂交水稻中熟组区试,平均每 667 平方米产量分别为 536.7 千克和 556 千克,比汕优 63 分别增产 8.42% 和 7.72%。2000 年,参加生产试验,平均每 667 平方米产量为

556.7千克,比对照汕优63增产7.2%。

**品种适应性及适种地区** 适宜在重庆、四川和湖北等地推广种植。

**栽培技术要点** ①该组合属穗数与穗重兼顾型,在长江流域作中稻栽培。一般于3月底至4月中旬播种,秧龄为35天,栽插规格为16.7厘米×26.7厘米,每穴6~7苗(含分蘖)。浅水栽插。②本田用肥,底肥占总量的60%,中等肥力用肥总量为每667平方米施纯氮10千克左右,并注意磷与钾肥配合使用。③水的管理,以浅水灌溉为宜。④重点防治螟虫和稻飞虱,注意防治纹枯病。

**选(引)育单位** 重庆市三峡市农科所。

# (六十三)K优5号

**品种来源** K17A/多恢1号。1996年,由四川省农作物品种审定委员会审定;1998年,经贵州省农作物品种审定委员会审定;1999年,通过国家农作物品种审定委员会审定。

**品种特征特性** 该品种属三系杂交稻中籼迟熟组合。全生育期为144天,比汕优63早熟2天。株高110~115厘米。苗期长势旺,株形紧凑,叶舌、叶缘均有色,主茎总叶片数为16片。分蘖力中上,每667平方米的最高苗数为27万苗左右,有效穗为18万穗左右。穗纺锤形,穗长23厘米,每穗着粒130~140粒,结实率为85%。抽穗整齐,后期转色好。谷粒黄色,稃尖有色,长圆形,少量顶芒。千粒重28~30克,糙米率为70%,透明度好,米质中上。中抗稻瘟病。1995~1996年,参加南方稻区区试,平均每667平方米产量分别为574.13千克和539.33千克,比对照汕优63分别增产3.57%和4.93%。

**品种适应性及适种地区** 适宜在四川、重庆和贵州省以及同生态类型的地区,作中稻种植。

**栽培技术要点** 在南方稻区,播种期与汕优63同期,秧龄以

30 ~ 35 天为宜,每 667 平方米本田用种量为 1.25 ~ 1.5 千克。栽插规格为 26.6 厘米 × 16.7 厘米,每穴 2 粒谷秧苗。栽秧前施足底肥,一般 667 平方米施纯氮 8 ~ 10 千克,过磷酸钙 25 千克,草木灰 100 千克,栽后 7 ~ 10 天每 667 平方米施追肥 2 ~ 3 千克。

**选(引)育单位** 四川省农业科学院水稻高粱研究所。

## (六十四)Ⅱ优 838

**品种来源** Ⅱ - 32A/辐恢 838。1995 年,由四川省农作物品种审定委员会审定;1998 年,经河南省农作物品种审定委员会审定;1999 年,经国家农作物品种审定委员会审定;2000 年,又经广西壮族自治区农作物品种审定委员会审定。

**品种特征特性** 属中籼迟熟三系杂交组合。全生育期为 145 ~ 150 天,比汕优 63 长 1 ~ 3 天。株高 115 厘米。茎秆粗壮,主茎叶片数为 17 ~ 18 片,剑叶直立,叶鞘、叶间紫色。分蘖力中上,略次于汕优 63。穗长 25 厘米,主穗有 150 ~ 180 粒,结实率为 85% ~ 95%,千粒重 29 克。其糙米率为 79.8%,精米率为 73.4%,整精米率为 42.6%,胶稠度为 55 毫米,直链淀粉含量为 22.8%,米质较好。抗倒伏,抗稻瘟病,抽穗扬花期对气温环境适应性较好。1994 年,参加全国南方稻区区试,平均每 667 平方米产量为 604.33 千克,比对照汕优 63 增产 3.76%。1995 年续试,平均每 667 平方米产量为 562.67 千克,比对照汕优 63 增产 1.5%。

**品种适应性及适种地区** 适宜在四川、重庆和河南等省、市同生态类型地区的稻瘟病轻发地区,作中稻种植。

**栽培技术要点** 按当地适宜播种期播种,秧龄为 40 ~ 50 天。栽插密度为 28 厘米 × 15 厘米,或用(33 + 13)厘米 × 13 厘米宽窄行栽培,适当增栽基本苗,重施底肥,早追肥。其它栽培措施与汕优 63 相同。

**选(引)育单位** 四川省原子核应用技术研究所。

## (六十五)新优赣22号

新优赣22号,原名新优752。

**品种来源** 新A/752。1997年,由江西省农作物品种审定委员会审定;1999年,通过国家农作物品种审定委员会审定。

**品种特征特性** 属中迟熟三系杂交晚稻。全生育期为124.5天。株高95~100厘米。分蘖力中等,株形紧凑,茎秆粗壮,茎部2个伸长节间粗短。耐肥抗倒,后期落色好。叶片前披后挺,受光姿态好。穗长23~26厘米,每穗总粒数为127.7粒,稃尖无色。结实率为80%,千粒重31.5克。其糙米率为80.34%,精米率为73.66%,整精米率为53.09%,粒长6.9毫米,长宽比值为2.7,垩白粒率为73%,垩白度为7.7%,透明度为3级,直链淀粉含量为17.4%,胶稠度为68毫米,蛋白质含量为7.9%,米质较好。中感稻瘟病,中抗白叶枯病。1996~1997年,参加全国籼型杂交晚稻三系早中熟组区试,1996年平均每667平方米产量为463.33千克,比对照汕优46增产8.77%。1997年续试,平均每667平方米产量为449.82千克,比对照汕优46增产6.81%。1998年,进行生产试验,平均每667平方米产量为411.53千克,比对照汕优46增产0.6%。丰产稳产性较好,适应性较广。

**品种适应性及适种地区** 适宜在长江流域南部双季稻区,作晚籼种植。

**栽培技术要点** 适时播种,培育壮秧。播种期以6月15~17日为宜。大田每667平方米用种量为1.0千克,秧龄控制在35天以内。要合理密植,攻足有效穗数。要施足基肥,及早追肥,重施壮籽肥。要合理灌溉,注意不能断水过早,以收割前7天断水为宜。注意病虫害防治。

**选(引)育单位** 江西省杂交水稻技术工程研究中心,江西省萍乡市农科所。

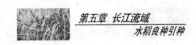

# (六十六)冈优 1577

**品种来源** 冈 46A/宜恢 1577。1999 年,由四川省农作物品种审定委员会审定;2003 年,通过国家农作物品种审定委员会审定。

**品种特征特性** 该品种属中籼迟熟三系杂交水稻组合。全生育期为 147 天,与汕优 63 相当。株高 114.7 厘米。苗期长势旺,抗寒力较强,叶色浓绿,剑叶挺直,秆粗,株形好。分蘖力强,每 667平方米有效穗数为 15.9 万穗。穗长 24 厘米,长穗形,穗层整齐,平均每穗总粒数为 185.7 粒,结实率为 80.5%。谷粒金黄色,长椭圆形,无芒,稃尖紫色,千粒重 25.7 克。后期转色好,易脱粒。抗性:稻瘟 6.2 级(变幅 3×9),白叶枯病 5 级(变幅 5×5),褐飞虱 9级(变幅 9×9)。米质主要指标:整精米率为 53.1%,长宽比值为2.3,垩白粒率为 93.3%,垩白度为 27.1%,胶稠度为 54 毫米,直链淀粉含量为 24.9%。1999 年,参加长江流域中籼迟熟组区试,平均每 667 平方米产量为 613.63 千克,比对照汕优 63 增产 5.61%,达极显著水平。2000 年续试,平均每 667 平方米产量为 583.75 千克,比汕优 63 增产 6.5%,达极显著水平。2001 年,进行生产试验,在长江上游片区平均每 667 平方米产量为 655.88 千克,比对照汕优 63 增产 9.35%;在长江中下游片区,平均每 667 平方米产量为 616.64 千克,比对照汕优 63 增产 12.69%。

**品种适应性及适种地区** 适宜在四川、重庆、湖北、湖南、浙江、江西、安徽、上海及江苏省的长江流域(武陵山区除外),和云南、贵州省海拔 1 100 米以下的地区,以及河南省信阳、陕西省汉中地区稻瘟病轻发区,作一季中稻种植。

**栽培技术要点** ①适时早播。在南方一季稻区,该品种与汕优 63 同期播种,秧龄为 30~40 天。②合理密植。每 667 平方米插1 万~1.5 万穴,中等肥力稻田采用(40+20)厘米×16.7 厘米的宽、窄行规格移栽,双本栽插。③施肥要点:施足基肥,增施磷、钾肥,返青后每 667 平方米追施尿素 3 千克作穗粒肥。④及时防治病虫害。根据当地植保站的预报,及时、有效地防治稻瘟病、纹枯病和稻螟虫、稻飞虱等病虫害。

**选(引)育单位** 四川省宜宾市农业科学研究所。

## (六十七)冈优 527

**品种来源** 冈 46A/蜀恢 527。2000 年,由贵州省农作物品种审定委员会审定;2001 年,经四川省农作物品种审定委员会审定;2003 年,通过国家农作物品种审定委员会审定。

**品种特征特性** 该品种属中籼迟熟三系杂交水稻组合。全生育期平均为 147.5 天,比对照汕优 63 长 0.4 天。株高 118.7 厘米,茎秆粗壮。株叶形态好,叶色淡绿,苗期繁茂性好。主茎叶片数为 16～17 叶。分蘖力中等,每 667 平方米有效穗为 15.7 万穗。穗大粒重,穗长 25.5 厘米,平均每穗总粒数为 169.7 粒,结实率为 82%,千粒重 30 克。抗性:稻瘟病 3.5 级(变幅 0～7),白叶枯病 8 级(变幅 7～9),褐飞虱 7 级(变幅 6～8)。米质主要指标:整精米率为 52.6%。长宽比值为 2.6,垩白粒率为 67.8%,垩白度为 15%,胶稠度为 45 毫米,直链淀粉含量为 20.9%。1999 年,参加长江流域中籼迟熟组区试,平均每 667 平方米产量为 622.72 千克,比对照汕优 63 增产 6.48%,达极显著水平。2000 年续试,平均每 667 平方米产量为 572.52 千克,比对照汕优 63 增产 4.45%,达极显著水平。2001 年,参加生产试验,长江上游片区,平均每 667 平方米产量为 648.89 千克,比对照汕优 63 增产 9.01%;长江中下游片区,平均每 667 平方米产量为 556.98 千克,比对照汕优 63 增产 1.79%。

**品种适应性及适种地区** 适宜在四川、重庆、湖北、湖南、浙江、江西、安徽、上海和江苏省的长江流域(武陵山区除外),和云南、贵州省海拔 1 100 米以下的地区,以及河南省信阳、陕西省汉中地区稻瘟病轻发区,作一季中稻种植。

**栽培技术要点** ①适时早播,增育多蘖壮秧。秧龄为40天左右,秧田每667平方米播种量为10千克。②合理稀植,插足基本苗。每667平方米基本苗为9万~10万株,插植规格为16.7厘米×26.7厘米,也可采用16.7厘米与30厘米的行距和15厘米穴距规格的宽窄行插植。③合理施肥。重施底肥,早施追肥。底肥占60%,蘖肥占30%,穗肥占10%。一般每667平方米施氮量为10千克左右,氮、磷、钾肥的比例为1:0.5:0.5。④水浆管理:浅水栽插,深水护秧,薄水分蘖,湿润灌溉,够苗晒田或晾田。

**选(引)育单位** 四川农业大学水稻研究所。

# (六十八)D优527

**品种来源** D62A/蜀恢527。2000年,由贵州省农作物品种审定委员会审定;2001年,经四川省农作物品种审定委员会审定;2002年,经福建省农作物品种审定委员会审定;2003年,通过国家农作物品种审定委员会审定。

**品种特征特性** 该品种属中籼迟熟三系杂交稻组合。全生育期在长江上游平均为153.1天,比对照汕优63迟熟4.1天。主茎叶片数为17~18叶。植株松散适中,茎秆粗壮,叶色深绿,苗期繁茂性好,分蘖力强。穗型中等,籽粒长形,后期转色好,叶鞘、颖尖为紫色。在长江上游地区,株高平均为114.1厘米。每667平方米有效穗为17.6万穗,穗长25.4厘米,每穗平均总粒数为154.6粒,结实率为81.3%,千粒重29.7克;在长江中下游地区,株高平均为120.6厘米。每667平方米有效穗为17.8万穗,穗长25.7厘米,平均每穗总粒数为150.2粒,结实率为82.4%,千粒重30克。抗性:叶瘟2.3级(变幅1~3),穗瘟4级(变幅3~5),穗瘟损失率为3.9%;白叶枯病7级,褐飞虱9级。米质主要指标:整精米率为52.1%,长宽比值为3.2,垩白粒率为43.5%,垩白度为7.0%,胶稠度为 51 毫米,直链淀粉含量为 22.7%。2000 年,参加长江流域中籼迟熟组区试,平均每 667 平方米产量为 517.62 千克,比对照汕优 63 增产 4%,达极显著水平。2001 年,参加中籼迟熟优质稻组区试,在长江上游片区试,平均每 667 平方米产量为 611.06 千克,比对照汕优 63 增产 4.88%,达极显著水平;在长江中下游片区,平均每 667 平方米产量为 644.9 千克,比对照汕优 63 增产 6.31%,达极显著水平。2001 年,进行生产试验,在长江上游片区,平均每 667 平方米产量为 648.31 千克,比对照汕优 63 增产 7.92%;在长江中下游片区,平均每 667 平方米产量为 567.37 千克,比对照汕优 63 增产 3.69%。

**品种适应性及适种地区** 适宜在四川、重庆、湖北、湖南、浙江、江西、安徽、上海和江苏省的长江流域(武陵山区除外)地区,和云南、贵州省海拔 1 100 米以下的地区,以及河南省信阳、陕西省汉中白叶枯病轻发区,作一季中稻种植。

**栽培技术要点** ①适时早播,培育多蘖壮秧。秧田每 667 平方米的播种量为 10 千克,秧龄为 40 天左右。②合理密植,插足基本苗。宽窄行插植,规格为行距 16.7 厘米与 30 厘米,穴距 15 厘米;或为 16.7 厘米×26.7 厘米,每 667 平方米基本苗为 9 万～10 万株。③合理施肥,重施底肥,早施追肥。底肥占 60%,蘖肥占 30%,穗肥占 10%。一般每 667 平方米施氮量 10 千克左右,氮、磷、钾肥比例为 1:0.5:0.5。④水浆管理:浅水栽插,深水护秧,薄水分蘖,湿润灌溉,够苗数晒田或晾田。⑤及时防治病虫害。重点防治稻蓟马、螟虫、稻苞虫及稻瘟病。

**选(引)育单位** 四川农业大学水稻研究所。

# (六十九)汕优 448

**品种来源** 珍汕 97A/成恢 488。2002 年,该品种由四川省农作物品种审定委员会审定;2003 年,通过国家农作物品种审定委

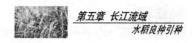

员会审定。

**品种特征特性** 该品种属晚籼早熟三系杂交水稻组合。全生育期平均为 120 天,比对照汕优 64 迟熟 3.7 天。每 667 平方米的有效穗数为 19 万穗。株高 94.6 厘米。茎秆粗壮,韧性较好,苗期长势旺,叶色淡绿,株形紧散适中。剑叶挺立,主茎叶片数为 15 ~ 17 叶,剑叶长 35 ~ 40 厘米,宽 1.5 ~ 2.0 厘米。分蘖力中等偏上。穗长 23.5 厘米,平均每穗总粒数为 111.9 粒,结实率为 82.6%;谷壳黄色,无芒,颖尖紫色,谷粒长形,千粒重 29.3 克。抗性:稻瘟病 6.5 级(变幅 3 ~ 9),白叶枯病 7.7 级(变幅为 7 ~ 9),褐飞虱 7 级(变幅 5 ~ 9)。米质主要指标:整精米率为 60.4%,长宽比值为 2.6,垩白粒率为 73%,垩白度为 16.1%,胶稠度为 37.5 毫米,直链淀粉含量为 21.4%。1999 年,参加晚籼早熟组区试,平均每 667 平方米产量为 453.4 千克,比对照汕优 64 增产 5.04%,达极显著水平。2000 年续试,平均每 667 平方米产量为 486.6 千克,比对照汕优 64 增产 9.02%,达极显著水平。2001 年,参加生产试验,平均每 667 平方米产量为 542.3 千克,比对照汕优 64、汕优 46 分别增产 15.42% 和 13.41%。

**品种适应性及适种地区** 适宜在江西、湖南和浙江省的长江流域偏南地区,以及安徽和湖北省长江以南稻瘟病、白叶枯病轻发区,作双季晚稻种植。

**栽培技术要点** ①播种期。根据当地生长季节适时播种,一般 6 月中旬播种。②栽插密度:一般每 667 平方米栽插 1.6 万 ~ 2.0 万穴,基本苗数为 10 万 ~ 12 万苗为宜。③施肥:需肥量中等,一般每 667 平方米施纯氮 8 ~ 10 千克,磷肥 25 ~ 30 千克,钾肥 15 ~ 20 千克。④病虫防治:根据当地植保部门的预报,及时做好病虫害防治工作,特别是要做好稻瘟病和白枯病的防治。

**选(引)育单位** 四川省农业科学院作物研究所。

# （七十）Ⅱ优718

**品种来源** Ⅱ-32A/Fuk718。2000年,由四川省农作物品种审定委员会审定;2003年,通过国家农作物品种审定委员会审定。

**品种特征特性** 该品种属中籼迟熟三系杂交水稻组合。全生育期平均为148.5天,比对照汕优63迟约2.7天。株高115.4厘米。茎秆粗壮,抗倒伏。叶色深绿,功能叶挺立不早衰,后期谷黄秆青,熟色好。每667平方米的有效穗数为15.9万穗。穗长24.6厘米,平均每穗总粒数为144.9粒,结实率为86%。谷粒饱满,中长粒,无芒,稃尖紫色,千粒重30.4克。抗性:稻瘟病4.9级(变幅1~7);白叶枯病8级(变幅7~9),褐飞虱8级(变幅7~9)。米质主要指标:整精米率为51.6%,长宽比值为2.5,垩白粒率70.7%,垩白度为18.1%,胶稠度为42.8毫米,直链淀粉含量为22.5%。1999年,参加长江流域中籼迟熟组区试,平均每667平方米产量为618.33千克,比对照汕优63增产6.14%,达极显著水平。2000年续试,平均每667平方米产量为513.01千克,比对照汕优63增产4.2%,达极显著水平。2001年参加生产试验,在长江上游片区,平均每667平方米产量为631.43千克,比对照汕优63增产6.08%;在长江中下游片区,平均每667平方米产量为567.72千克,比对照汕优63增产2.65%。

**品种适应性及适种地区** 适宜在四川、重庆、湖北、湖南、浙江、江西、安徽、上海和江苏省的长江流域(武陵山区除外)地区,云南、贵州省海拔1100米以下的地区,以及河南省信阳、陕西省汉中地区白叶枯病轻发区,作一季中稻种植。

**栽培技术要点** ①培育壮秧。在四川、重庆一般3月底至4月上旬播种,5月中旬移栽,秧龄为40~45天。②合理密植。大田栽插规格一般为28厘米×16厘米,每667平方米基本苗为9.5万~10.5万苗。③肥水管理:施肥以基肥为主,每667平方米施过

磷酸钙 50 千克,钾肥 10 千克,尿素 5~8 千克。水层管理,采用浅
水栽秧,寸水活苗,薄水促蘖,苗足晒田,后期干湿灌溉,防止过早
断水。④防治病虫害。根据当地植保部门测报,及时防治病虫。

**选(引)育单位** 四川省原子核应用技术研究所,四川省种子
站,四川省成都南方杂交水稻研究所。

# (七十一)清江 1 号

清江 1 号,原名福优 57。

**品种来源** 福伊 A/泸恢 57。2003 年,通过国家农作物品种
审定委员会审定。

**品种特征特性** 该品种属中籼迟熟三系杂交水稻组合。全生
育期为 148 天,与对照汕优 63 相当。株高 110 厘米左右。生长势
强,植株生长整齐,株叶形态适中,穗粒结构协调,后期熟相好。每
667 平方米有效穗数为 18 万~21 万,成穗率为 60%左右,穗长
22~24 厘米,平均每穗总粒数为 140~150 粒,结实率为 85%左右,
千粒重 27 克左右。抗性:叶瘟 2~3 级,穗瘟病 0~3 级,田间穗瘟
病发病率在 0.2%以内。米质主要指标:整精米率为 49.2%,垩白
粒率为 50%,垩白度为 10%,胶稠度为 50 毫米,直链淀粉含量为
22%。1988 年,参加武陵山区试,平均每 667 平方米产量为 447.9
千克,比对照Ⅱ优 58 增产 4.87%。2000 年续试,平均每 667 平方
米产量为 513.4 千克,比对照汕优多系 1 号增产 10.48%。2001 年
续试,平均每 667 平方米产量为 605.2 千克,比对照汕 63 增产
3.59%。

**品种适应性及适种地区** 适宜在湖南省、贵州省及重庆市的
武陵山区海拔 800 米以下的地方,作一季中稻种植。

**栽培技术要点** ①早播稀植。采用旱育早发技术,培育多蘖
壮秧。②合理密植。每 667 平方米插 2.0 万~2.2 万穴,每穴 2 粒
谷苗,插秧规格为 16.5 厘米×20 厘米或 13.3 厘米×33 厘米,每

667 平方米基本苗为 10 万 ~ 12 万株。③科学施肥。施足底肥,早施苗肥,重施穗肥,酌情补施粒肥,特别要注意磷、钾肥的配合施用。④科学管水。要求寸水活稞,浅水分蘖,足苗晒田。⑤防治病虫害。苗期重点要防治恶苗病。

**选(引)育单位** 湖北省清江种业有限责任公司。

## (七十二)长优 838

**品种来源** 长 1323A/辐恢 838。2002 年,由四川省农作物品种审定委员会审定。

**品种特征特性** 该组合属三系高产优质杂交中、晚籼组合。作中稻种植,全生育期平均为 147.6 天,比汕优 63 短 5 ~ 7 天。株高 105 厘米。每 667 平方米的有效穗数为 16.2 万穗,成穗率 84% 左右,穗长 24 厘米,平均每穗总粒数为 141 粒,结实率在 82% 以上,千粒重 28.7 克。作晚稻种植,全生育期平均为 120 天,比汕优 46 短 1.4 天。株高 97.6 厘米,穗长 22.3 厘米,平均每穗总粒数为 102.8 粒,结实率为 89.8% 以上,千粒重 31.5 克。中抗稻瘟病,米质优。糙米率为 81.6%,精米率为 74.2%,整精米率为 57.4%,粒长 6.8 毫米,长宽比值为 3.0,垩白粒率为 34%,垩白度为 8.1%,透明度为 2 级,糊化温度为 5.8 级,胶稠度为 44 毫米,直链淀粉含量为 21.6%,蛋白质含量为 10.4%。2000 ~ 2001 年参加四川省中籼中熟组区试,两年平均每 667 平方米产量为 521.3 千克,比对照辐优 838 增产 5.43%。2001 年,参加四川省生产试验,平均每 667 平方米产量为 522 千克,比对照辐优 838 增产 7.27%。

**品种适应性及适种地区** 适宜于长江流域作杂交中稻中熟种和杂交晚稻迟熟种使用。

**栽培技术要点** ①适期播种,培育多蘖壮秧。②适当密植,科学施肥,重施底肥,早施追肥,80% 的肥料作底肥,合理配施磷、钾肥。③注意病虫害防治。

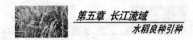

选(引)育单位 四川省农业科学院作物研究所。

# (七十三)甬优4号

**品种来源** 甬粳2号A/K2001。2003年,由浙江省农作物品种审定委员会审定。

**品种特征特性** 属三系粳型杂交晚稻组合。2000年,在浙江省进行单季稻区试,平均每667平方米产量为568.4千克,比对照汕优63增产5.51%(达显著水平)。2001年,参加浙江省单季粳稻区试,平均每667平方米产量为625.9千克,比对照秀水63增产15.37%,达极显著水平。2001年,参加浙江省连晚粳糯稻区试,平均每667平方米产量为525.71千克,比对照甬优1号增产3.76%,达极显著水平。2002年,参加浙江省连晚粳糯稻区试,平均每667平方米产量为494.48千克,比对照秀水63增产12.09%,达极显著水平。全生育期,在2000年为147.9天,比汕优63长11.4天;在2001年作单晚的为155.2天,比秀水63长3.7天;2001年连晚为140天,比甬优1号长1.2天;2002年作连晚的为136.4天,比秀水63长1.9天。2002年,进行生产试验,平均每667平方米产量为580.3千克,比对照增产7.6%。该组合每667平方米的有效穗数为19.1万穗。每穗实粒数为125.5粒,结实率为84.3%,千粒重26.2克。据浙江省农业科学院植保所鉴定:该品种中抗稻瘟病和白叶枯病。据2001年农业部稻米及制品质量监督检验测试中心检测,其糙米率、精米率、整精米率、碱消值和直链淀粉含量等五项指标,均达部颁食用优质米一级标准,胶稠度达二级标准。

**品种适应性及适种地区** 适宜于浙江省中、南部地区作晚稻种植。

**栽培技术要点** ①适期播种,培育壮秧。作单季栽培,于5月30日至6月5日播种,播量每667平方米为8.5千克,播种前用

2 000 倍 402 或使百克溶液浸种。在一叶一心期,用浓度为 300 毫克/升的多效唑药液,对秧苗喷雾。作连作栽培时,于 6 月 27～30 日播种,播种量为每 667 平方米 10 千克。播种前,亦用 2 000 倍 402 或使百克溶液浸种。在一叶一心期,用 300 毫克/升的多效唑药液,对秧苗喷雾。四叶期后,薄水上板,严防蓟马和纵卷叶螟。②适龄移栽,合理密植。作单季种植时,秧龄 25 天时移栽,密度为 22 厘米×26.5 厘米,每穴 1～2 本。作连晚种植时,秧龄为 30～33 天,插栽密度为 20 厘米×20 厘米,每穴 2 本。③施足基肥,早施蘖肥。看苗施好粒肥,增施磷、钾肥。要求移栽后一周将蘖肥全部施入。④足苗搁田,加强管理。移栽后 15 天内,分二次实田,有效分蘖终止期搁田,幼穗分化后复水,抽穗后薄水勤灌。重治蓟马、螟虫和稻飞虱,严防恶苗病、稻瘟病和纹枯病。

**选(引)育单位** 浙江省宁波市农业科学院,浙江省宁波市种子公司。

## (七十四)K 优 818

**品种来源** K17A/R818。2001 年,由江苏省农作物品种审定委员会审定

**品种特征特性** 该品种属中籼迟熟三系杂交水稻组合。在江苏地区,全生育期平均为 148 天,比对照汕优 63 约迟 2～3 天。主茎总叶片数为 17 片左右。株高 120 厘米。穗长 24 厘米,苗期生长繁茂,分蘖性较强,叶片窄长上举,叶色深,株形集散适中,后期谷黄秆青,熟色好。每 667 平方米的有效穗数为 15.5 万穗。平均每穗总粒数为 175 粒,结实率为 85%,千粒重 30 克以上。抗稻瘟病和白叶枯病。米质主要指标:糙米率为 80.7%,精米率为 72%,整精米率为 31.4%,粒长 6.9 毫米,长宽比值为 2.9;垩白粒率为 31%,垩白度为 3.6%,透明度为 2 级,碱消值为 5.8 级,胶稠度为 76 毫米,直链淀粉含量为 24.3%,蛋白质含量为 9.2%。1999～

2000 年,参加江苏省籼杂区试,平均每 667 平方米产量为 615.3 千克,比对照汕优 63 增产 9.93%,达极显著水平。2000 年,参加江苏省籼杂生产试验,平均每 667 平方米产量为 637.3 千克,比对照汕优 63 增产 13.96%,居首位。

**品种适应性及适种地区** 适宜在长江流域作一季中稻种植。

**栽培技术要点** ①适期播种,培育壮秧。在江苏省苏中地区,一般于 4 月底、5 月初播种,每 667 平方米播种量为 12.5～15.0 千克,秧龄不超过 35 天。②合理密植,插足基本苗。大田每 667 平方米栽插 2 万穴,规格一般为 13 厘米×20 厘米,基本苗数为 6 万～8 万苗。③肥水管理:每 667 平方米施纯氮 13～15 千克,采用前重、中控、后补的施肥原则,基肥、分蘖肥和穗肥的比例,一般为 5.5:4.5:0.5。水层管理,采用浅水栽秧,寸水活苗,薄水促蘖,苗足晒田,后期干湿相间,防止过早断水。④防治病虫害,要注意对螟虫、纵卷虫、稻飞虱、稻瘟病和纹枯病的防治。

**选(引)育单位** 江苏省里下河地区农业科学研究所。

### (七十五)培两优 559

**品种来源** 培矮 64S/559。2002 年,由湖南省农作物品种审定委员会审定。

**品种特征特性** 该组合属早熟中籼两系杂交水稻。作中稻,其全生育期为 135 天,比汕优 63 短 2～4 天。株高 110～115 厘米,叶色深绿,分蘖力中上,一般每 667 平方米的有效穗为 19.1 万穗。穗长 23 厘米,每穗总颖花数为 170 个,结实率 80%,千粒重 24 克。米质主要指标:其糙米率为 79.4%～81.3%,精米率为 65.8%～71.4%,整精米率为 38.9%～54.9%,垩白粒率 64.0%～83.0%;整米粒长 5.7 毫米,长宽比值为 2.48,胶稠度软;直链淀粉含量中等,糊化温度中等,米质优良。中抗白叶枯病和稻瘟病。2000～2001 年,在湖南省中稻超级杂交稻区试中,平均每 667 平方米产量为 640 千克,比三系对照汕优 63 增产 5.3%。

**品种适应性及适种地区** 适宜在南方稻区作中稻、一季晚稻和一季中稻加再生稻栽培,也可在华南各省作早、晚稻兼用型组合。

**栽培技术要点** ①适时播种,培育多蘖壮秧。在湖南作中稻,一般于 4 月播种,5 月份插秧,秧龄在 30~35 天,秧田播种量为每 667 平方米 8~10 千克。②栽插密度与群体:适当稀植,间距以 20~27 厘米×27 厘米较好,每 667 平方米的基本苗为 6 万~8 万苗。③肥水管理:在施足基、面肥的前提下,早施分蘖肥,达到前期早发稳长,但促花肥和粒肥要重施,尤其要注意磷、钾肥的施用。管水要做到浅水分蘖,间隙灌溉,多次露天,够苗晒田,保水抽穗扬花,切忌断水过早。④注意防治螟虫、稻飞虱、纹枯病和稻曲病等病虫害。

**选(引)育单位** 湖南省杂交水稻研究中心,湖南农业大学。

## (七十六)培两优 500

**品种来源** 培矮 64S/500。2002 年,由湖南省农作物品种审定委员会审定。

**品种特征特性** 属早熟中籼两系杂交组合。在长沙地区作中稻加再生稻种植,生育期头季比汕优 63 略短,再生季比汕优 63 稍长。株高 118 厘米,主茎总叶片数为 17~18 片,叶片直立。分蘖力中等,根系发达,抗倒性强。叶色较深,但后期转色好,叶鞘、稃尖紫色。每 667 平方米穗数为 17 万~18 万穗。穗长 25 厘米,每穗总粒数为 160~170 粒,结实率为 80%,千粒重 23~24 克。再生季再生力强,再生穗率为 150%~170%。株高 87 厘米,每 667 平方米总穗数为 29 万穗。每穗总粒数为 65 粒,结实率为 85%,千粒重 23 克。头季米质主要指标:糙米率为 80.5%,精米率为 73.1%,整精米率为 61.3%,垩白粒率为 30%,垩白度为 1.4%,胶

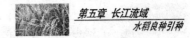

稠度为 50.5 毫米,直链淀粉含量为 19.8%,糊化温度为 4.5 级,蛋白质含量为 11.0%,粒长 6.4 毫米,长宽比值为 3.0,米质优良。中抗白叶枯病。1998 年,参加湖南省中稻区试,2000 年,参加湖南省超级稻区试,平均每 667 平方米产量分别为 465.5 千克和 525.2 千克,与对照汕优 63 相仿。

**品种适应性及适种地区** 适宜在长江流域作中稻并蓄留再生种植。

**栽培技术要点** ①适时播种,培育壮秧。在湖南,于 3 月 25 日左右播种,用地膜覆盖,4 月底前移栽完毕,8 月 8 日前收割,确保再生稻安全齐穗。大田用种量为每 667 平方米 1.5 千克,秧田播种量为每 667 平方米 10 千克。②宽行窄株移栽,一般宽行距为 33 厘米,窄行距为 19.8 厘米,株距为 19.8 厘米,每穴插 2 粒谷秧,每 667 平方米应插足 6 000 株基本苗,留桩高度以 40～55 厘米为宜。③基肥足,追肥早,及时施促芽发苗肥。齐穗后 15 天左右,每 667 平方米追施尿素 12.5 千克促芽。收割后 2～3 天,每 667 平方米追施尿素 10～12.5 千克,氯化钾 15 千克。头季稻和再生稻齐穗后,每公顷各施 15 包谷粒饱。④科学管水和防治病虫害。管水方法是:浅水分蘖,够苗轻晒,有水壮苞抽穗,以后干干湿湿,成熟时不能过分干旱。在幼穗分化Ⅵ期和齐穗期,各施药一次,防治纹枯病。收割后,要及时除草,防治病虫。

**选(引)育单位** 湖南农业大学水稻研究所。

# 第六章 华南水稻良种引种

## 一、概 述

华南双季稻作区,位于南岭以南,为我国的最南部,大部分地区处于北回归线以南。该稻作区,包括闽、粤、桂、滇四省(自治区)的南部及台湾省、海南省和海南诸岛全部。该区地形以丘陵山地为主,稻田主要分布在沿海平原和山间盆地,水、热资源最为丰富,水稻生产潜力大。该区双季稻种植面积占稻田面积的73.5%,单产水平不高。该区分为三个亚区:

### (一)闽粤桂台平原丘陵双季稻亚区

该亚区属南亚热带和边缘热带的湿热季风气候区,无明显的冬季特征,热量充足,雨水丰富。稻田多分布在沿海、江川平原及低丘谷地。以双季稻种植为主,早稻、中稻和晚稻的品种类型,均以籼稻为主,粳稻仅在少数山区和台湾省有分布。多数品种可以早、晚两季兼用。病虫害较重,产量较低。主攻方向应放在提高单产,防避台风和秋雨的危害,选用抗病性强的优良品种,增加对稻田的投入上。

### (二)滇南河谷盆地单季稻亚区

该亚区属热带、亚热带湿暖季风气候区。地形复杂,短距离内垂直高差大,气候多变,干湿季节分明,热量条件优越。稻田主要分布在河谷地带,水稻种植海拔上限在1 800~2 400米。1 200米以下的河谷,大都适宜种植双季稻,但多数地方仍种一季稻。单季中稻和单季晚稻种植面积占稻作面积的 87.3%。云南省的陆稻大部分分布在本亚区。地方品种资源丰富。本亚区资源浪费严重,生产水平低,耕作粗放。应着力加强农田水利建设,增施肥料,改革稻田种植制度,改变粗放的耕作习惯,提高稻田复种指数。

## (三)琼雷平原双季稻多熟亚区

该亚区属边缘热带气候区。热量资源最丰富,水稻生长季达 300 天左右,其南部可达 365 天。1 月份的平均气温 > 18℃,可以种水稻,是我国的冬稻区,能够实行三季稻连作。雷州半岛和海南岛原为一体台地,后因琼州海峡中断相隔为两地,因此,均具有热带气候特征。稻田以垌田和坡田为主,琼中梯田、坑田种稻较多。土壤缺钾少磷,有机质贫乏,土地生产力低。冬季可种植喜温作物,但许多地方是冬闲田——双季稻两熟,自然资源利用不充分。本亚区以种植籼稻为主,山区有部分粳稻。生产上的品种一般为早、晚稻兼用,比较单一。病虫害较为严重。应搞好水利,增施有机肥料,提高稻田复种指数,扩大冬作面积,改造低产田,抓好病虫害防治,挖掘产量潜力。

# 二、华南主要籼稻良种

## (一)八桂香

**品种来源** 母本为中繁 21(中国水稻研究所引进),父本为桂 713,通过杂交选育而成。2000 年,由广西壮族自治区农作物品种审定委员会审定。

**品种特征特性** 该品种属感温性迟熟优质常规水稻品种。其全生育期,早造为 128 天,晚造为 118 天。株形集散适中,分蘖力强,长势繁茂。叶色淡绿,叶片较长,茎秆软,抗倒性较差。株高

97.3厘米。每穗总粒数为 115.8 粒,结实率为 88.7%,千粒重 26克。抗性鉴定情况是:白叶枯病 2 级,叶瘟 6 级,穗瘟 9 级。米质主要指标:糙米率为 80%,精米率为 71.8%,整精米率为 20.5%,长宽比值为 3.4,垩白粒率为 14%,垩白度为 2.2%,透明度为 2级,碱消值为 7 级,胶稠度为 60 毫米,直链淀粉含量为 18.1%,蛋白质含量为 8.0%。该品种 1995 年参加育成单位品比试验,早造667 平方米产量为 460.4 千克,比对照桂 713 增产 12.5%;晚造每667 平方米产量为 423.3 千克,比对照汕优桂 99 减产 3.0%。1999年,参加晚造自治区优质谷组区试,平均每 667 平方米产量为363.94 千克,比对照桂 713 减产 27.1%。

**品种适应性及适种地区**　可在广西各地作中、晚稻推广种植。

**栽培技术要点**　①因该品种分蘖力强,株叶繁茂,故不宜大株插植。②较适宜晚稻种植。因该品种叶长,茎秆软,抗倒性差,早稻种植雨水多,易导致倒伏。③施肥注意氮、磷、钾肥配合;不宜偏施氮肥。够苗后,及时晒露田。

**选(引)育单位**　广西壮族自治区农业科学院水稻研究所。

# (二)丰 澳 占

**品种来源**　澳青占/丰青占。1999 年,由广东省农作物品种审定委员会审定。

**品种特征特性**　属感温性常规稻品种。早造种植全生育期为124～126 天,比七山占早熟 2 天,与粤香占相当。株高 98 厘米,每667 平方米的有效穗为 20 万穗,每穗着粒 118～120 粒,结实率为81%,千粒重 22 克。稻米外观品质鉴定为早造一级。稻瘟病全群抗性比为 63.6%,其中中 B 群为 51.6%,中 C 群为 82.4%;中抗白叶枯病(3 级)。1997 年,参加广东省早造区试,平均每 667 平方米产量为 422.14 千克,比对照种七山占增产 8.89%,增产较显著。1998 年早造复试,平均每 667 平方米产量为 385.92 千克,比对照种粤香占减产 4.57%,减产不显著。

**品种适应性及适种地区** 适宜于广东省粤北以外中等肥力非稻瘟病区早造种植。

**栽培技术要点** ①稀播培育壮秧,秧田每 667 平方米播种量为 20～30 千克,秧龄为 28～30 天。要插足基本苗。抛秧栽培,更能发挥其特性。②施足基肥,早施追肥,促其早生快发,适施中期肥,注意氮、磷、钾肥搭配。③适时晒田,以防徒长。中后期应该注意干湿排灌,不宜过早断水。④注意防治稻瘟病。

**选(引)育单位** 广东省农业科学院水稻研究所。

# (三)丰八占

**品种来源** 丰矮占 1 号/28 占。2001 年,由广东省农作物品种审定委员会审定。

**品种特征特性** 属感温性常规稻品种,全生育期早造大约为 126 天,晚造为 112 天。株高 93 厘米,株形好。叶色淡,前期叶姿较弯,中后期叶直,剑叶偏长。分蘖力较强,着粒疏,抗倒性强。每 667 平方米的有效穗为 20 万穗。穗长 20 厘米,每穗总粒数为 115 粒,结实率为 80%,千粒重 21 克。有弱休眠期,不易穗上发芽。抗稻瘟病(3 级),抗性频率全群为 67.2%,中 B 群为 72.5%,中 C 群为 100%;中抗白叶枯病(3 级)。稻米外观品质鉴定为晚造二级。1999～2000 年,两年参加广东省晚造常规稻优质组区试,平均每 667 平方米产量分别为 376.62 千克和 400.94 千克,分别比对照粳籼 89 减产 5.42%和 1.56%,两年减产均不显著。

**品种适应性及适种地区** 除粤北地区早造不宜种植外,适宜广东省其它地区早、晚造种植。

**栽培技术要点** ①有弱休眠期,早造种子当年使用时,晒干后每 2 千克种子用强氯精 2.5 克对 3 升水浸种 5 小时,以打破休眠,使其出苗整齐。②适时播种,培育壮秧。早造秧龄为 25～30 天,晚造秧龄为 16~20 天。③施足基肥,早施蘖肥,以复合肥施中期肥,促大穗。

**选(引)育单位** 广东省农业科学院水稻研究所。

# (四)丰华占

**品种来源** 丰八占/华丝占。2002 年,由广东省农作物品种审定委员会审定。

**品种特征特性** 感温性常规稻品种。早造全生育期平均为 128 天,与粤香占相当。株形好,株高 97 厘米,分蘖力中等,成穗率较高。穗长 21 厘米,每 667 平方米有效穗为 22 万穗,平均每穗总粒数为 124 粒,结实率为 78.7%~85.1%,千粒重 21 克。穗端谷粒有端芒。抗倒性和苗期耐寒性较强,后期熟色好,地区适应性较广。对稻瘟病中 B、中 C 和总抗性频率,分别为 92.8%,80%,90%,中 A 群抗性频率为 50%,病圃穗颈瘟抗性 3 级,综合评价为中抗稻瘟病。抗白叶枯病(2 级)。稻米外观品质鉴定为早造一级或特二级,整精米率为 64.8%,长宽比值为 3.5,垩白粒率为 8%,垩白度为 0.6%,直链淀粉含量为 15.4%,胶稠度为 68 毫米,饭软硬适中。2000~2001 年,参加广东省早造区试,表现中产稳产,平均每 667 平方米产量分别为 465.78 千克和 388.17 千克,比对照种粤香占分别减产 2.53%和 2.34%,减产均不显著。

**品种适应性及适种地区** 地区适应性较广。除粤北地区早造不宜种植外,广东省其它地区早、晚造均适宜种植。

**栽培技术要点** ①疏播培育壮秧,秧期早造为 28~30 天,晚造为 16~20 天。②施足基肥,早施分蘖肥。早造用复合肥轻施中期肥,晚造重施中期肥。注意氮、磷、钾肥配合施用。③浅水回青促分蘖,够苗露晒田,控制每 667 平方米有效穗为 22 万穗左右。孕穗至抽穗期保持浅水层,灌浆至成熟期田土保持湿润。④稻瘟病重病区种植,注意防病。

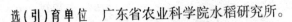

选（引）育单位　广东省农业科学院水稻研究所。

# （五）广协1号

**品种来源**　母本为广二石，父本为协四115，进行杂交选育而成。2000年，由广西壮族自治区农作物品种审定委员会审定。

**品种特征特性**　属感温性中熟常规品种。全生育期早造为120～125天，晚造为90天左右。株高94.5厘米，株形集散适中，分蘖力强，耐肥抗倒。每667平方米的有效穗为22.3万穗。每穗总粒数为93粒，结实率为76%，千粒重24.3克，成熟时遇高温多雨易穗上发芽。抗性鉴定：白叶枯病4级，苗瘟4～5级，穗瘟6级。米质主要指标：糙米率为81.2%，精米率为73.8%，整精米率为47.8%，长宽比值为2.7，垩白粒率为94%，垩白度为19.9%，透明度为4级，碱消值为3.5级，胶稠度为45毫米，直链淀粉含量为20.4%，蛋白质含量为8.0%。1994～1995年，参加广西壮族自治区区试，其中1994年在桂南、桂中11个试点上，平均每667平方米产量为375.3千克，比对照威优64（CK1）减产7.6%，比珍桂矮（CK2）增产0.32%；1995年在桂南6个试点上，平均每667平方米产量为440.2千克，比对照汕优64（CK1）增产6.7%，比珍桂矮（CK2）增产8.9%，居第二位。

**品种适应性及适种地区**　适宜在广西桂南、桂中作早晚稻种植，桂北作中晚稻种植。

**栽培技术要点**　适时早播，培育壮秧，早稻秧龄为28～30天。在桂中、桂北翻秋（即晚造种植），应在7月20日前播完，秧龄为13～15天。因该品种成熟时，遇高温多雨易穗上发芽，故在栽培过程中应注意抓住晴天抢收。其它种植技术参照一般常规水稻品种进行。

**选（引）育单位**　广西壮族自治区河池地区农科所。

## （六）桂 银 占

**品种来源** 粳籼 89/湖南软米，杂交选育而成。2000 年，由广西壮族自治区农作物品种审定委员会审定。

**品种特征特性** 该品种属感温型迟熟优质常规品种。全生育期，早造为 127 天，晚造为 110 天。株高 100 厘米，株叶形态适中，分蘖力中等，耐肥抗倒。每穗总粒数为 156.5 粒，结实率为 89.5%，千粒重 21 克。其糙米率为 79.1%，精米率为 72.4%，整精米率为 45.6%，长宽比值为 3.3，垩白粒率为 22%，垩白度为 3.0%，透明度为 1 级，碱消值为 7.0 级，胶稠度为 86 毫米，直链淀粉含量为 15.7%，蛋白质含量为 8.6%。1999 年，育成单位进行品比试验，早、晚造每 667 平方米产量分别为 412.0 千克和 363.5 千克，比对照桂 713 分别增产 0.7% 和 29.8%。

**品种适应性及适种地区** 适宜在广西桂南作早、晚稻，桂中、桂北作中晚稻推广种植。

**栽培技术要点** 适时早播，培育壮秧，早稻秧龄为 28～30 天。桂中、桂北翻秋，应在 7 月 20 日前播完，秧龄为 13～15 天。其它种植技术参照一般常规水稻品种进行。

**选（引）育单位** 广西壮族自治区农业科学院水稻研究所。

## （七）桂 优 糯

**品种来源** 从 SLK2－2－3（老挝）分离变异株定向选育而成。2000 年，由广西壮族自治区农作物品种审定委员会审定。

**品种特征特性** 该品种属感光糯稻品种，在桂南，于 7 月上旬播种，全生育期为 130 天。株高 100 厘米，株形紧凑，叶片厚直，茎秆粗壮。穗长 25.8 厘米，每穗总粒数为 138 粒，结实率为 87% 左右，千粒重 23.8 克。饭软质滑，糯性极佳。其糙米率为 79.2%，精米率为 73.0%，整精米率为 61.2%，长宽比值为 3.0，碱消值为 7.0

级,胶稠度为 100 毫米,直链淀粉含量为 0.5%,蛋白质含量为 11.5%。1993～1994 年,育成单位进行晚造品比试验,每 667 平方米产量分别为 482.2 千克和 466.9 千克,分别比对照桂 D1 号增产 8.7% 和特眉增产 12.3%。1994～1997 年,在南宁市两县一郊区等地进行晚造试种,一般每 667 平方米产量为 420～490 千克。

**品种适应性及适种地区** 适宜在广西桂南稻作区作晚稻种植。

**栽培技术要点** ①适时播种。桂南晚造宜在 7 月 10 日前播种。②合理密植,插足基本苗。插植规格为 20 厘米 × 13.3 厘米,每蔸 3～4 粒谷苗,每 667 平方米插 7.5 万～10 万苗。③施足基肥,重施分蘖肥,促早生快发。

**选(引)育单位** 广西壮族自治区农业科学院水稻研究所。

# (八)桂占 4 号

**品种来源** 从"桂引 901"(新加坡引进)的分离变异株,定向选育而成。2000 年,由广西壮族自治区农作物品种审定委员会审定。

**品种特征特性** 该品种属感温型迟熟优质常规水稻品种。全生育期,早造为 125～128 天,晚造为 125 天左右。株高 100.4 厘米,茎秆粗壮,耐肥,抗倒。叶片短、宽、厚,叶鞘及稃尖紫色。每 667 平方米有效穗为 22 万穗左右。穗长 21 厘米,每穗总粒数为 135 粒,结实率为 83.3%,千粒重 28.2 克。抗性鉴定:白叶枯病 5 级,稻瘟 5～7 级。米质主要指标:糙米率为 80.26%,精米率为 74.93%,整精米率为 63.03%,长宽比值为 3.3,垩白度为 5.6%,透明度为 2 级,碱消值为 4.8 级,胶稠度为 88 毫米,直链淀粉含量为 16.4%,蛋白质含量为 8.6%。1995～1996 年,参加广西壮族自治区桂南早造迟熟组区试,平均每 667 平方米产量分别为 359.0 千克和 400.3 千克,分别比对照汕优桂 99 减产 15.5% 和 4.53%。

**品种适应性及适种地区** 该品种迟熟,耐肥抗倒,高水肥条件栽培产量潜力大。适宜在广西桂南、桂中南部作早、晚稻,桂中北部和桂北作中、晚稻推广种植。

**栽培技术要点** ①适时早播,培育壮秧。早稻秧龄为28~30天,桂中桂北晚稻应在7月10日前播种。②合理密植,插足基本苗。栽插规格为20厘米×16.7厘米,每蔸3~4粒谷苗,每667平方米插7.5万~10万苗。③施足基肥,重施分蘖肥,促早生快发。④注意稻瘟病防治。

**选(引)育单位** 广西壮族自治区农业科学院水稻研究所。

# (九)华航1号

**品种来源** 从特籼占13号空间诱变后系统选育而成。2000年,由广东省农作物品种审定委员会审定。

**品种特征特性** 该品种属感温性常规稻品种。其生育期与粤香占相当,全生育期早造为129天,晚造大约105天。株高大约100厘米,株形好,集散适中。叶片厚直上举,茎秆粗壮,分蘖力中等,抽穗整齐,穗较大,着粒密,结实率较高,后期熟色好。每667平方米有效穗为21万穗,穗长21厘米,每穗着粒130~134粒,结实率为86%,千粒重20克。稻米外观品质鉴定为早造一级。中感稻瘟病,抗性频率中B、中C和全群分别为69.4%,55%和60.3%;感白叶枯病(7级)。1999年,参加广东省常规稻优质组早造区试,平均每667平方米产量为476.93千克,比对照种粤香占增产4.75%,增产不太显著。2000年早造复试,平均每667平方米产量为477.86千克,与对照种粤香占平产,日产量为3.7千克。

**品种适应性及适种地区** 除广东粤北地区早造不宜种植外,广东其它非稻瘟病区早、晚造皆适宜种植。

**栽培技术要点** ①插植,早造秧龄为25~30天,晚造为15~18天,每667平方米插1.3万~1.5万穴,每穴3~4苗;抛秧,秧龄应尽量小,早造大约为 15 天,晚造为 7～10 天,每 667 平方米抛 30 盘左右。②施足基肥,早施和重施追肥。注意不要偏施氮肥,中后期的促花壮粒肥,以复合肥和钾肥混合施用为宜。③中期注意排水晒田。④重视防治稻瘟病。

**选(引)育单位** 华南农业大学农学院。

## (十)华粳籼 74

**品种来源** CPSLO17/毫格劳//新秀 299。2000 年,由广东省农作物品种审定委员会审定。

**品种特征特性** 属感温性常规稻品种。晚造,全生育期为 114～119 天,与粳籼 89 相当。分蘖力较弱,但成穗率较高,抗倒性强,耐寒性中等。株高 94～99 厘米,穗长 20 厘米,667 平方米有效穗为 19 万穗。每穗着粒 131～134 粒,结实率为 79%～85%,千粒重 21 克。稻瘟病抗性频率中 B 群为 61.9%,中 C 群为 50.6%,全群为 52.6%;高抗白叶枯病(1.5 级)。稻米外观品质鉴定为晚造一级。米粒较短,有少量腹白。1997～1998 年,参加常规稻优质组晚造区试,平均每 667 平方米产量分别为 378.79 千克和 423.3 千克,分别比对照种粳籼 89 增产 3.73% 和减产 1.33%,增减产均不显著。

**品种适应性及适种地区** 适宜于广东省粤北以外生产条件较好的地区作晚稻种植。

**栽培技术要点** 适合于高产栽培,适当密植,宜采用前重后轻的施肥方法。注意防治稻瘟病。

**选(引)育单位** 华南农业大学农学院。

## (十一)佳辐占

**品种来源** 佳禾早占/佳辐418。2003 年,由福建省农作物品种审定委员会审定。

**品种特征特性** 属迟熟早籼常规水稻新品种，全生育期为123.6天，与78130相似。株高105厘米，株型适中，叶色浓绿，茎秆粗壮，谷粒细长，结实率为90%左右，千粒重30克左右。熟期转色好，较抗倒伏，适应性广。经广东全省两年抗稻瘟病鉴定，该品种为中抗稻瘟病。米质经农业部稻米及制品质量监督检验测试中心检测，其糙米率、精米率、粒长、长宽比、垩白粒率、垩白度、透明度、碱消值、胶稠度和蛋白质含量等10项指标，达到部颁一级优质米标准，直链淀粉含量1项达到部颁二级优质米标准，米质优良。2001年，参加福建省早籼优质组区试，平均每667平方米产量为417.38千克，比对照种78130减产7.45%。2002年续试，平均每667平方米产量为418.37千克，比对照种佳禾早占增产3.62%。

**品种适应性及适种地区** 适宜福建全省作早稻种植。

**栽培技术要点** ①适时播种，培育壮秧。早季一般在3月上中旬播种，播种量为每667平方米50千克左右，种子应消毒，秧龄为30天左右。晚季秧龄控制在15天左右，立秋前插秧。②合理密植。每667平方米插足2万丛，每丛3~4本。抛秧，667平方米抛1.8万丛左右。③肥水管理。该品种分蘖力较弱，要重施基肥。每667平方米施纯氮10~13千克，五氧化二磷3~4千克，氧化钾6~8千克。插(抛)秧后薄层水促进扎根、返青。当每667平方米达26万苗时，抢晴天晒田，田裂露白根后返水。孕穗、抽穗期要灌深层水，黄熟期干湿交替。④综合防治病、虫和鼠害。

**选(引)育单位** 厦门大学生命科学学院。

# (十二)佳禾早占

**品种来源** E94/广东大粒种//713///外引30(成熟花粉经γ射线9.3Gy辐照)。1999年3月，由福建省农作物品种审定委员会审定。

**品种特征特性** 属优质早籼品种，全生育期为125天。株高

100～105 厘米,株型适中,叶色淡绿,颖尖无色,穗长 20 厘米,着粒密度为 4.4 粒/厘米,结实率为 90%,谷粒细长,千粒重 26.8 克。中抗稻瘟病。其稻米品质好,经农业部稻米及制品质量监督检测中心分析,12 项指标中的糙米率、精米率、整精米率、粒长、长宽比、透明度、碱消值、胶稠度、直链淀粉含量和蛋白质含量等 10 项指标,均达到优质食用米一级标准;垩白粒率和垩白度 2 项指标达到优质食用米二级标准,米质综合评价明显优于国内优质对照品种舟 903。一般每 667 平方米产量为 400 千克左右。

**品种适应性及适种地区** 该品种中抗稻瘟病,适宜在北纬 28°以南的稻瘟病轻病区和无病区种植。

**栽培技术要点** ①移栽本田 667 平方米用种量为 2 千克,直播每 667 平方米用种量为 2 千克。②作早稻,秧龄为 30 天左右。插植时,每 667 平方米 2 万穴,每穴 3～4 苗。③注意稻瘟病防治。

**选(引)育单位** 厦门大学生物学系

# (十三)粳珍占 4 号

**品种来源** 粳籼 89/珍桂矮 1 号。2001 年,由广东省农作物品种审定委员会审定。

**品种特征特性** 属感温性常规稻品种。全生育期,早造约 130 天,晚造为 113～119 天。株高 94～100 厘米,株形紧凑,叶片窄直。剑叶角度小,叶色中浓。穗较长,但着粒偏疏,结实率高,充实率好。后期耐寒性强,熟色好。每 667 平方米有效穗为 21 万穗,穗长 21 厘米,每穗总粒数为 122～129 粒,结实率为 82%～89%,千粒重大约 19 克。稻米外观品质鉴定为晚造特二级。稻瘟病抗性频率中 B 群为 83.3%,中 C 群为 100%,全群为 71.9%;中抗白叶枯病(3.5 级)。1998～1999 年,参加省常规稻优质组晚造区试,平均每 667 平方米产量分别为 368.63 千克和 411.18 千克,分别比对照种粳籼 89 增产 0.95% 和减产 4.16%,增减产均未达显

著水平。

**品种适应性及适种地区**　适宜于广东省粤北地区以外其它地区早、晚造种植。

**栽培技术要点**　①秧田667平方米播种量为20～25千克,早造秧龄为30天左右,晚造为18～20天。抛秧,大田每667平方米用种量为1.7千克,叶龄3～4叶抛植。②施足基肥,早追肥,早管理,促进有效分蘖,要求每667平方米施纯氮9～11千克,前期施肥量占80%,中期占10%,后期占10%,氮、磷、钾肥的比例以1:0.6:0.65为宜。③实行浅水分蘖,够苗后露晒田,后期以湿润灌溉为主,保持田土湿润,直至成熟。

**选(引)育单位**　广东省惠州市农业科学研究所。

# (十四)联育2号

**品种来源**　母本为K15品系,父本为国际水稻紫稻,进行杂交选育而成。2000年,由广西壮族自治区农作物品种审定委员会审定。

**品种特征特性**　属感温型中熟优质常规品种。其全生育期,早造为125天,晚造为110天。株高107.3厘米,株叶形较紧凑,耐肥抗倒。前期生长稍慢,叶色较淡;中期生长较快,叶色浓绿,叶片直立;后期熟色好,但脱粒稍难。分蘖力中等,单株植,每蔸有效穗为7.9穗。穗长23.3厘米,每穗总粒数为183粒,结实率为82.8%,千粒重22.2克。抗性鉴定:白叶枯病3级,穗瘟5级。米质主要指标:糙米率为79.8%,精米率为71.2%,整精米率为33.4%,长宽比值为2.7,垩白粒率为49%,垩白度为10.7%,透明度为3级,碱消值为6.7级,胶稠度71毫米,直链淀粉含量为15.0%,蛋白质含量为9.3%。1998～1999年,育成单位进行早造试验,每667平方米产量分别为450.6千克和447.6千克,分别比对照桂713增产20.0%和22.39%。1999年,进行晚造品比,每

667平方米产量为440.7千克,比对照博优桂99增产5.01%。1997~1999年,分别在柳城、武鸣、灵山和全州进行晚造生产试验,每667平方米产量分别为361.0千克,416.0千克,378.3千克和391.2千克。

**品种适应性及适种地区** 适宜在桂南作早、晚稻,桂中、桂北作中、晚稻推广种植。

**栽培技术要点** 因该品种存在稍难脱粒和早稻穗上不易发芽的特点,宜待谷粒完全成熟时收获。其它栽培技术,参照一般常规水稻品种的进行。

**选(引)育单位** 广西壮族自治区农业科学院水稻研究所。

# (十五)联育3号

**品种来源** 母本为(Caiatoc//02482后代粳型株系);父本为(IR25097-43-3-3选/85优09//Nam-Sagui19后代籼型株系),通过杂交选育而成。2000年,由广西壮族自治区农作物品种审定委员会审定。

**品种特征特性** 该品种属感温型中熟优质常规水稻品种。其全生育期早造为125天左右,晚造为110天左右。株高104厘米,分蘖力中等。前、中期叶形较直,后期株叶集散适中,剑叶挺直。耐肥抗倒,后期青枝蜡秆,熟色好。每667平方米有效穗为19万~20万穗,穗长23厘米,每穗总粒数为161粒,结实率为71.7%~84.9%,千粒重21.6克。抗性鉴定:白叶枯病3级,叶瘟4级,穗瘟7级。米质主要指标:糙米率为80.6%,精米率为74.2%,整精米率为51.6%,长宽比值为2.9,垩白粒率为24%,垩白度为4.4%,透明度为2级,碱消值为7级,胶稠度为61毫米,直链淀粉含量为22.3%,蛋白质含量为9.4%。1998~1999年,参加广西壮族自治区优质谷组区试,平均每667平方米产量为365.72千克,比对照桂713增产27.7%。1997~1999年,在柳城、全州和南丹等地进行生产试验,每667平方米产量为373千克,比对照桂713增产13.7%。进行生产试种,一般每667平方米产量为350~400千克。

**品种适应性及适种地区** 可在桂南、桂中作早、晚稻,桂北作中、晚稻推广种植。

**栽培技术要点** ①匀播种,培育壮秧。②适龄移栽,合理密植,早稻在4.5~5叶时移栽,抛栽以3~3.5叶为宜,插植规格为20厘米×13.3厘米,每穴插3~4苗。③施足基肥,早施重施分蘖肥,促早生快发。④后期不宜断水过早。

**选(引)育单位** 广西壮族自治区农业科学院水稻研究所。

# (十六)绿黄占

**品种来源** 七袋占/绿珍占。1999年,由广东省农作物品种审定委员会审定。

**品种特征特性** 属感温性常规稻品种。早造种植,全生育期为124~129天,比七山占早熟4~6天。株形好,分蘖力中等,茎秆弹性强,成穗率较高。适应性较强,后期熟色好。株高108厘米,每667平方米有效穗为22万穗,每穗总粒数为122粒,结实率为83%,千粒重20克。稻瘟病全群抗性比为81.4%,其中中B群为82.8%,中C群为100%;中感白叶枯病(5级)。稻米外观品质鉴定为早造特二级,出米率高,早稻为67%,晚稻为71%。1996~1997年,参加广东省早造区试,每667平方米产量分别为402.83千克和407.85千克,比对照七山占增产4.67%和5.13%,两年增产均不显著。

**品种适应性及适种地区** 适宜于广东省粤北地区以及其它中等肥力地区种植。

**栽培技术要点** ①施足基肥,重施早施分蘖肥,酌情施中期肥和壮尾肥。②浅水分蘖,够苗露晒田,浅水抽穗扬花,成熟期干湿交替。③注意防治稻瘟病和白叶枯病。

**选(引)育单位** 广东省农业科学院水稻研究所。

# (十七)绿源占1号

**品种来源** 绿珍占8号/三源92。2000年,由广东省农作物品种审定委员会审定。

**品种特征特性** 属感温性常规稻品种。晚造全生育期为120~126天,与粳籼89相当。茎秆粗壮,抗倒性强,适应性和稳产性较好。后期耐寒性较好,熟色好。缺点是抽穗不够整齐。株高93~101厘米,穗长21厘米,每667平方米有效穗大约为20万穗,每穗着粒131~134粒,结实率为76%~84%,千粒重22克。稻瘟病抗性频率,中B群为88.1%,中C群为100%,全群为75.4%;中感白叶枯病(4级)。稻米外观品质鉴定为晚造一级。整精米率为68%,长宽比值为3.3,垩白度为1.6%,透明度为2级,胶稠度为46毫米,直链淀粉含量为24.6%。1997~1998年,参加广东省常规稻优质组晚造区试,平均每667平方米产量为分别为375.86千克和440.39千克,分别比对照种粳籼89增产2.93%和2.65%,增产均未达显著水平。

**品种适应性及适种地区** 适宜于广东省北部以外地区作晚稻种植,中南部地区也可作早稻种植。在生产上使用该品种,要注意除杂保纯。

**栽培技术要点** ①疏播育壮秧,早造在2月底至3月上旬播种,秧期为30天左右;晚造在7月上中旬播种,秧苗期为18~20天。②插植规格为20厘米×16.7厘米,每穴3~4苗,每667平方米有效穗以19万~24万穗为宜。③施足基肥,早追肥,促早生快发,酌情重施中期肥,发挥穗大粒多的特点。④注意防治病虫害。

**选(引)育单位** 广东省农业科学院水稻研究所。

## (十八)茉莉新占

**品种来源** 茉莉占/丰矮占 5 号。2001 年,由广东省农作物品种审定委员会审定。

**品种特征特性** 属感温性常规稻品种。其全生育期,早造大约为 126 天,晚造为 112 天。生长势强,株高 97 厘米,株形好,分蘖力中等,成穗率较高,穗大粒多,谷粒细长,每 667 平方米有效穗为 19 万穗。每穗总粒为 140 粒,结实率为 82%,千粒重约 20 克。抗倒性强,后期熟色好。稻米外观品质为晚造特二级。中感稻瘟病(5 级),抗性频率,中 B 群为 60%,中 C 群为 55.6%,全群为 55.7%;中抗白叶枯病(3 级)。缺点是不耐高温。1999~2000 年,参加广东省常规稻优质组晚造区试,平均每 667 平方米产量分别为 410.19 千克和 423.7 千克,分别比对照种粳籼 89 增产 3.01% 和 4.03%,增产均不显著。

**品种适应性及适种地区** 除粤北地区早造不宜种植外,广东省其它地区早、晚造均宜种植。栽培上要注意防治稻瘟病。

**栽培技术要点** ①适时疏播,培育壮秧。每 667 平方米基本苗为 8 万苗。②施足基肥,重施分蘖肥,早造慎施中期肥,晚造可酌情重施中期肥,注意氮、磷、钾肥的配合,宜多施钾肥。③浅水分蘖,够苗晒田,浅水抽穗扬花,后期保持湿润。④注意防治稻瘟病。

**选(引)育单位** 广东省农业科学院水稻研究所。

## (十九)七 桂 占

**品种来源** 母本为七丝占(银丝占/七加占),父本为桂引 910(新加坡),通过杂交选育而成。2000 年,由广西壮族自治区农作物品种审定委员会审定。

**品种特征特性** 属感温性中熟优质常规品种。其全生育期,早造为 122 天左右,晚造为 110 天。株高 99~104 厘米,株叶形态好,茎秆坚韧,根系发达,较抗倒伏。生长后期,经叶转色顺调,熟色好,青枝蜡秆。单株或小株植,每兜有效穗为 9~10 穗。谷粒细长,着粒较密,每穗总粒为 157 粒,结实率为 85%,千粒重 18.2 克。抗性鉴定:中抗白叶枯病(3 级),稻瘟病 6~9 级。其糙米率为79.8%,精米率为 73.8%,整精米率为 69.4%,长宽比值为 3.2,垩白粒率为 12%,垩白度为 2%,透明度为 1 级,碱消值为 7 级,胶稠度为 76 毫米。直链淀粉含量为 14.3%,蛋白质含量为 9.6%。1997 年,参加广西壮族自治区迟熟组早造区试,平均每 667 平方米产量为 332.4 千克,比对照汕优 63 减产 16.41%。1998 年,调入中熟组早造复试,平均每 667 平方米产量为 317.9 千克,分别比汕优64(CK1)、珍桂矮(CK2)减产 20.8% 和 12.7%。因其米质优良,1999 年调入优质谷组再试,其早、晚造平均每 667 平方米产量分别为 395.01 千克和 347.72 千克,比对照桂 713 增产 12.63% 和21.4%。

**品种适应性及适种地区** 适宜在广西各地推广种植。

**栽培技术要点** 因该品种不抗稻瘟病,在栽培过程中要加强稻瘟病的防治。其它栽培技术,参照一般常规水稻品种的进行。

**选(引)育单位** 广西壮族自治区农业科学院水稻研究所。

## (二十)山溪占 11

**品种来源** 山溪占 175/籼黄占 8。1999 年,通过国家农作物品种审定委员会审定。

**品种特征特性** 该品种属感温型籼稻。在珠江三角洲,早造迟熟,晚造中熟,是早晚兼用型品种。全生育期为 129.4 天。株高97.6~104.4 厘米,株形直立,分蘖较强,耐寒,后期熟色好。平均每穗总粒数为 167.4 粒,结实率为 82%,千粒重 20.5 克,谷粒细长,米粒晶莹。透明度为 1 级,糊化温度为 5.9 级,胶稠度为 68 毫米,直链淀粉含量为 25.6%。广东省定其为外观一级优质米,米饭适口性及品味均属中等。抗白叶枯病,中感稻瘟病,纹枯病轻。1997 年,参加南方稻区华南晚籼组区试,平均每 667 平方米产量为 368.92 千克,比对照粳籼 89 和博优桂 99 分别增产 14.5% 和 18.0%。1998 年续试,平均每 667 平方米产量为 475.92 千克,分别比对照粳籼 89 和博优桂 99 增产 12.4% 和 7.4%。1998 年进行生产试验,平均每 667 平方米产量为 466.53 千克,比对照粳籼 89 增产 9.4%,与博优桂 99 平产,居于第二位。表现丰产性、稳产性较好,适应性广。

**品种适应性及适种地区**　适宜在广东、广西中南部及福建省南部种植。

**栽培技术要点**　①选择中等肥力田块种植。②施足基肥,早追肥,增施磷、钾肥,施肥水平中等,防止偏施氮肥引起倒伏。③酌情施用中期肥,可每 667 平方米施复合肥 5～6 千克或尿素 2～3 千克。④排灌方法为前期浅灌,中期长露轻晒,有利于扎根健身,后期保持田面湿润。不宜过早断水。⑤注意防治病虫害。

**选(引)育单位**　广东省佛山市农业科学研究所。

# (二十一)胜泰 1 号

**品种来源**　胜优 2 号/泰引 1 号。1999 年,由广东省农作物品种审定委员会审定。

**品种特征特性**　属感温性常规稻品种。晚造全生育期为 116～117 天,与粳籼 89 相当。茎秆粗壮,耐肥抗倒,穗大粒多,但结实率偏低。株高 95 厘米,穗长 22～24 厘米。每 667 平方米的有效穗为 18 万穗。每穗着粒 141～144 粒,结实率为 73%～79%,千粒重 23 克。稻瘟病全群抗性比为 52.8%,其中中 B 群为 51.7%,中 C 群为 66.7%;中感白叶枯病(5 级)。稻米外观品质鉴定为晚造一级。直链淀粉含量为 18%。1996～1997 年,参加广东省晚造区试,平均每 667 平方米产量分别为 401.49 千克和 360.97 千克,比对照粳籼 89 增产 1.55％和减产 1.15％,增减产均不显著。

**品种适应性及适种地区** 适宜广东省粤北以外肥力条件较好的非稻瘟病区种植。

**栽培技术要点** ①早施重施前期肥,促分蘖,促早长,为后期大穗重穗打下基础,施用保粒、攻粒肥,延长灌浆时间。根据土壤肥力和产量指标而确定施肥量,并注意多施有机肥,注意氮、磷、钾肥的配合施用。②注意防治稻瘟病。

**选(引)育单位** 广东省农业科学院水稻研究所。

## (二十二)特籼占 13

**品种来源** 特青 2/粳籼 89。1996 年,由广东省农作物品种审定委员会审定;1999 年,通过国家农作物品种审定委员会审定。

**品种特征特性** 该品种是早籼中迟熟优质高产品种。其全生育期,在广东早造为 125 天,晚造为 110 天。株高 95 厘米左右。植后前期生长旺,出叶快,叶姿稍弯,叶色鲜明浓绿;中期植株长势稳健,叶片向上挺举,叶肉厚。抽穗快齐,穗数、穗重兼顾协调,穗大粒多,穗颈稍长,为纺锤形,谷粒饱满长大,千粒重 20.5 克。早造每 667 平方米有效穗数为 20 万 ~ 21 万穗,穗平均总粒数为 176 ~ 185 粒,结实率为 81％ ~ 85％。糙米率为 80.9％,精米率为 74.9％,整精米率为 69.2％,胶稠度为 61 毫米,垩白粒率为 4.0％,垩白度为 0.4％,直链淀粉含量为 25.6％,蛋白质含量为 9.8％。米质外观,广东省评定为早造特二级。叶瘟 0 ~ 4 级,穗瘟 5 ~ 7 级,白叶枯病 1 ~ 5 级。1995 ~ 1996 年,参加全国南方常规中稻中熟组试验,两年平均每 667 平方米产量为 467.18 千克,比对照珍桂矮 1 号增产 6.45％。

**品种适应性及适种地区** 适宜在华南双季稻的稻瘟病轻发区种植。

**栽培技术要点** ①早晚兼用品种,耐肥抗倒,适应性广,一般田类均可种植,中上肥田或肥田种植增产更显著。早造种植比晚造种植更好。②适期播植,一般早造秧龄为 28 天,晚造为 15~18 天。③施足基肥,早施追肥,适量施用幼穗分化肥,促进穗大粒多。④从抽穗至黄熟期,田面保持湿润,不能过早断水(特别是晚造),以免影响谷粒充实度。⑤做好防治病虫害工作。

**选(引)育单位** 广东省佛山市农业科学研究所。

## (二十三)特籼占 25

**品种来源** 特青 2 号/粳籼 89。1998 年,由广东省农作物品种审定委员会审定;1999 年,经海南省农作物品种审定委员会审定;2001 年,通过国家农作物品种审定委员会审定。

**品种特征特性** 属常规籼稻品种,全生育期为 120~124 天,比粳籼 89 迟 2~3 天。株高 93.8~96.7 厘米,分蘖力强,株形集散适中,茎粗中等,秆壁厚而坚韧。穗轴和穗枝软而有韧性,灌浆后穗呈弧形弯曲下垂,穗大小均匀。在广东,抗稻瘟病,中抗白叶枯病和褐飞虱。米质达广东一级优质米标准。1995~1996 年,参加广东省晚季区试,每 667 平方米产量分别为 422.11 千克和 425.49 千克,分别比对照种粳籼 89 增产 10.21% 和 7.62%,增产显著。

**品种适应性及适种地区** 适宜在广东省中南部及海南省双季稻区种植。

**栽培技术要点** 每 667 平方米播种量为 15~20 千克。早造在插后 18 天、晚造在插后 12 天施完前期肥,约占全部施肥量的 80%~85%。前期浅露结合促分蘖,中期轻晒田、多露田,后期保持湿润,直至收获。

**选(引)育单位** 广东省佛山市农业科学研究所。

## (二十四)闻 香 占

闻香占,原名占桂香 1 号。

**品种来源** 母本为中繁 21(中国水稻研究所引进),父本为桂青野(广西壮族自治区农科院水稻研究所育成),进行杂交选育而成。2000 年,由广西壮族自治区农作物品种审定委员会审定。

**品种特征特性** 该品种属感温型迟熟常规品种。其全生育期,早造为 135 天,晚造为 120 天。株叶形集散适中,株高 102 厘米,茎秆粗壮。叶色深绿,叶片厚,直,半卷(呈瓦状)。耐肥,抗倒,分蘖力中等,熟色好。每 667 平方米有效穗为 20 万穗左右。每穗总粒数为 110 粒,结实率为 62% ~ 87%,千粒重 28 克。抗性鉴定:白叶枯病 4 级,叶瘟 5 级,穗瘟 9 级。米质优良,香味浓厚。晚造米样分析结果:糙米率为 78.2%,精米率为 71.8%,整精米率为 45.6%,长宽比值为 3.4;垩白粒率为 10%,垩白度为 2.6%,透明度为 1 级,碱消值为 7.0 级,胶稠度为 64 毫米,直链淀粉含量为 15.7%,蛋白质含量为 10.4%。1998 年,育成单位进行晚造品比试验,每 667 平方米产量为 408.6 千克,比对照桂青野增产 19.8%。1999 年早造续试,每 667 平方米产量为 452.4 千克,比对照桂 713 增产 23.5%。1999 年,参加广西壮族自治区优质谷组晚造区试,平均每 667 平方米产量为 361.1 千克,比对照桂 713 增产 26.3%。

**品种适应性及适种地区** 可在桂南早、晚稻地区,桂中晚稻和中造地区的中等以上肥力田推广种植。

**栽培技术要点** ①因该品种需肥较大,应选择中上肥力田种植,并适当增施肥料,且后期不宜断水过早。②作早稻种植,要早播早插(抛)。③适当稀植。插植规格为 23.3 厘米 × 16.7 厘米或 20 厘米 × 20 厘米。④注意防治穗颈瘟等病虫害。

**选(引)育单位** 广西壮族自治区农业科学院水稻研究所。

# (二十五)溪野占 10

**品种来源** 山溪占 6/野马占 380。2001 年,由广东省农作物品种审定委员会审定。

**品种特征特性** 属感温性常规稻品种。其全生育期,早造为134天,晚造约110天。株高100厘米,分蘖性强。叶片窄直,叶色浓绿,剑叶瓦筒形。有效穗多,谷粒细长,灌浆成熟快,结实率较高,后期熟色好。每667平方米有效穗为23万穗。穗长21厘米,每穗总粒数为136~140粒,结实率为84%,千粒重17.8克。早造生育期偏长,苗期耐寒性较弱,抽穗不够整齐。稻瘟病抗性频率中B、中C和全群的分别为86.5%,100%,87.5%;病圃穗颈瘟鉴定为轻感;中感白叶枯病。稻米品质鉴定为早造一级,饭味浓,软硬适中。整精米率为60.5%,长宽比值为3.4,垩白度为0.8%,透明度为2级,胶稠度为44毫米,直链淀粉含量为25.2%。1999年,参加广东省常规稻优质组早造区试,平均每667平方米产量为457.97千克,比对照粤香占增产0.58%,增产不太显著。2000年早造复试,平均每667平方米产量为463.57千克,比对照种粤香占减产2.99%,减产不显著。

**品种适应性及适种地区** 适宜于广东省中南部稻作区作早、晚稻种植。苗期耐寒性较弱,早造种宜早播早植。

**栽培技术要点** ①选择中上肥力田块种植,或采取中上施肥水平栽培。②秧田每667平方米播种量为15~20千克。本田每667平方米插植用种量为2千克,抛秧用种量为1.5千克。早造秧龄为30天,晚造为15~20天,每667平方米的基本苗为6万~8万苗。早造种植宜早播早插(早抛)。③施足基肥,早施重施分蘖肥,追肥应在插后15~20天前完成,一般进行2~3次。先用尿素引根促蘖,后用复合肥壮蘖保蘖,中后期看苗补施穗肥。④前期排灌应干湿浅灌,中后期长露轻晒,后期保持田面湿润。

**选(引)育单位** 广东省佛山市农业科学研究所。

## (二十六)湘晚籼10号

**品种来源** 由"亲16选/80-66"经系谱法选择育成。原代号为农香 16。2002 年,由湖北省农作物品种审定委员会审定。

**品种特征特性** 该品种属中迟熟籼型晚稻。全生育期为 120.6 天,比油优 64 长 1.8 天。株形较紧凑,茎秆粗壮且韧性好,耐肥抗倒。剑叶较短且夹角小,着粒较稀,后期落色好。区域试验中,每 667 平方米有效穗为 23.0 万穗。株高 95.7 厘米。穗长 21.1 厘米,每穗总粒数为 92.8 粒,实粒数为 74.4 粒,结实率为 80.2%,千粒重 27.93 克。抗病性鉴定为高感白叶枯病和穗颈稻瘟病。米质经农业部食品质量监督检验测试中心测定,糙米率为 79.2%,整精米率为 66.8%,长宽比值为 3.1,垩白粒率为 9%,垩白度为 2.1%,直链淀粉含量为 16.4%,胶稠度为 70 毫米,主要理化指标达到国标优质稻谷质量标准。2000~2001 年,参加湖北省晚稻区域试验,两年平均每 667 平方米产量为 452.74 千克,比对照油优 64 减产 4.05%。1999~2001 年,在石首、浠水等地进行生产试验和试种,一般每 667 平方米产量为 450 千克。

**品种适应性及适种地区** 适于湖北省稻瘟病无病区或轻病区作晚稻种植。

**栽培技术要点** ①适时稀播,培育壮秧,适龄早插。在 6 月 15~18 日播种,播种前用强氯精浸种,防治恶苗病。秧龄为 30 天左右,及时移栽。每 667 平方米插足基本苗 10 万~12 万苗。②加强肥水管理。要重施基肥,早施追肥,增施钾肥,一般每 667 平方米施纯氮 13~14 千克。浅水促蘖,苗足晒田,后期忌断水过早。③注意防治病虫害。重点防治白叶枯病和稻瘟病。④适时收获,机械脱粒,以保证稻谷品质。

**选(引)育单位** 湖南省水稻研究所。

# (二十七)野籼占 6 号

**品种来源** 桂野占 2 号/特籼占 13//IR24。2002 年,由广东省农作物品种审定委员会审定。

**品种特征特性** 属感温性常规品种。晚造全生育期为 113 天,与三二矮相当,比粳籼 89 早熟 5 天左右。株形好,长势强,分蘖力中等,叶色浓绿,茎秆细韧,株高 110 厘米。穗长 20 厘米,每 667 平方米有效穗为 19 万穗,平均每穗着粒 134 粒,结实率为 83%,千粒重 21 克。抗倒性好,地区适应性广,后期耐寒性较强,熟色好。但抽穗不够整齐。综合评价为中抗稻瘟病,感白叶枯病 (7 级)。稻米外观米质鉴定为晚造一级。1999~2000 年,参加晚造区试,产量表现突出,平均每 667 平方米产量分别为 416.41 千克和 447.25 千克。1999 年比对照种三二矮增产 12.7%。2000 年比对照种粳籼 89 增产 9.81%。两年增产幅度,均达极显著。

**品种适应性及适种地区** 适宜广东省各地晚造种植和粤北以外地区早造种植,栽培上要注意防治稻瘟病和白叶枯病。

**栽培技术要点** ①适时播种,合理密植。插植,每 667 平方米大田用种量为 2.0 千克。早造秧龄为 30 天左右,晚造为 18~20 天,每穴 4~5 苗,规格为 17 厘米×20 厘米。抛秧,大田每 667 平方米用种量为 1.7 千克,叶龄 3~4 叶时抛植,以每 667 平方米抛 35~40 盘为宜。②施足基肥,早追肥,早管理,促进有效分蘖。每 667 平方米施纯氮 9~11 千克,前期用肥量占 75%,中期占 15%,后期占 10%,氮、磷、钾的比例以 1:0.6:0.65 为宜。③浅水分蘖,够苗后露晒田,浅水抽穗扬花,后期保持湿润。④注意防治稻瘟病,遇台风和洪涝灾害后,要及时用药,控制白叶枯病发生。

**选(引)育单位** 广东省惠州市农业科学研究所。

# (二十八)粤丰占

**品种来源** 粤香占/丰矮占。2001 年,由广东省农作物品种审定委员会审定;2003 年通过国家农作物品种审定委员会审定。

**品种特征特性** 属常规籼型品种,全生育期平均为 127 天,比对照粤香占迟 3~4 天。株高 107.7 厘米,株形集散适中。苗期叶片较窄直,叶色翠绿;中期生长势壮,分蘖力中等;后期成穗率高,熟色好。每667平方米的有效穗数为22.9万穗。穗长21.2厘米,平均每穗总粒数为143.4粒,结实率为82.1%,千粒重20.0克。中抗白叶枯病,中感白背飞虱,不抗稻瘟病。米质主要指标:整精米率为54.8%,长宽比值为3.3,垩白粒率为15%,垩白度为5.8%,胶稠度为53毫米,直链淀粉含量为25%。2000年,参加华南早籼组区试,平均每667平方米产量为519.55千克,比对照粤香占(CK1)增产2.31%,比对照油优63(CK2)减产0.11%。2001年,参加华南早籼优质稻组续试,平均每667平方米产量为478.57千克,比对照粤香占减产0.65%;2001年,进行生产试验,平均每667平方米产量为473.48千克,比对照油优63增产1.23%。

**品种适应性及适种地区** 适宜在广西和广东的中南部、福建省南部及海南省稻瘟病轻发地区,作双季早稻种植。

**栽培技术要点** ①适宜于插植、抛秧和直播。每667平方米播种量为20~25千克,秧龄为30天左右,每穴插3~4苗,插植规格18厘米×20厘米;抛秧,每667平方米用种量1.5千克,叶龄3~4叶时抛植;直播,每667平方米用种量为2千克左右。②肥水管理:在中等肥力田种植,全生育期每667平方米施纯氮9~10千克,前期施用75%,中期25%。氮、磷、钾肥的配用比例以1:0.5:0.65为宜。在肥力较足和台风雨较多的地方,要增施钾肥,谨防过多施用氮肥。要注意晒田,以防倒伏。水分管理,宜采取浅水养分蘖,苗足露晒田,后期保湿润的措施。③病虫害防治:重点搞好稻瘟病和螟虫的防治,确保高产稳产。

**选(引)育单位** 广东省农业科学院水稻研究所。

# (二十九)粤香占

**品种来源** 三二矮/清香占//综优/广西香稻,即三二矮与清香占的杂交后代和综优与广西香稻的杂交后代,再一次杂交后,选育而成。1998 年,由广东省农作物品种审定委员会审定;2000 年,通过国家农作物品种审定委员会审定。

**品种特征特性**　属早晚稻两用型,早稻中熟。在华南作早造,全生育期为 125 天;作晚稻翻秋,全生育期约 110 天。苗期耐寒性中强,插后回青快。成株期叶色翠绿,叶片较窄、厚、短、直,向上举,叶量较少。分蘖力较强,集散适中,群体生长量较少,通透性强,多穗数而少荫蔽。株高约 95 厘米,每 667 平方米有效穗数为 23 万穗。穗长 19 厘米,平均每穗总粒数为 125 粒,实粒数为 118 粒,结实率为 94%,千粒重 19.5 克,谷秆比高达 1.3:1。谷色淡黄,谷粒饱满容重大,群体内株间穗数和株内穗粒数较平衡一致。中抗白叶枯病和稻褐飞虱,感稻瘟病,抗倒性强,适应性广。一级米的蒸煮品质和饭味较好,有微香。1997～1998 年,参加全国南方稻区华南早籼组区试,平均每 667 平方米产量分别为 441.9 千克和 440.6 千克,分别比对照七山占增产 9.8% 和 13.5%。1999 年,进行生产试验,比对照汕优 63 增产 7.2%。

**品种适应性及适种地区**　适宜在广东、广西中南部及福建省南部种植。

**栽培技术要点**　插植,本田每 667 平方米用种量为 2 千克;抛秧,每 667 平方米用种量为 1.5 千克;直播,每 667 平方米用种量为 2 千克。作早稻,秧龄为 30 天左右;作晚稻,秧龄为 15～18 天;抛秧,秧龄以三四叶龄为宜。插植时每 667 平方米 2 万穴,每穴 3～4 苗。

**选(引)育单位**　广东省农业科学院水稻研究所。

# (三十)粤野占

**品种来源**　粤桂 146/粤山 142//野粳籼///特籼占 13。2001 年,由广东省农作物品种审定委员会审定。

**品种特征特性**　属感温性常规稻品种。其全生育期,早造约

128 天,晚造为 114 天。株高 97~100 厘米,株形好,前期生长旺盛,插后回青快。叶片窄直,抽穗整齐,穗大,枝梗多,着粒密。每667 平方米有效穗为 20 万穗,穗长 20 厘米,每穗总粒数为 140~144 粒,结实率为 81%~86%,千粒重 20 克。后期耐寒性强,不耐高温。区域适应性较广。中感稻瘟病和白叶枯病。稻米外观品质鉴定为晚造一级米,整精米率为 54.8%,长宽比值为 2.9,垩白度为 7.4%,透明度为 3 级,胶稠度为 48 毫米,直链淀粉含量为24.9%。1998~1999 年,参加广东省常规稻优质组晚造区试,平均每 667 平方米产量分别为 462.16 千克和 425.94 千克,比对照粳籼89 分别增产 33.15 千克和 27.74 千克,增产幅度分别为 7.73% 和6.97%。1998 年增产达显著水平,1999 年增产不显著,两年均列参试品种首位。

**品种适应性及适种地区** 除粤北地区早造不宜种植外,广东省其它地区早、晚造均适宜种植。栽培时要注意防治稻瘟病和防止倒伏。

**栽培技术要点** ①疏播培育适龄壮秧。每 667 平方米秧田播种量为 15~20 千克,本田用种量为 1.5~2 千克。早造秧龄为 30天,晚造为 15~20 天。每 667 平方米 2 万穴,基本苗数为 6 万~8万苗。②施足基肥,露轻晒,早施重施分蘖肥,增施磷、钾肥,保蘖、壮蘖,防倒伏。中后期看苗补施穗肥。③采用前期干湿浅灌,后期保持田面湿润的方法进行排灌。④注意防治稻瘟病和白叶枯病等病虫害。

**选(引)育单位** 广东省佛山市农业科学研究所。

## (三十一)早桂 1 号

**品种来源** 母本为双桂 36,父本为早香 17,通过杂交选育而成。2000 年,由广西壮族自治区农作物品种审定委员会审定。

**品种特征特性** 该品种属感温型中熟优质常规稻品种。其全生育期,在桂南早造为119天,晚造为105天。株高95厘米,株叶形集散适中,茎秆粗壮,耐肥抗倒,分蘖力中等,每667平方米有效穗为16万~17万穗,每穗总粒数为150粒,结实率为90.0%以上,千粒重21克。米质优良,经农业部稻米及制品质量监督检验测试中心检测,其糙米率为74.5%,整精米率为65.7%,长宽比值为2.7,垩白粒率为12%,垩白度为1.7%,透明度为2级,碱消值为7级,胶稠度为74毫米,直链淀粉含量为15.2%,蛋白质含量为9.3%。经广西壮族自治区区试抗性鉴定,其叶瘟5~6级,穗瘟7~9级,白叶枯病1~3级。1997年,参加玉林市区试,平均每667平方米产量为403.0千克。1999年,参加广西壮族自治区优质谷组区试,平均每667平方米产量为409.94千克,比对照桂713增产16.88%。大面积种植一般每667平方米产量为450千克左右。

**品种适应性及适种地区** 可在广西各地推广种植。

**栽培技术要点** ①注意插足基本苗,每667平方米的基本苗数为12万~13万苗。②本田施足基肥,重施攻蘖肥。③后期注意稻瘟病防治。其它栽培技术,参照一般常规水稻品种的进行。

**选(引)育单位** 广西壮族自治区玉林市农业科学研究所。

# (三十二)中二软占

**品种来源** 粳籼21/长丝占。2001年,由广东省农作物品种审定委员会审定。

**品种特征特性** 属感温性常规稻品种。其全生育期,早造大约128天,晚造为112天。株高约95厘米,株形好。叶片厚直,色较浓,群体通透性好,分蘖力中等,抽穗整齐,稻穗较大,穗基部谷粒成熟较慢。抗倒性较强,后期耐寒性强,熟色好。每667平方米有效穗为19万穗,每穗总粒为140粒,结实率为80%,千粒重19克。中感稻瘟病(7级),中抗白叶枯病(3.5级)。稻米外观品质鉴定为晚造一级,米粒透明细长,米饭软滑,食味好。1999~2000年,参加广东省晚造常规稻优质组区试,平均每 667 平方米产量分别为 395.65 千克和 417.36 千克,比对照种粳籼 89 减产 0.64% 和增产 2.47%,增减产均不显著。

**品种适应性及适种地区** 除粤北地区早造不宜种植外,广东省其它地区早、晚造均适宜种植。栽培上要注意防治稻瘟病。

**栽培技术要点** ①培育适龄壮秧。秧田每 667 平方米播种量为 20~25 千克,早造秧龄大约 30 天,晚造为 15~20 天。抛秧,每 667 平方米大田用种量为 2 千克,以 2.5~3 叶时抛秧为宜。②施足基肥,早施分蘖肥,以施用氮、磷、钾配合的水稻专用复合肥为宜。切忌后期残肥过多,而招致病虫害。③前期浅水分蘖,中期晒田不宜过重,浅水抽穗扬花,成熟期干湿交替,后期不宜断水过早。④注意防治稻瘟病。⑤穗基部谷粒成熟较慢,要熟透后才可收获。

**选(引)育单位** 广东省农业科学院水稻研究所。

# 三、华南主要籼型杂交水稻组合良种

## (一)中优 223

**品种来源** 中 A/R223。2001 年,由广东省农作物品种审定委员会审定,并通过国家农作物品种审定委员会审定。

**品种特征特性** 该组合属感温型中迟熟三系杂交水稻。早造全生育期 124 天,比汕优 63 早熟 4 天。株高 105 厘米,分蘖力强,茎秆较坚实,抽穗整齐,株叶形态好,剑叶短而厚直,成熟时转色顺畅,青枝蜡秆。有效穗多,着粒较密,每 667 平方米有效穗为 22.9 万穗,穗长 22.6 厘米,每穗总粒数为 140 粒,结实率为 85.1%,千粒重 22.3 克。米质主要指标:整精米率为 51.8%,垩白粒率为 44%,垩白度为 8.3%,胶稠度为 46.5 毫米,直链淀粉含量为 24.8%。抗性:稻瘟病 4.5 级,白叶枯病 4 级,白背飞虱 8 级。中感稻瘟病,中抗白叶枯病。1999 年,参加华南早籼组国家级区试,平均每 667 平方米产量为 500.81 千克,分别比汕优 63、汕优桂 99 增产 3.77% 和 11.52%。2000 年续试,平均每 667 平方米产量为 555.37 千克,分别比粤香占、汕优 63 增产 9.37% 和 6.77%。2000 年,进行生产试验,平均每 667 平方米产量为 511.56 千克,比汕优 63 增产 0.64%。

**品种适应性及适种地区** 适宜在广东、、广西中南部及福建南部作早稻种植。

**栽培技术要点** 栽培技术,同一般品种的规程。根据该品种分蘗力强,耐肥性稍差,抗倒性一般的特点,种植中应注意以下几点:①施肥:平衡施用氮、磷、钾肥,不要过施偏施氮肥。②水分管理:晒田比一般品种稍早,烤田比一般品种稍重,有利根系生长和茎秆粗壮,提高抗倒力。后期田面要干干湿湿。

**选(引)育单位** 中国科学院华南植物研究所。

# (二)华优 86

**品种来源** Y 华农 A/明恢 86。2000 年由广东省农作物品种审定委员会审定;2001 年,通过国家农作物品种审定委员会审定。

**品种特征特性** 该组合属感温型迟熟三系杂交水稻。全生育期:在两广早季为 130 天左右,晚季为 115~120 天,早、晚季均与汕优 63 相近。株高 110~115 厘米,分蘗力中等。株叶形集散适中,茎秆粗壮,叶片厚直,成熟期青枝蜡秆。每 667 平方米有效穗为 17 万~18 万穗。穗长 23 厘米,每穗 140~150 粒,结实率为 80%~90%,千粒重 25~27 克。米质主要指标:早季,整精米率为 59.5%,垩白粒率为 67%,垩白度为 28.1%,胶稠度为 49 毫米,直链淀粉含量为 19.8%;晚季,整精米率为 68.6%,垩白粒率为 44%,垩白度为 8.3%,胶稠度为 42 毫米,直链淀粉含量为 22.2%。抗性:在广东高抗稻瘟病,感白叶枯病。1999 年,参加广东省晚季稻区试,平均每 667 平方米产量为 467.8 千克,比汕优 63 增产 11.6%。2000 年续试,平均每 667 平方米产量为 469.8 千克,比培杂双七增产 9.2%。1999 年参加广西壮族自治区早稻品种筛选试验,平均每 667 平方米产量为 531.9 千克,比汕优桂 99 增产 5.5%。

**品种适应性及适种地区** 适宜在广东中南部、广西南部作早、晚稻,广西中部作中、晚稻种植。

**栽培技术要点** ①适时早播、早插,保证安全出穗。早、中、晚稻的播植期,可参照汕优 63 的播植期确定。②培育壮秧,合理密植。每 667 平方米的播种量控制在 10 千克左右,稀播、匀播,培育三叉壮秧。本田每 667 平方米植插基本苗 6 万苗左右,控制每 667 平方米的有效穗数在 18 万穗左右。③施足基肥,早施重施前期追肥,增施磷、钾肥。④科学管水。本田以浅水回青促蘖,够苗数及时晒田,中期勤露轻晒,后期薄水出穗、灌浆,湿润成熟,防止过早断水干田。⑤防治病虫害,特别应注意防治白叶枯病。

**选(引)育单位** 华南农业大学农学院,广西壮族自治区藤县种子公司,广东省饶平县种子公司。

## (三)培杂茂三

**品种来源** 培矮 64S/茂三(优质常规稻粳籼 89)。2000 年,由广东省和广西壮族自治区农作物品种审定委员会审定;2001 年,通过国家农作物品种审定委员会审定。

**品种特征特性** 该组合属感温型早晚兼用两系杂交水稻。在广东省,全生育期早造为 125~130 天,晚造为 103~108 天,比汕优 63 早熟 2 天。分蘖力强,株型紧凑,叶片厚直,苗期耐寒力强,后期青枝蜡秆,抗倒力强,株高 100 厘米左右。穗大粒多,结实率高,每 667 平方米有效穗为 20 万穗左右。每穗总粒数平均可达 160~180 粒,结实率为 80%~90%,千粒重 20~21 克。晚造米质主要指标:精米率为74.7%,粒长6.2毫米,长宽比值为2.9,整精米率为52.3%,垩白粒率为44%,垩白度为8.7%,胶稠度为78毫米,直链淀粉含量为27.1%。米质外观鉴定为早造一级,晚造为特二级米。抗性:在广东抗稻瘟病,中抗白叶枯病。1998~1999年,参加广东省早造区试,平均每667平方米产量为分别为442.0千克和479.7千克,分别比汕优63减产1.6%和增产1.55%,增减产幅度均不太显著。1998年,参加广西壮族自治区晚造区试,平均每667平方米产量为473.9千克,比汕优桂99增产12.1%。1999年续试,平均每667平方米产量为477.9千克,比汕优桂99增产15.7%。

**品种适应性及适种地区** 适宜在广东中南部双季稻区作早、晚稻,广西中北部作晚稻种植。

**栽培技术要点** ①插足基本苗,保证每667平方米植插2万穴以上。利用软盘抛秧技术栽培尤佳。②重施基肥,早施分蘖肥和壮蘖肥,增加有效分蘖,提高成穗率。③注意氮、磷、钾肥的合理调配,多施磷、钾肥,足穗后要多露田,轻晒田,保持土壤有良好的通透性。④在中后期,根据实际情况施好攻穗肥和壮粒肥,发挥其穗大粒多的优势。后期切忌贪青和断水过早,否则,影响结实率和充实度。

**选(引)育单位** 广东省茂名市杂交稻研究发展中心。

## (四)培杂双七

**品种来源** 培矮64S/子七占。1998年,由广东省农作物品种审定委员会审定;1999年,经海南省农作物品种审定委员会审定;2001年,通过国家农作物品种审定委员会审定。

**品种特征特性** 属感温型中迟熟籼型两系杂交稻组合。早季全生育期为127~130天,晚季全生育期为110~120天,比汕优63早熟5~6天。株高:早季为101厘米,晚季为96厘米左右。分蘖

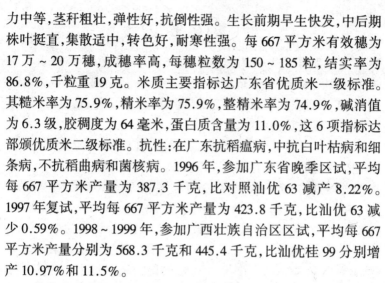

力中等,茎秆粗壮,弹性好,抗倒性强。生长前期早生快发,中后期株叶挺直,集散适中,转色好,耐寒性强。每667平方米有效穗为17万~20万穗,成穗率高,每穗粒数为150~185粒,结实率为86.8%,千粒重19克。米质主要指标达广东省优质米一级标准。其糙米率为75.9%,精米率为75.9%,整精米率为74.9%,碱消值为6.3级,胶稠度为64毫米,蛋白质含量为11.0%,这6项指标达部颁优质米二级标准。抗性:在广东抗稻瘟病,中抗白叶枯病和细条病,不抗稻曲病和菌核病。1996年,参加广东省晚季区试,平均每667平方米产量为387.3千克,比对照汕优63减产8.22%。1997年复试,平均每667平方米产量为423.8千克,比汕优63减少0.59%。1998~1999年,参加广西壮族自治区区试,平均每667平方米产量分别为568.3千克和445.4千克,比汕优桂99分别增产10.97%和11.5%。

**品种适应性及适种地区** 适宜在广东中南部、广西作双季稻种植。

**栽培技术要点** ①对种子消毒与打破休眠。播种前,进行种子消毒。如果种子是收获不久的新种子,应用强氯精溶液浸种,打破种子休眠,使其出苗整齐一致。②施足基肥,稀播培育壮秧。③适时抛插,适当密植。早季秧龄以30天左右为宜,晚季秧龄应不超过20天;抛秧,晚季秧龄为12天左右。一般插植规格以20厘米×16.7厘米为宜,每667平方米插2万穴,每穴插双株,争取有效穗达19万~20万穗。④肥水管理:本田以农家肥为主,重施底肥,早施分蘖肥,后期巧施穗粒肥,重施磷、钾肥。采用薄水插秧,寸水返青,薄水促分蘖,够苗后及时排水晒田,中期湿润灌溉,浅水养花,后期干湿交替至成熟。切忌断水过早,影响穗基部结实。⑤加强病虫害的防治。注意防治纹枯病和稻飞虱。在雨水较多的情况下,要注意防治稻曲病和黑粉病。

**选(引)育单位** 广东省农业科学院水稻研究所。

## （五）优优 122

**品种来源** 优 1A/广恢 122（836－1//明恢 63/3550，即广恢 122 由明恢 63 与 3550 杂交后代和 836－1 杂交选育而成）。1998 年，由广东省农作物品种审定委员会审定；2001 年，通过国家农作物品种审定委员会审定。

**品种特征特性** 该组合属感温型早籼中熟三系杂交水稻。在华南作早造时，全生育期为 121.6 天，比汕优 63 早熟 7 天。在广东省作晚造时，全生育期为 106 天。株高 95～107 厘米。叶片窄直，株叶形态好，穗粒重协调，后期转色好。分蘖力较强，抗倒力中等。穗长 20.9 厘米，每穗总粒数为 127.1 粒，结实率为 81.3%，谷粒长粒形，千粒重 24.5 克。米质主要指标：整精米率为 49.5%，垩白粒率为 49.5%，垩白度为 11.4%，胶稠度为 44 毫米，直链淀粉含量为 19.8%，米质中上等。抗性：稻瘟病 4.3 级，白叶枯病 5 级，白背飞虱 6 级，中感稻瘟病和白叶枯病。1998 年，参加华南早籼组国家级区试，平均每 667 平方米产量为 447.83 千克，分别比对照七山占、汕优桂 99 增产 15.4% 和 11.4%，达极显著水平。1999 年续试，平均每 667 平方米产量为 514.60 千克，分别比对照汕优 63、汕优桂 99 增产 6.62% 和 14.5%。2000 年，进行生产试验，平均每 667 平方米产量为 509.75 千克，比对照汕优 63 增产 0.29%。

**品种适应性及适种地区** 适宜在广东、广西、海南及福建省南部双季稻区作早造种植。

**栽培技术要点** ①稀播、匀播，培育分蘖壮秧。秧田每 667 平方米播种量为 10～12.5 千克。②适时播种，及时移栽。秧龄早造为 30 天左右，晚造为 18～20 天。③合理密植。一般每 667 平方米插 2 万穴，基本苗为 6 万苗。抛秧栽培，每 667 平方米不少于 1.8 万穴，基本苗为 4 万～5 万苗。④要做到浅水移栽，寸水活苗，薄水分蘖，够苗晒田。⑤施足基肥，早施重施分蘖肥，促进分蘖早生快发。后期酌施穗肥,及时防治病虫害。

**选(引)育单位** 广东省农业科学院水稻研究所。

# (六)Ⅱ优明 86

**品种来源** Ⅱ-32A/明恢 86。2000 年,由贵州省农作物品种审定委员会审定;2001 年,经福建省农作物品种审定委员会审定;同年,通过国家农作物品种审定委员会审定。

**品种特征特性** 该组合属三系杂交籼稻。全生育期作中稻时为 150.8 天,比汕优 63 迟熟 3.7 天;作双季晚稻时为 128 ~ 135 天,比汕优 63 迟 2 天。株高 100 ~ 115 厘米,茎秆粗壮抗倒,株形集散适中,分蘖力中等,后期转色好。主茎总叶片数为 17 ~ 18 叶,剑叶长 35 ~ 38 厘米,每 667 平方米有效穗数为 16.2 万穗。穗长 25.6 厘米,每穗总粒数为 163.6 粒,结实率为 81.8%,千粒重 28.2 克。米质主要指标:整精米率为 56.2%,垩白粒率为 78.8%,垩白度为 18.9%,胶稠度为 46 毫米,直链淀粉含量为 22.5%。抗性:中感稻曲病,感白叶枯病,稻瘟病 4.5 级,白叶枯病 8 级,稻飞虱 7 级。1999 年,参加全国南方稻区中籼迟熟组区试,平均每 667 平方米产量为 632.18 千克,比对照汕优 63 增产 8.19%,达极显著水平。2000 年续试,平均每 667 平方米产量为 565.4 千克,比汕优 63 增产 3%。

**品种适应性及适种地区** 适宜在贵州、云南、四川、重庆、湖南、湖北和浙江省,上海市,安徽和江苏省的长江流域,以及河南省南部,陕西省汉中地区,作一季中稻种植。

**栽培技术要点** ①稀播育壮秧,秧龄控制在 35 天以内。②合理密植,插足基本苗。插植密度为 20 厘米×20 厘米,每穴插 2 粒谷秧,每 667 平方米插足 2.9 万基本苗。③力争早插快管,施足基肥,早施分蘖肥,兼顾穗肥。④其它栽培措施可参照汕优 63 的进行。

选(引)育单位　福建省三明市农业科学研究所。

## (七)特优70

**品种来源**　特 A/明恢 70。1999 年,由福建省农作物品种审定委员会审定;2000 年,经广西壮族自治区农作物品种审定委员会审定;2001 年,通过国家农作物品种审定委员会审定。

**品种特征特性**　该组合属籼型三系杂交水稻。全生育期,作中稻时为 145～150 天,作晚稻时为 128～132 天。株高 95～100 厘米。分蘖力强,株形集散适中。主茎总叶片数为 16～17 叶,剑叶长 35～40 厘米,叶鞘紫色,叶缘、叶片绿色。穗长 23～25 厘米,结实率在 80% 以上。穗大粒多,无芒,每穗总粒数为 138～142 粒,千粒重 27.5 克。后期转色好,丰产性好。整精米率为 51.2%,胶稠度为 48 毫米,垩白粒率为 92%,垩白度为 32%,直链淀粉含量为 22.2%。中抗稻瘟病和细条病,耐寒性中等。1996～1997 年,参加福建省区试,平均每 667 平方米产量分别为 441.62 千克和 403.16 千克,分别比对照汕优 63 增产 6.07% 和 11.34%。

**品种适应性及适种地区**　适宜在福建、广西种植汕优 63 的地区种植。

**栽培技术要点**　①稀播培育壮秧,秧龄掌握在 30 天左右为好。②合理密植,插足基本苗。插植密度为 20 厘米×23.3 厘米,每穴插 2 粒谷苗。③施肥:每 667 平方米施纯氮 12～15 千克,氮、磷、钾肥比为 1:0.5:0.7。应重施基肥,早追肥。④管水:寸水护苗,浅水促蘖,够苗搁田,干湿交替,适期断水。⑤及时防治纹枯病、稻曲病、螟虫和稻飞虱。

选(引)育单位　福建省三明市农业科学研究所。

## (八)华优桂99

**品种来源**　Y 华农 A/桂 99。2000 年,由广西壮族自治区农作物品种审定委员会审定;2001 年,经广东省农作物品种审定委员会审定;同年,通过国家农作物品种审定委员会审定。

**品种特征特性** 该组合属感温型三系杂交水稻。在两广种植,其全生育期,早季为 126~130 天,晚季为 115 天。株高 100~105 厘米,茎秆稍偏软,抗倒能力稍差,分蘖力较强,株形较紧凑,叶色淡绿,叶片中等。抽穗整齐,成熟时青枝蜡秆。每 667 平方米有效穗 18 万~20 万穗,穗长 22~23 厘米,每穗总粒数为 130~140 粒,结实率为 80%~90%,千粒重 23 克左右。米质主要指标:早稻,整精米率为 58.6%,垩白粒率为 19%,垩白度为 6.4%,胶稠度为 51 毫米,直链淀粉含量为 20.1%。抗性:中抗稻瘟病,中感白叶枯病。1999 年,参加广东省早稻区试,平均每 667 平方米产量为 467.9 千克,比对照汕优 63 减产 0.9%。2000 年续试,平均每 667 平方米产量为 502.1 千克,比汕优 63 增产 2.7%,比另一对照培杂双七增产 2.6%。

**品种适应性及适种地区** 适宜在广东省北部以外的地区作早、晚稻种植,广西的中部和南部作早、晚稻,广西北部作晚稻种植。

**栽培技术要点** ①适时早播、早插。早、中、晚季,均可参照汕优 63 的播植期确定。②合理密植,双苗栽插。每 667 平方米插 6 万~8 万基本苗。施足基肥,早施重施前期肥,增施磷、钾肥,中期控氮,后期看苗适施壮尾肥。由于该组合茎秆较细软,故在中后期切忌过多施氮肥。③浅水返青,薄水分蘖,够苗晒田,浅水孕穗和抽穗,干干湿湿至成熟。不宜过早断水。

**选(引)育单位** 广西壮族自治区藤县种子公司,华南农业大学农学院,广东省饶平县种子公司。

# (九)特优多系 1 号

**品种来源** 龙特甫 A/多系 1 号。1998 年,由福建省农作物品种审定委员会审定;1999年,经广西壮族自治区农作物品种审定委员会审定;2001年,该品种通过国家农作物品种审定委员会审定。

**品种特征特性** 该组合属籼型三系杂交稻组合。全生育期,早稻为145天,中稻为140天,晚稻为125天。株高110厘米左右,株形集散适中,主茎总叶数为16~17叶。分蘖力强,分蘖起步早,成穗率较高。叶层结构合理,叶片挺直,叶色浓绿,上部三片功能叶叶角小,剑叶短且直立。后期转色好,秸秆谷黄,有利提高光能利用率,穗、粒、重三者能协调发展。每667平方米有效穗为17.5万~20万穗,每穗总粒数为120~140粒,结实率为85%~91%,千粒重28~29.2克。整精米率为61.1%,垩白粒率为96%,垩白度为18.2%,胶稠度为60毫米,直链淀粉含量为21.6%。抗稻瘟病,中抗白叶枯病。

1995年,该品种参加福建省晚稻杂优组区试,平均每667平方米产量为446.31千克,比对照汕优63增产3.34%,增幅不显著。1996年续试,平均每667平方米产量为448.68千克,比对照汕优63增产7.775%,达极显著水平。1996年参加全国中稻杂优组区试,每667平方米产量为535.84千克,比对照汕优63增产4.25%。1997年,参加全国中稻区试,平均每667平方米产量为594.8千克,比对照汕优63增产3.39%。

**品种适应性及适种地区** 适宜在福建、广西种植汕优63的地区种植。

**栽培技术要点** ①适时播种,培育壮秧。在福建省漳州市,作早稻的,于2月底播种,秧龄为45天;作中稻的,于4月底播种,秧龄25天;作晚稻的,于7月18日前播种,秧龄为20天。育秧采用湿润稀播的方法。②合理密植,株行距为20厘米×23厘米,每穴栽2粒谷苗。③科学施肥。重施底肥,以有机肥为主,早施分蘖肥,酌情补施穗肥。④加强中期田间管理,及时搁田,注意防治病、虫、鼠害。

选(引)育单位 福建省漳州市农业科学研究所。

## (十)华优 229

**品种来源** Y 华农 A/R229(特青/感光型恢复系 R200//农家种农选 1 号)。2002 年,该品种由广东省农作物品种审定委员会审定。

**品种特征特性** 属感温型三系杂交组合。晚造平均全生育期为 113 天,比汕优 63 早熟 3 天左右。株形集中,株高 104 厘米,分蘖力中等,成穗率高,穗长 21 厘米,每 667 平方米有效穗为17 万～20 万穗,平均每穗着粒 137 粒,结实率为 81.4%,千粒重 25 克。后期耐寒力中等。稻米外观米质鉴定为晚造二级。抗稻瘟病,全群抗性频率为 83.33%,对中 B、中 C 群抗性频率分别为 75% 和90%。其缺点是抗倒力稍弱,感白叶枯病(7 级)。1999～2000 年参加晚造区试,每 667 平方米产量分别为 438.0 千克和441.1 千克,1999 年比对照组合汕优 63 增产 4.48%,2000 年比对照组合培杂双七增产 2.56%,两年增幅均不显著。每 667 平方米日产量为3.88 千克。

**品种适应性及适种地区** 适宜于广东粤北以外地区早、晚造种植。

**栽培技术要点** ①每 667 平方米秧田播种量 11～12.5 千克,早造秧龄为 30 天左右,晚造秧龄为 15～17 天。②每 667 平方米插2 万穴,基本苗为 4.2 万株左右。抛秧栽培,每 667 平方米不少于1.8 万棵,基本苗为 4.5 万～5.5 万苗。③施足基肥,早施、重施分蘖肥,后期看苗补施穗肥。④浅水栽插,深水回青,浅水分蘖,够苗数及时晒田。⑤晚造秧苗期注意防治稻瘿蚊,分蘖成穗期防治螟虫、稻纵卷叶螟和稻飞虱。

选(引)育单位 广东省肇庆市农业科学研究所,华南农业大

学农学院,广东省农作物杂种优势开发利用中心。

## (十一)中优229

**品种来源** 中 A/R229(特青/感光型恢复系 R200//农家种农选 1 号)。2002 年,中优 229 品种由广东省农作物品种审定委员会审定。

**品种特征特性** 属感温型三系杂交组合。早造平均全生育期为 127 天,与培杂双七相当。株形集中,株高 104 厘米,分蘖力中等。穗长 22 厘米,每 667 平方米有效穗为 20 万穗。平均每穗着126 粒,结实率为 84.7%,千粒重 25.4 克。稻米外观米质鉴定为早造二级。高抗稻瘟病,全群抗性频率为 95.9%,对中 B、中 C 群的抗性频率,分别为 73.8%和 100%。中抗白叶枯病(3 级)。2000 ~ 2001 年,参加广东省早造区试,每 667 平方米产量分别为 503.9 千克和 438.5 千克,2000 年比对照组合汕优 96 增产 11.33%,增产极显著。2001 年比对照组合培杂双七增产 7.36%,增产不太显著。每 667 平方米日产量 3.45 ~ 3.96 千克。

**品种适应性及适种地区** 适宜于广东粤北以外地区作早造种植。

**栽培技术要点** ①每 667 平方米秧田播种量为 11 ~ 12.5 千克,早造秧龄为 30 天左右。②每 667 平方米插 2 万穴,基本苗数为 4.0 万株左右。抛秧栽培,每 667 平方米不少于 1.8 万棵,其基本苗数为 4.0 万 ~ 4.5 万苗。③施足基肥,早施、重施分蘖肥,后期看苗补施穗肥,防止过施氮肥而造成剑叶披垂而引起病虫害发生。④浅水栽插,深水回青,浅水分蘖,够苗及时晒田。⑤早造的播种期和育秧期,处在低温条件下,应注意防止烂秧。分蘖成穗期,要防治螟虫、稻纵卷叶螟和稻飞虱。

**选(引)育单位** 广东省肇庆市农业科学研究所,中国科学院华南植物研究所,广东省农作物杂种优势开发利用中心。

## （十二）华优 63

**品种来源** Y 华农 A/明恢 63。2002 年，由广东省农作物品种审定委员会审定。

**品种特征特性** 属感温型三系杂交组合。早造平均全生育期为 130 天，与培杂双七相仿。苗期耐寒力和分蘖力均较强，株形集散适中，株高 114 厘米。穗长 22 厘米，每 667 平方米有效穗为 19 万穗。平均每穗着 132 粒，结实率为 85.8%，千粒重 24.9 克。稻米外观品质鉴定为早造二级。整精米率为 57.3%，长宽比值为 2.6，垩白粒率为 72%，垩白度为 12.1%，直链淀粉含量为 20.2%，胶稠度 36 毫米。稻瘟病全群抗性频率为 73.2%，其中中 B 和中 C 群分别为 66.7% 和 75.7%。中感白叶枯病（5 级）。2000～2001 年参加广东省早造区试，每 667 平方米产量分别为 516.5 千克和 442.8 千克，2000 年，比对照组合汕优 63 和培杂双七，分别增产 5.6% 和 5.49%，增产均达显著水平。2001 年，比对照组合培杂双七增产 8.32%，增产不显著。每 667 平方米日产量为 3.38～4.0 千克。

**品种适应性及适种地区** 适宜于广东粤北以外的地区早造种植。

**栽培技术要点** 栽培该水稻优良品种时，要注意把握好以下技术要点：①适时早播早插。在广东中、南部，于 2 月底至 3 月初播种，4 月初移栽。②合理密植，双苗栽插，每 667 平方米插 6 万～8 万基本苗。③施足基肥，早施、重施分蘖肥，增施磷、钾肥。中期控制氮肥，后期看苗补施穗肥。④浅水栽插，深水回青，浅水分蘖，够苗及时晒田，浅水出穗，干湿成熟，不要过早断水干田。⑤注意防治白叶枯病。

**选（引）育单位** 华南农业大学农学院，广东省饶平县种子公司，广西壮族自治区藤县种子公司。

## (十三)华优 128

**品种来源** Y 华农 A/R128。2002 年,由广东省农作物品种审定委员会审定。

**品种特征特性** 属感温型三系杂交组合。全生育期晚造平均为 115 天,与培杂双七相当。分蘖力较强,株形集散适中。株高 105.7 厘米,穗长 21 厘米,每 667 平方米有效穗为 20 万,平均每穗着 139 粒,结实率为 80%,千粒重 22.4 克。稻米外观品质鉴定为晚造二级。整精米率为 65.5%,长宽比值为 2.6,垩白粒率为 14%,垩白度为 2.1%,直链淀粉含量为 23.3%,胶稠度为 34 毫米。中抗稻瘟病和白叶枯病,稻瘟病全群抗性频率为 83.3%,其中对中 B 和中 C 群的抗性频率分别为 89% 和 58%。2000 ~ 2001 年,参加广东省晚造区试。每 667 平方米产量分别为 449 千克和 455.1 千克,比对照组合培杂双七分别增产 4.39% 和 5.52%,增幅均达显著水平。每 667 平方米日产量为 3.9 千克。

**品种适应性及适种地区** 适宜于广东粤北以外地区早、晚造种植。

**栽培技术要点** 栽培该水稻优良品种时,要注意把握好以下技术要点:①适时早播早插。在广东省中、南部,于 2 月底至 3 月初播种,4 月初移栽;晚造于 7 月 10 ~ 15 日播种,20 ~ 25 天秧期移栽。②合理密植,双苗栽插,每 667 平方米栽插 6 万 ~ 8 万基本苗。③施足基肥,早施、重施分蘖肥,增施磷、钾肥;中期控制氮肥,后期看苗补施穗肥。④水分管理要做到浅水栽插、回青和分蘖,够苗数及时晒田,浅水出穗,干湿成熟。不要过早断水干田。⑤注意防治稻瘟病。

**选(引)育单位** 华南农业大学农学院,广东省饶平县种子公司,广西壮族自治区藤县种子公司。

# (十四)特优 721

**品种来源** 龙特浦 A/R721。2002 年,由广东省农作物品种审定委员会审定。

**品种特征特性** 属感温型三系杂交组合。全生育期,早造平均为 130 天,与汕优 63 相同。植株高大,集散适中。株高 110 厘米,分蘖较弱,穗长 23 厘米,每 667 平方米有效穗为 17 万穗,平均每穗着 142 粒,结实率为 83.2%,千粒重 29 克。稻米外观品质鉴定为早造四级。整精米率为 50.4%,垩白粒率为 100%,垩白度为 50.2%,直链淀粉含量为 24.8%,胶稠度为 42 毫米。在缺中 A 群的情况下,对稻瘟病全群抗性频率为 84.38%,其中对中 B、中 C 群的抗性频率,分别为 44.44% 和 70.37%,中感白叶枯病。1999~2000 年,参加广东省早造区试。每 667 平方米产量分别为 524.1 千克和 536.1 千克。1999 年比对照组合汕优 63 增产 10.94%,2000 年比对照组合汕优 63 和培杂双七分别增产 9.61% 和 9.50%,两年增产均达极显著水平。每 667 平方米日产量 3.97 千克。

**品种适应性及适种地区** 适宜于广东粤北以外地区作早造种植。

**栽培技术要点** ①疏播培育适龄壮秧,秧田每 667 平方米播种量为 10 千克左右,早造在叶龄 7~8 叶时移栽。②合理密植,大田栽插规格以 20 厘米 × 20 厘米为宜,双苗栽插,每 667 平方米栽插 8 万苗以上基本苗。③施足基肥,早施、重施分蘖肥,适时适量施好促花肥、保花肥,前、中、后期氮肥施用,可按 70:25:5 施用,氮、磷、钾比例大致为 1:0.5:0.7。④浅水栽插,浅水回青,浅水分蘖,够苗及时晒田,浅水出穗,干湿成熟。不要过早断水干田。⑤注意防治稻瘟病。

**选(引)育单位** 广东省汕头市农业科学研究所。

## (十五)秋优 998

**品种来源** 秋 A/广恢 998。2002 年,由广东省农作物品种审定委员会审定;2003 年,又经广西壮族自治区农作物品种审定委员会审定。

**品种特征特性** 属弱感光型三系杂交组合。全生育期晚造为 119 天,比博优 122 迟熟 2 天左右。株形集中,株高 106 厘米,分蘖力强,穗长 23 厘米,每 667 平方米有效穗为 22 万穗,平均每穗着 134 粒,结实率为 80%,千粒重 19.7 克。稻米外观品质鉴定为晚造一级。整精米率为 70.1%,垩白粒率为 12%,垩白度为 2.3%,直链淀粉含量为 23.5%,长宽比值为 3.1,胶稠度为 45 毫米。中抗稻瘟病,全群抗性频率为 80%,其中对中 B、中 C 群的抗性频率,分别为 62% 和 90%。缺点是中感白叶枯病,抗倒性较弱。2000～2001 年,参加广东省晚造区试,每 667 平方米产量分别为 440.6 千克和 446.0 千克,比对照组合博优 122 分别增产 0.73% 和 1.04%,增产幅度不显著。每 667 平方米日产量为 3.71 千克。

**品种适应性及适种地区** 适宜于广东北部以外地区、桂南稻作区作晚造种植。

**栽培技术要点** ①广东省中南部地区,播种期以 7 月 5～10 日为宜,秧田每 667 平方米播种量为 10～12.5 千克,秧龄控制在 20～25 天以内,栽插规格以 16.5 厘米×19.8 厘米,每 667 平方米以插 6 万苗为好。②早施、重施分蘖肥,促进分蘖早生快发,后期酌施穗肥。③浅水移栽,寸水活苗,薄水分蘖,够苗及时晒田,后期注意保持湿润。④注意防治稻瘟病和白叶枯病。

**选(引)育单位** 广东省农业科学院水稻研究所。

## (十六)培杂 620

**品种来源** 培矮 64/HR620(明恢 63/湛 8 选)。2002 年,由广

东省农作物品种审定委员会审定。

**品种特征特性** 属感温型二系杂交组合。全生育期早造为128天,与培杂双七相近。株形集散适中,株高105厘米,分蘖力较弱。穗长23厘米,每667平方米有效穗为17万穗。平均每穗着155粒,结实率为78.6%,千粒重25.4克。稻米外观品质鉴定为早造二级。抗稻瘟病,在缺中A群的情况下,全群抗性频率为95.8%,其中对中B、中C群的抗性频率,分别为66.7%和96.3%;感白叶枯病。2000~2001年,参加广东省早造区试,每667平方米产量分别为482.5千克和399千克,2000年比对照组合汕优63和培杂双七减产1.35%和1.45%,两年减产均不显著。每667平方米日产量为3.12千克。

**品种适应性及适种地区** 适宜于广东北部以外地区作早造种植。

**栽培技术要点** ①疏播培育壮秧,秧田每667平方米播种量为10千克左右。②适时抛插,适当密植。早造秧龄控制在30天以内,每667平方米插6万苗为好。③施足基肥,早施分蘖肥,后期适施穗肥,合理施用磷、钾肥。④及时露晒稻田,够苗后可稍重晒田,促进根系往深生长。后期保持田间干湿交替,防止早衰,提高结实率。⑤加强病虫害防治,特别要注意中后期对纹枯病的防治。

**选(引)育单位** 广东省湛江海洋大学杂优稻研究室。

## (十七)培杂南胜

**品种来源** 培矮64S/南胜3。2001年,由广东省农作物品种审定委员会审定。

**品种特征特性** 属感温型两系杂交稻组合。作早造种植,全生育期为128~130天。株高103厘米,株形集散适中。叶片窄直,上举,叶色浓绿。分蘖力强,穗大粒多,苗期耐寒力强,耐肥抗

倒。每 667 平方米有效穗为 19 万穗,穗长 22 厘米,每穗总粒数为
136~147 粒,结实率为 79%,千粒重约 20 克。稻米外观品质鉴定
为早造二级。高抗稻瘟病,全群抗性比为 96%,中 C 群抗性比为
100%;中感白叶枯病(5 级)。1997~1998 年,参加广东省杂交稻
早造区试,每 667 平方米产量分别为 422.7 千克和 442.4 千克,分
别比对照汕优 63 减产 3.25%和 1.51%,两年减产均不显著。每
667 平方米日产量为 3.5 千克。

**品种适应性及适种地区** 适宜于广东北部以外地区作早造种
植。

**栽培技术要点** ①稀播。匀播育壮秧。秧田每 667 平方米播
种量为 10.5~12.5 千克,栽插秧龄为 27~30 天,抛秧秧龄为 13~
14 天。②插足基本苗。栽插为每 667 平方米 4 万苗,抛秧栽培每
667 平方米抛 1.8 万棵左右。③施足基肥,早施氮肥,促分蘖,增施
磷、钾肥,酌情施中后期肥。④前期浅灌促分蘖,分蘖高峰后稍重
晒田,生长后期保持田面干湿交替。⑤注意防治虫害。

**选(引)育单位** 中国科学院华南植物研究所。

### (十八)培杂 28

**品种来源** 培矮 64S/R8258。2001 年,由广东省农作物品种
审定委员会审定。

**品种特征特性** 属感温型两系杂交稻组合。全生育期,早造
为 130 天,晚造为 111~115 天。株高 95~98 厘米,株形直立。叶
片瓦筒形,叶色浓绿。耐肥抗倒,分蘖力中等。穗大粒多,每 667
平方米有效穗为 18 万~20 万穗。穗长 21 厘米,每穗总粒数为
152~169 粒,结实率为 75%,千粒重 20~24 克。稻米外观米质鉴
定为晚造二级。稻瘟病全群抗性比为 89.7%,中 C 群抗性比为
97.3%,田间监测结果稻瘟较严重;感白叶枯病(7 级)。其缺点是
后期耐寒力差,结实率偏低。1997~1998 年,参加广东省晚造区

试,每667平方米产量分别为431.1千克和471.5千克,比对照组合汕优63分别增产1.13%和2.48%。两年增产均不显著。

**品种适应性及适种地区** 适宜于广东北部以外地区作早、晚造种植。

**栽培技术要点** ①对种子,用强氯精溶液浸种消毒和打破休眠,使之出苗整齐。②稀播培育带分蘖壮秧,早造秧龄为30天左右,晚造为20天左右。每667平方米插2万棵,保证基本苗达6万苗。③施足基肥,早施、多施分蘖肥,重施中期肥,后期适施磷、钾肥。④生长后期保持田面湿润。⑤注意防治稻瘟病、白叶枯病、纹枯病、稻曲病、黑粉病和稻飞虱等病虫害。

**选(引)育单位** 华南农业大学农学院。

## (十九)汕优122

**品种来源** 汕A/广恢122。2001年,由广东省农作物品种审定委员会审定。

**品种特征特性** 属感温型三系杂交组合。全生育期早造为122~128天,晚造为110天左右。株高100厘米,生长势强,茎态集中,营养生长期早生快发,生殖生长期叶片挺直,分蘖力强,抗倒性稍弱。穗长22厘米,每667平方米有效穗为19万穗,平均每穗着121~123粒,结实率为82.91%~84.41%,千粒重25.2~25.9克。稻米外观品质鉴定为早造三级,垩白度11.9%,透明度2.9级,直链淀粉含量23.5%,长宽比值为2.6,胶稠度为30毫米。抗稻瘟病,全群抗性频率为80%,中C群的抗性频率为66.67%;感白叶枯病(7级)。缺点是抗倒性较弱。1997~1998年,参加广东省早造区试,每667平方米产量分别为482千克和436.6千克。其中,1997年比对照组合汕优96增产11.24%,增产极显著;1998年比对照汕优63减产2.81%,减产不显著。每667平方米日产量为3.7千克。

品种适应性及适种地区 适宜于广东北部以外地区作早、晚造种植。

栽培技术要点 ①疏播匀播,培育壮秧。秧田每 667 平方米播种量为 10 ~ 12.5 千克,秧龄早造为 30 天左右,晚造为 18 ~ 20 天,每 667 平方米栽插基本苗 6 万株。②施足基肥,早施重施分蘖肥,促进分蘖早生快发。后期酌施穗肥。③浅水移栽,寸水活苗,薄水促分蘖,够苗及时晒田。④加强病虫防治。

选(引)育单位 广东省农业科学院水稻研究所。

# (二十)粤优 122

品种来源 GD – 1S/广恢 122。2001 年,由广东省农作物品种审定委员会审定。

品种特征特性 属感温型两系杂交组合。全生育期,早造约 125 天,晚造为 112 天左右。株高 97 厘米,前期早生快发,中后期叶片挺直,株形集中直立。分蘖力较弱。穗长 22 厘米,每 667 平方米有效穗为 18 万穗,平均每穗着 129 粒,结实率为 77.87%,千粒重 24.6 克。稻米外观品质鉴定为晚造二级。整精米率为 61.3%,垩白度为 12.7%,透明度为 2 级,直链淀粉含量为 23.4%,长宽比值为 3.2,胶稠度为 94 毫米。抗稻瘟病,全群抗性比为 85%,中 C 群的抗性比为 74.47%,中 A 群的抗性比为 0;中感白叶枯病(7 级)。1999 ~ 2000 年,参加广东省晚造区试,每 667 平方米产量分别为 437 千克和 438.9 千克。其中 1999 年比对照组合汕优 63 增产 4.32%,2000 年比对照组合培杂双七增产 2.05%,两年增产均不显著。每 667 平方米日产量为 3.9 千克。

品种适应性及适种地区 适宜于广东各地晚造种植和粤北以外地区早造种植。

栽培技术要点 ①适时抛栽,适当密植。早造种植的,秧龄以 30 天左右为宜,晚造种植的秧龄为 15 ~ 20 天,不要超过 25 天。抛秧,晚季秧龄以 10～12 天为宜。要适当密植,提高 667 平方米的有效穗数。②重施基肥,早施分蘖肥,适当重施中期肥,后期酌施穗肥,重施磷、钾肥。③浅水移栽,寸水活苗,薄水促分蘖,够苗及时晒田。中期湿润灌溉壮胎,浅水扬花。后期切忌断水过早,以免影响基部充实。④加强病虫防治。

**选(引)育单位** 广东省农业科学院水稻研究所。

# (二十一)博优 998

**品种来源** 博 A/广恢 998。2001 年,由广东省农作物品种审定委员会审定;2003 年,又经广西壮族自治区农作物品种审定委员会审定。

**品种特征特性** 属弱感光型三系杂交组合。全生育期,晚造为 116 天。株形集中,株高 106 厘米,叶片厚直,茎秆粗壮,生长势旺,分蘖力强,抽穗整齐,穗大粒多,结实率高。穗长 22 厘米,每667 平方米有效穗为 19 万穗,平均每穗着 139 粒,结实率为 86%,千粒重 22 克。耐肥抗倒,后期耐寒力强,熟色好,适应性广。抗稻瘟病,全群抗性比为 81.0%,中 C 群的抗性比为 87.2%;抗稻曲病力强,感白叶枯病。稻米外观品质鉴定为晚造二级。整精米率为70.4%,直链淀粉含量为 20.5%,长宽比值为 2.8,垩白度为4.1%,胶稠度为 46 毫米。1999～2000 年,参加广西晚造区试,每667 平方米产量分别为 462.8 千克和 466.5 千克。其中 1999 年的比对照组合博优 903 增产 11.79%,增产极显著;比对照组合博优3550 增产 7.30%,增产不太显著;2000 年的比对照组合博优 122增产 6.65%,增产极显著,两年增产均名列第一。

**品种适应性及适种地区** 适宜于广东北部以外地区、桂南稻作区作晚稻种植。

**栽培技术要点** ①秧田每 667 平方米播种量为 10～12.5 千克,秧龄控制在 20～25 天以内,每 667 平方米栽插 6 万苗为好。

②早施重施分蘖肥,促进分蘖早生快发,后期酌施穗肥。③浅水移栽,寸水活苗,薄水分蘖,够苗及时晒田。后期要注意保持湿润。④及时防治病虫害。

**选(引)育单位** 广东省农业科学院水稻研究所。

# (二十二)丰优128

**品种来源** Y华农A/R128。2001年,由广东省农作物品种审定委员会审定。

**品种特征特性** 属感温型三系杂交组合。全生育期晚造平均为115天,与培杂双七相当。分蘖力较强,株形集散适中。株高105.7厘米,穗长21厘米,每667平方米有效穗为20万穗。平均每穗着139粒,结实率为80%,千粒重22.4克。稻米外观品质鉴定为晚造二级。整精米率为65.5%,长宽比值为2.6,垩白粒率为14%,垩白度为2.1%,直链淀粉含量为23.3%,胶稠度为34毫米。中抗稻瘟病和白叶枯病,稻瘟病全群抗性频率为83.3%,其中对中B、中C群的抗性频率,分别为89%和58%。2000~2001年,参加广东省晚造区试,每667平方米产量分别为449千克和455.1千克,比对照组合培杂双七分别增产4.39%和5.52%,增产均达显著程度。

**品种适应性及适种地区** 适宜于广东北部以外地区早、晚造种植。

**栽培技术要点** ①适时早播早插。在广东省中、南部,于2月底至3月初播种,4月初移栽;晚造于7月10~15日播种,20~25天秧龄期移栽。②合理密植,双苗栽插,每667平方米插6万~8万株基本苗。③施足基肥,早施、重施分蘖肥,增施磷、钾肥。中期控制氮肥,后期看苗补施穗肥。④浅水栽插,浅水回青,浅水分蘖,够苗及时晒田,浅水出穗,干湿成熟。不要过早断水干田。⑤注意防治稻瘟病。

**选(引)育单位** 广东省农业科学院水稻研究所。

# (二十三)培杂茂选

**品种来源** 培矮64S/茂选。2000年,由广东省农作物品种审定委员会审定。

**品种特征特性** 属感温性两系杂交稻组合。全生育期晚造为111天,比汕优63早熟4天。分蘖力强,株形集中直立,穗大粒多。株高94厘米,穗长20厘米,每667平方米有效穗约17万穗,每穗总粒数为144~161粒,结实率为80%~83%,千粒重21克。稻米外观品质鉴定为晚造三级。高抗稻瘟病(全群抗性比100%),中感白叶枯病(5级)。1998~1999年参加广东省晚造区试,每667平方米产量分别为490.3千克和443.3千克,比对照汕优63分别增产6.58%和5.75%,增产幅度均达显著水平。

**品种适应性及适种地区** 适宜于除广东北部以外对米质要求不高的地区作早、晚造种植。

**栽培技术要点** ①注意培育壮秧。插植,宜采用疏播法培育成秧龄6.5叶左右的带蘖壮秧;软盘抛秧,要注意在本田前期培育低位分蘖秧。②合理密植,确保足够的有效穗数。带分蘖大秧,每667平方米须插足8万~10万株基本苗;抛秧,每667平方米需有5万左右的基本苗。③重施基肥,早追肥,以提高成穗率。要增施磷、钾肥,氮、磷、钾肥的比例以1:0.5:1为宜。后期要注意氮肥用量,防止贪青,以免影响结实率;遇不良天气,要加强对稻曲病的防治。

**选(引)育单位** 广东省茂名市两系杂交稻研究发展中心。

# (二十四)博优122

**品种来源** 博A/广恢122。2000年,由广东省农作物品种审定委员会审定。

**品种特征特性** 属弱感光型晚造三系杂交稻组合。全生育期晚造为 117 天,比博优 903 早熟 3 天。分蘖力强,株形集散适中,后期耐寒力中等。株高 96 厘米,穗长 22 厘米,每 667 平方米有效穗数为 21 万穗,每穗总粒数为 132 粒,结实率为 79%~86%,千粒重 22.7 克。稻米外观品质鉴定晚造二级。整精米率为 65%,长宽比值为 2.69,垩白度为 11.9%,透明度为 0.55 级,直链淀粉含量为 22.7%,胶稠度为 57 毫米,碱消值为 5.3 级。高抗稻瘟病(全群抗性比为 93.38%,中 C 群抗比为 92%),感白叶枯病(7 级)。1997~1998 年,参加广东省晚造区试,每 667 平方米产量分别为 415.0 千克和 481.3 千克。1997 年的产量比对照组合博优 64 减产 0.24%,减产不显著。1998 年的比对照组合博优 903 增产 7.6%,增产极显著。

**品种适应性及适种地区** 适宜于广东北部以外地区种植。

**栽培技术要点** ①播种期以 7 月 5~10 日为宜。秧田每 667 平方米播种量为 10~12.5 千克,秧龄控制在 20~25 天以内,插植规格为 16.5 厘米×19.8 厘米,每 667 平方米的苗数以插 6 万苗为好。②早施重施分蘖肥,促进分蘖早生快发,后期酌施穗肥。③注意浅水移栽,寸水活苗,薄水分蘖,够苗晒田。后期保持湿润。④注意及时防治虫害,夺取高产。

**选(引)育单位** 广东省农业科学院水稻研究所。

# (二十五)培杂粤马

**品种来源** 培矮 64S/粤马占。2000 年,由广东省农作物品种审定委员会审定。

**品种特征特性** 属感温型两系杂交稻组合,早造全生育期为 131~133 天,比汕优 63 早熟 1~3 天。株高 102~108 厘米。穗长 21 厘米,每 667 平方米有效穗约 21 万穗,每穗总粒数为 145 粒,结实率为 77%~82%,千粒重 21 克。抗倒力较弱。稻米外观米质鉴定为早造二级。整精米率为 82.8%,垩白度为 1.45%,透明度为 1 级,胶稠度为 30 毫米,碱消值为 5 级。高抗稻瘟病(全群抗性比为 97%,对中 C 抗比为 94.74%),感白叶枯病(7 级)。1998～1999 年,参加广东省早造区试,每 667 平方米产量分别为 427.5 千克和 460.7 千克,比对照汕优 63 分别减产 2.36% 和 2.48%,减产均不显著。

**品种适应性及适种地区** 适宜于广东北部以外地区种植。

**栽培技术要点** ①疏播匀播,培育壮秧苗,秧田每 667 平方米播种量为 10～12.5 千克,秧龄以 27～30 天为宜,每 667 平方米插基本苗 4 万株。抛秧栽培,每 667 平方米抛 1.8 万棵。②施足基肥,早施追肥,增施磷、钾肥,全期 667 平方米施纯氮约 10～11 千克。酌情施中期肥,复合肥约 5 千克,尿素 2～3 千克。③前期浅灌,分蘖后期稍重晒田,后期保持干湿交替。④注意防治病虫害。

**选(引)育单位** 中国科学院华南植物研究所。

# (二十六)博优晚三

**品种来源** 博 A/晚三(湖南杂交水稻研究中心选育)。1999 年,由广东省农作物品种审定委员会审定;2000 年,又经广西壮族自治区农作物品种审定委员会审定。

**品种特征特性** 该品种属三系感光型晚籼组合。在桂南作晚稻,于 7 月上旬播种,全生育期为 122 天。株形集散适中,茎秆粗壮,根系发达,耐肥抗倒,分蘖力强,长势繁茂,耐寒性强,抽穗整齐,后期青枝蜡秆,熟色好。株高 100 厘米左右,每 667 平方米有效穗为 20 万穗左右,每穗总粒数为 130 粒左右,结实率为 80.0% 左右,千粒重 24.8 克,米质稍差。广西区试抗性鉴定;叶、穗瘟 7 级,白叶枯病 2 级。1994～1995 年,参加玉林市晚造区试,平均每 667 平方米产量分别为 364.0 千克和 398.0 千克,分别比对照博优 64 增产 0.6% 和 1.06%。1999 年,参加广西区试,平均每 667 平方

米产量为 454.28 千克,比对照博优 99 增产 5.57%。

**品种适应性及适种地区** 适宜在桂南作晚稻推广种植,也可在广东中南部地区特别是沿海地区晚造种植。

**栽培技术要点** ①培育分蘖壮秧。②增施磷、钾肥,中期控制氮肥用量。③适时露田,提高抗倒力。后期不宜断水过早,提高耐寒性。

**选(引)育单位** 广西壮族自治区玉林市种子公司。

# (二十七)特优 1025

**品种来源** 特 A/R1025。2000 年,由广西壮族自治区农作物品种审定委员会审定。

**品种特征特性** 属三系感温型杂交稻迟熟组合。其全生育期,在桂南早造为 124~128 天。株高 100~110 厘米;晚造为 110 天,株高 90~100 厘米。叶片适中挺直,叶色浓绿,株叶形集散适中,分蘖力中等。一般每 667 平方米有效穗为 18 万~20 万穗,每穗总粒数为 150 粒左右,结实率在 85% 以上,千粒重 24.5 克,稻米品质明显优于特优系列其它组合,经农业部稻米及制品质量监督检验测试中心检测,其糙米率为 82.6%,精米率为 75.4%,整精米率为 64.6%,长宽比值为 2.6,垩白粒率为 56%,垩白度 13.3%,透明度为 2 级,碱消值为 7 级,胶稠度为 48 毫米,直链淀粉含量为 23.1%,蛋白质含量为 9.3%。抗性鉴定:叶瘟 5 级,穗瘟 7~9 级,白叶枯病 5 级。1999 年,参加广西壮族自治区区试,在桂南早造稻作区的 6 个试点,平均每 667 平方米产量为 457.86 千克,比对照特优 6 增产 5.27%,列迟熟组第二位。

**品种适应性及适种地区** 适宜在桂南早、晚造,桂中、北晚造推广种植。

**栽培技术要点** ①适时早播,并注意稀播培育多分蘖壮秧。宜采用旱育秧小苗抛秧。②插足基本苗。每 667 平方米大田应插够2万～2.5万蔸,基本苗为6万～7万株;抛秧每667平方米不少于50盘秧。③施足基肥,早施分蘖肥。④适时防治病虫害,合理管水。

**选(引)育单位** 广西壮族自治区农业科学院杂交水稻研究中心。

## (二十八)安两优321

安两优321,原名安 S/321。

**品种来源** 安湘 S/321。2000 年,由广西壮族自治区农作物品种审定委员会审定。

**品种特征特性** 该组合属两系感温性中熟杂交稻。其全生育期,在桂南早造为 120～122 天,晚造为 100～105 天。株高 110 厘米。一般每 667 平方米有效穗为 15 万～18 万穗,每穗总粒数为 140 粒左右。结实率为 85%,千粒重 22 克,谷粒细长,外观米质较好,但株叶稍散,叶片较长。耐肥,抗倒性较差。田间种植表现抗稻瘟病,但易感白叶枯病。1999～2000 年在广西上林、北流等地进行生产试验和试种示范,其中上林县 1999 年晚造平均每 667 平方米产量为 396.2 千克,比对照培 S275 增产 10.7%。

**品种适应性及适种地区** 适宜在广西中低产地区和有冬种习惯地区种植。

**栽培技术要点** ①培育多分蘖壮秧,适时移栽。6 叶左右时移栽,3.5～4.5 叶时抛栽。②插足基本苗。每 667 平方米插 2 万～2.5 万蔸,6 万～7 万株基本苗。③该组合对氮肥较敏感,应控制氮肥施用量,每 667 平方米施纯氮为 10 千克左右。④加强水管理,及时露晒田,以防中后期群体因过于隐蔽而引发纹枯病和倒伏。

**选(引)育单位** 广东省农业科学院杂交水稻研究中心。

# (二十九)秋优桂99

**品种来源** 秋 A/桂 99。2000 年,由广西壮族自治区农作物品种审定委员会审定。

**品种特征特性** 该组合属三系感光型杂交晚籼。在桂南,于7月上旬播种,全生育期为 125～127 天,比博优桂 99 迟熟 5 天。株叶形集散适中,叶片直立不披垂,分蘖力强,繁茂性好,后期耐寒,转色较好。株高 100 厘米左右,每 667 平方米有效穗为 19万～21 万穗,每穗总粒为 160 粒,结实率为 85%,千粒重 20 克。谷粒细长,米质好,无腹白。经农业部稻米及制品质量监督检验测试中心检测,其糙米率为 82.3%,精米率为 75.2%,整精米率为60.5%,长宽比值为 3.0,垩白粒率为 23.0%,垩白度为 4.9%,透明度为 2 级,碱消值为 6.9 级,胶稠度为 50 毫米,直链淀粉含量为21.9%,蛋白质含量为 10.4%。抗性鉴定:叶瘟 4 级,穗瘟 7～9级,白叶枯病 2.5 级。但该组合较易落粒,对产量影响较大。1996～1997 年,参加广西壮族自治区晚稻区试,在桂南 6 个试点中,平均每 667 平方米产量分别为 371.38 千克和 269.75 千克,比对照博优 64 分别减产 3.95% 和 18.92%。但因其米质较优,评为入选组合,扩大试种。

**品种适应性及适种地区** 适宜在桂南作晚稻推广种植。

**栽培技术要点** 适时早播、稀播、早插,培育带蘖壮秧。每667 平方米播种量为 10～12 千克;插(抛)足基本苗,一般每 667 平方米插(抛)足基本苗 6 万～8 万苗;采取前重、中补、后轻的施肥原则。该组合耐肥抗倒,需肥量大,每 667 平方米所需纯氮为 17～18 千克,磷 5～6 千克,钾 13～14 千克,前、中、后期施肥量分别为总施肥量的 65%～75%,15%～25%,10%～20%。浅水栽插,浅水回青,浅水分蘖,够苗及时晒田,浅水出穗,干湿成熟,不要过早断水干田。注意防治白叶枯病、细菌性条斑病和纹枯病。该组合较易落粒,宜适时早收,在大田成熟度达到九成时,便可开始收割,以减少产量损失。

**选(引)育单位** 广西壮族自治区农业科学院水稻研究中心。

## (三十)特优 216

**品种来源** 特 A/玉 216(从泰国引进的"BK14"分离变异株中选育而成)。2000 年,由广西壮族自治区农作物品种审定委员会审定。

**品种特征特性** 属三系感温型迟熟杂交稻组合。在桂南全生育期,早造为 128 天左右,株高 105 厘米;晚造为 121 天,株高 105 厘米。茎秆粗壮,叶片短窄,耐肥抗倒,抗寒力强。田间种植,表现较抗稻瘟病和白叶枯病。分蘖力强,一般每 667 平方米有效穗为 19 万~20 万穗。每穗总粒数为 170 粒,结实率为 73%~85.7%,千粒重 25.6~26.5 克。谷粒较短,米质中等。据广西壮族自治区技术监督局原粮食监督检验站检验,其糙米率为 81.4%,一般精米率为 78.5%,碱消值为 3 级,直链淀粉含量为 21.5%,粗蛋白质含量为 7.9%。1998~1999 年,参加玉林市区试,其中 1998 年晚造平均每 667 平方米产量为 570.9 千克,比对照博优桂 99 增产 16.9%;1999 年早造,平均每 667 平方米产量为 510.8 千克,比对照特优 63 增产 5.0%,晚造每 667 平方米产量平均为 520.8 千克,比对照博优桂 99 增产 6.55%,评为入选组合。

**品种适应性及适种地区** 适宜在桂南地区作早、晚造和中造推广种植。

**栽培技术要点** 适时播种,每 667 平方米播种量为 15 千克左右。秧龄,在桂南早季为 40~50 天,晚季为 18~20 天,每穴插 2 苗,栽插规格为 16.5 厘米×23.5 厘米,或 16.5 厘米×20 厘米。每 667 平方米施纯氮 12.5 千克,磷肥 8.5 千克,钾肥 11.5 千克,茎蘖肥占 70%~80%,穗肥占 20%~30%。浅水返青,薄水分蘖,够苗

晒田,浅水孕穗、抽穗,干干湿湿至成熟。不宜过早断水。

**选(引)育单位** 广西壮族自治区玉林市农业科学研究所。

## (三十一)Ⅱ优3550

**品种来源** Ⅱ-32A/3550。2000年,由广西壮族自治区农作物品种审定委员会审定。

**品种特征特性** 该组合属三系感光性杂交晚籼稻。在桂南,于7月上旬播种,全生育期为126天左右。株高100厘米,株形紧凑,分蘖力稍差,每667平方米有效穗为15万~16万穗,穗长21厘米左右,每穗总粒数为110粒左右,结实率为90.0%,千粒重26克左右。高抗稻瘟病,米质一般。1996年,在广西岑溪市进行晚造品比试验,每667平方米产量为366.4千克,比对照博优64增产1.6%;1998年续试,每667平方米产量为452.2千克,比对照博优桂99增产8.4%。

**品种适应性及适种地区** 适宜在广东、桂南晚稻区推广种植。

**栽培技术要点** 适时早播早插。在广东中部,应在7月上旬播种。进行稀播,培育带蘖壮秧,每667平方米播种量为10~12千克。要插(抛)足基本苗,每667平方米一般要插(抛)足6万~8万株基本苗。采取前重、中补、后轻的施肥原则,每667平方米纯氮17~18千克,磷5~6千克,钾13~14千克。前、中、后期的施肥量,分别为总肥量的65%~75%,15%~25%,10%~20%。要浅水栽插,浅水回青,浅水分蘖,够苗及时晒田,浅水出穗,干湿成熟。不要过早断水干田。要注意防治白叶枯病、细菌性条斑病和纹枯病。

**选(引)育单位** 广西壮族自治区岑溪市种子公司。

## (三十二)特优86

**品种来源** 特A/明恢86。2000年,由广西壮族自治区农作物品种审定委员会审定。

**品种特征特性** 属三系感温性杂交迟熟组合。在桂南,其早造全生育期为135天左右,晚造为120天左右。株高115厘米,株叶形集散适中,茎秆粗壮,剑叶挺直,分蘖为中下等。每667平方米有效穗为16万穗左右。每穗总粒数为125粒左右,结实率为85.0%,千粒重28克,抗稻瘟病能力强,米质一般。1997年,在广西岑溪市进行早造品比试验,平均每667平方米产量为441.4千克,比对照特优63增产7.7%。1999年续试,平均每667平方米产量为520.4千克,比对照特优63增产6.3%。

**品种适应性及适种地区** 适宜在桂南早、晚稻和中造地区推广种植。

**栽培技术要点** 适时播种,每667平方米播种量为15千克左右。秧龄在桂南早季为40~50天,晚季为18~20天,每穴2苗,栽插规格为16.5厘米×23.5厘米,或16.5厘米×20厘米。每667平方米施纯氮12.5千克,磷肥8.5千克,钾肥11.5千克。茎蘖肥占70%~80%,穗肥占20%~30%。要浅水返青,薄水分蘖,够苗晒田,浅水孕穗、抽穗,干干湿湿至成熟。不宜过早断水。

**选(引)育单位** 广西壮族自治区岑溪市种子公司。

# (三十三)优Ⅰ桂99

**品种来源** 优ⅠA/桂99。2000年,由广西壮族自治区农作物品种审定委员会审定。

**品种特征特性** 该品种属三系感温性杂交迟熟组合。在桂中,其早造全生育期为125~128天,晚造为110~115天。分蘖力强,熟色好。株高100厘米左右,每667平方米有效穗为19万~20万穗,每穗总粒数为125粒左右,结实率为85.0%,千粒重26.5克左右。经农业部稻米及制品质量监督检验测试中心检测,其糙米率为80.4%,精米率为72.3%,整精米率为53.0%,长宽比值为

2.8,垩白粒率为 28%,垩白度为 3.2%,透明度为 1 级,碱消值为 5.5 级,胶稠度为 50 毫米,直链淀粉含量为 20.1%,蛋白质含量为 8.8%。1996～1997 年,在广西蒙山县进行品比试验,其中 1996 年晚造,平均每 667 平方米产量为 475.0 千克,比对照汕优桂 99 增产 1.06%;1997 年早、晚造,平均每 667 平方米产量分别为 529.0 千克和 455.0 千克,比对照汕优桂 99 分别增产 1.21% 和 1.09%。

**品种适应性及适种地区** 适宜在桂南、桂中作早、晚稻栽植,在桂北作晚稻推广种植。

**栽培技术要点** 适时早播、稀播和早插,培育带蘖壮秧。每 667 平方米播种量为 10～12 千克。插(抛)足基本苗,一般每 667 平方米基本苗为 6 万～8 万株。采取前重、中补、后轻的施肥原则,每 667 平方米施纯氮 17～18 千克,磷 5～6 千克,钾 13～14 千克。前、中、后期施肥量,分别为总施肥量的 65%～75%,15%～25%,10%～20%。要浅水栽插,浅水回青,浅水分蘖,够苗及时晒田,浅水出穗,干湿成熟。不要过早断水干田。要注意防治白叶枯病、细菌性条斑病和纹枯病。

**选(引)育单位** 广西壮族自治区蒙山县种子公司。

## (三十四)特优 838

**品种来源** 特 A/辐恢 838(四川省原子核应用研究所引进)。2000 年,由广西壮族自治区农作物品种审定委员会审定。

**品种特征特性** 该品种属感温型三系杂交迟熟组合。其全生育期,在桂南早造为 126 天左右,晚造为 110 天。株叶形紧凑,茎秆粗壮,叶片厚直,根系发达,耐肥抗倒,分蘖力中等。抗稻瘟病能力强,后期青枝蜡秆,熟色好,米质中等。每 667 平方米有效穗为 19 万～20 万穗,每穗总粒数为 120～132 粒,结实率为 90.0% 左右,千粒重 29～30 克。1998 年,参加广西玉林市区试,早、晚造平均每 667 平方米产量分别为 472.4 千克和 519.4 千克,分别比对照特优 63、博优 64 增产 4.4%和 6.4%。在生产中,一般每 667 平方米产量为 500~550 千克。

**品种适应性及适种地区** 适宜在桂南作早、晚造栽植,桂中作晚造推广种植。

**栽培技术要点** 适时播种,每 667 平方米播种量为 15 千克左右。秧龄,在桂南早季为 40~50 天,晚季为 18~20 天,每穴 2 苗,栽插规格为 16.5 厘米×23.5 厘米,或 16.5 厘米×20 厘米。每 667 平方米施纯氮 12.5 千克,磷肥 8.5 千克,钾肥 11.5 千克。其茎蘖肥占 70%~80%,穗肥占 20%~30%。其管水方法是:浅水返青,薄水分蘖,够苗晒田,浅水孕穗、抽穗,干干湿湿至成熟。不宜过早断水。

**选(引)育单位** 广西壮族自治区容县种子公司,平南县种子公司。

# (三十五)特优 233

**品种来源** 特 A/玉 233。2000 年,由广西壮族自治区农作物品种审定委员会审定。

**品种特征特性** 该品种属感温型三系杂交迟熟组合。其全生育期,在桂南早造为 128 天左右,晚造为 115 天。株高 108 厘米,株叶形集散适中,茎秆粗壮,叶片厚直,耐肥抗倒,分蘖力中等。每 667 平方米有效穗为 17 万穗左右,每穗总粒数为 135 粒左右,结实率在 85.0%以上,千粒重 31.1 克。经农业部稻米及制品质量监督检验测试中心检测,其糙米率为 81.6%,精米率为 73.9%,整精米率为 39.2%,长宽比值为 2.6,垩白度为 28.3%,透明度为 3 级,碱消值为 5.3 级,胶稠度为 38 毫米,直链淀粉含量为 19.0%,蛋白质含量为 10.1%。1999~2000 年,参加广西玉林市早造区试,平均每 667 平方米产量分别为 498.1 千克和 522.53 千克,比对照特优 63 增产 2.4%和 5.0%。1999 年,参加广西壮族自治区水稻新品种早造筛选试验,平均每 667 平方米产量为 566.0 千克,比对照特优 63 增产 6.8%。

**品种适应性及适种地区** 适宜在桂南作早、晚造栽植,桂中作晚造推广种植。

**栽培技术要点** 适时播种,每 667 平方米播种量为 15 千克左右。秧龄,在桂南早季为 40～50 天,晚季为 18～20 天,每穴 2 苗,栽插规格为 16.5 厘米×23.5 厘米,或 16.5 厘米×20 厘米。每 667 平方米施纯氮 12.5 千克,磷肥 8.5 千克,钾肥 11.5 千克。茎蘖肥占总施肥量的 70%～80%,穗肥占 20%～30%。管水,要浅水返青,薄水分蘖,够苗晒田,浅水孕穗、抽穗,干干湿湿至成熟。不宜过早断水。

**选(引)育单位** 广西壮族自治区玉林市农业科学研究所。

## (三十六)优Ⅰ 838

**品种来源** 优Ⅰ A/辐恢 838(四川原子核应用研究所育成)。2000 年,由广西壮族自治区农作物品种审定委员会审定。

**品种特征特性** 该品种属感温型三系杂交迟熟组合。在桂南,其早造全生育期为 126 天,晚造为 112 天。株叶形集散适中,叶片挺直,叶色淡绿,分蘖力中上,耐肥抗倒,后期青枝蜡秆,熟色好。株高 100 厘左右,每 667 平方米有效穗为 20 万穗,每穗总粒数为 145 粒左右,结实率为 85.0% 以上,千粒重 27.5 克。较抗稻瘟病和白叶枯病。经农业部稻米及制品质量监督检验测试中心分析,其糙米率为 79.9%,精米率为 72.7%,整精米率为 43.5%,长宽比值为 2.4,垩白粒率为 74%,垩白度 39.2%,透明度为 3 级,碱消值为 5.3 级,胶稠度为 46 毫米,直链淀粉含量为 21.9%,蛋白质含量为 7.3%。1998 年,参加广西壮族自治区早造水稻新品种试验,平均每 667 平方米产量为 488.8 千克,比对照汕优 99(CK1)和特优 63(CK1)分别增产 13.3% 和 5.2%。

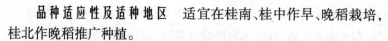

品种适应性及适种地区 适宜在桂南、桂中作早、晚稻栽培，桂北作晚稻推广种植。

栽培技术要点 适时早播、稀播和早插，培育带蘖壮秧。每667平方米播种量为10~12千克。要插（抛）足基本苗，一般每667平方米基本苗为6万~8万株。要采取前重、中补、后轻的施肥原则，每667平方米施纯氮17~18千克，磷5~6千克，钾13~14千克。前、中、后期的施肥量，分别为总施肥量的65%~75%，15%~25%，10%~20%。管水，要浅水栽插，浅水回青，浅水分蘖，够苗及时晒田，浅水出穗，干湿成熟。不要过早断水干田。要注意防治白叶枯病、细菌性条斑病和纹枯病。

选（引）育单位 广西壮族自治区钟山县种子公司。

## （三十七）中优桂99

品种来源 中9A/桂99。2000年，由广西壮族自治区农作物品种审定委员会审定。

品种特征特性 该品种属感温型三系迟熟优质杂交水稻组合。在桂中，早造全生育期为130天，晚造为110天左右。株叶形稍散，茎秆青绿色，叶片细长，分蘖力中等，株高118厘米，每667平方米有效穗为18万~20万穗，每穗总粒数为130粒左右，结实率为80%~85.0%，千粒重25.5克。米质优良，但抗倒性和抗稻瘟病能力稍差。经农业部稻米及制品质量监督检验测试中心分析，其糙米率为84.0%，精米率为71.3%，整精米率为42.9%，长宽比值为3.2，垩白度为8.2%，透明度为2级，碱消值为5.9级，胶稠度为44毫米，直链淀粉含量为19.4%，蛋白质含量为8.5%。1998年，参加广西壮族自治区北流点早稻新品种筛选试验，平均每667平方米产量为438.9千克，比对照汕优桂99增产18.3%。1998~1999年，在广西壮族自治区钟山县进行品比试验，1998年晚造平均每667平方米产量为449.5千克，比对照汕优桂99增产

3.38%;1999 年,早、晚造平均每 667 平方米产量分别为 519.2 千克 和 438.4 千克,分别比对照汕优桂 99 增产 9.3%和 13.3%。

**品种适应性及适种地区** 适宜在桂南、桂中作早、晚稻栽培,桂北作晚稻推广种植。

**栽培技术要点** 适时早播、稀播和早插,培育带蘖壮秧。每 667 平方米播种量为 10~12 千克;要插(抛)足基本苗,一般每 667 平方米基本苗 6 万~8 万株;采取前重、中补、后轻,增施磷肥的施肥原则,每 667 平方米施纯氮 17~18 千克,磷 5~6 千克,钾 13~14 千克。前、中、后期的施肥量,分别为总施肥量的 65%~75%,15%~25%,10%~20%。管水,要浅水栽插,浅水回青,浅水分蘖,够苗及时晒田,浅水出穗,干湿成熟。不要过早断水干田。要注意防治稻瘟病。

**选(引)育单位** 中国水稻研究所,广西壮族自治区钟山县种子公司。

## (三十八)中优 838

**品种来源** 中 9A/辐恢 838。2000 年,由广西壮族自治区农作物品种审定委员会审定。

**品种特征特性** 该品种属感温型三系杂交迟熟组合。在桂中,早造全生育期为 128 天,晚造全生育期为 115 天左右。株叶形稍散,茎秆粗壮呈淡青色。叶片较长,分蘖力中等,株高 110 厘米左右。每 667 平方米有效穗为 18 万~20 万穗,每穗总粒为 150 粒左右,结实率为 85.5%左右,千粒重 27.5 克,米质较优,但抗倒性和抗稻瘟病能力稍差。经农业部稻米及制品质量监督检验测试中心分析,其糙米率为 80.0%,精米率为 71.6%,整精米率为 27.0%,长宽比值为 3.1,垩白粒率为 50%,垩白度为 15.5%,透明度为 2 级,碱消值为 6.0 级,胶稠度为 37 毫米,直链淀粉含量为 22.0%,蛋白质含量为 8.2%。1999 年,参加广西壮族自治区早造区试,平均每667平方米产量为519.0千克,比对照汕优桂99增产2.9%。

**品种适应性及适种地区** 适宜在桂南、桂中作早、晚稻栽培,桂北作晚稻推广种植。

**栽培技术要点** ①适时早播、稀播和早插,培育带蘖壮秧。每667平方米播种量为10~12千克。②要插(抛)足基本苗,一般每667平方米基本苗为6万~8万株。③采取前重、中补、后轻,增施磷、钾肥的施肥原则,每667平方米施纯氮为17~18千克,磷5~6千克,钾13~14千克。前、中、后期的施肥量,分别为总施肥量的65%~75%,15%~25%,10%~20%。④浅水栽插,浅水回青,浅水分蘖,够苗及时晒田,浅水出穗,干湿成熟。不要过早断水干田。⑤注意防治稻瘟病。

**选(引)育单位** 中国水稻研究所,广西壮族自治区钟山县种子公司。

# (三十九)中优1号

**品种来源** 中9A/钟恢1号(26窄早/402R)。2000年,由广西壮族自治区农作物品种审定委员会审定。

**品种特征特性** 该品种属感温型三系杂交早熟组合。在桂中,早造全生育期为115天,晚造为97天左右。株形集散适中,茎秆淡青色,分蘖力较强,株高98厘米,每667平方米有效穗为20万~22万穗,每穗总粒数为120粒左右,结实率为80%~85%,千粒重26.0克。谷粒细长,米质优良。经农业部稻米及制品质量监督检验测试中心分析,其糙米率为82.3%,精米率为74.7%,整精米率为42.5%,长宽比值为3.4,垩白粒率为52%,垩白度为10.95%,透明度为2级,碱消值为4.8级,胶稠度82毫米,直链淀粉含量为19.5%,蛋白质含量为8.6%。1999年,参加广西壮族自治区早稻新品种筛选试验,平均每667平方米产量为437.2千克,比对照汕优4480综合减产1.7%,但在桂北灵川点,平均每667平方米产量为508.3千克,比对照优Ⅰ4480增产23.7%。同期,在钟山县进行品比试验,平均每667平方米产量为456.3千克,比对照优Ⅰ402增产12.03%。

**品种适应性及适种地区** 可在桂中、桂北作早、晚稻推广种植。

**栽培技术要点** ①适时播种。每667平方米用种量为1.5~1.6千克,浸种时间比汕A等组合长1天。②栽插密度以13厘米×20厘米为宜,每667平方米穴数不少于2万穴,穴插2~3粒种子苗。③浅水栽插,浅水回青,浅水分蘖,够苗及时晒田,浅水出穗,干湿成熟。不要过早断水干田。④注意防病治虫,尤其是防治黑粉病。

**选(引)育单位** 广西壮族自治区钟山县种子公司,中国水稻研究所。

# (四十)中优402

**品种来源** 中9A/402R。2000年,由广西壮族自治区农作物品种审定委员会审定。

**品种特征特性** 该品种属感温型三系杂交早熟组合。在桂中,早造全生育期为112天,晚造为96天。株形稍散,茎秆淡青色,叶色淡绿,分蘖力中等,株高95厘米左右。每667平方米有效穗为18万穗左右。每穗总粒数为120粒左右,结实率为85.0%左右,千粒重26.0克,谷粒细长。经农业部稻米及制品质量监督检验测试中心分析,其糙米率为80.4%,精米率为72.1%,整精米率为44.1%,长宽比值为3.2,垩白粒率为62%,垩白度为18.6%,透明度为2级,碱消值为4.6级,胶稠度为72毫米,直链淀粉含量为25.3%,蛋白质含量为8.1%。1998~1999年,在广西钟山县进行品比试验,早、晚造各6次试验,平均每667平方米产量分别为

462.6千克和448.4千克,比对照优Ⅰ402分别增产14.15%和9.25%。1999年,在鹿寨县参加早造品比试验,每667平方米产量为465.4千克,比对照优Ⅰ402减产2.3%。

**品种适应性及适种地区** 可在桂中、桂北作早、晚稻推广种植。

**栽培技术要点** ①适时播种,播种量为每667平方米1.5~1.6千克,浸种时间比汕A等组合长1天。②栽插密度以13厘米×20厘米为宜,每667平方米栽插穴数不少于2万穴,每穴插2~3粒种子苗。③浅水栽插,浅水回青,浅水分蘖,够苗及时晒田,浅水出穗,干湿成熟。不要过早断水干田。④注意防病治虫。

**选(引)育单位** 中国水稻研究所,广西壮族自治区钟山县种子公司。

# (四十一)T优207

**品种来源** T98A/207R(湖南杂交水稻研究中心育成)。2001年,由贵州省和广西壮族自治区农作物品种审定委员会审定。

**品种特征特性** 该品种属中熟三系杂交稻组合。作晚稻栽培时,全生育期为118天左右,比金优207长2天。株形较紧凑,半叶下禾。株高98厘米,每667平方米有效穗为18万~20万穗。每穗总粒数为120粒左右,比金优207多24粒,结实率为82.4%左右,千粒重26.2克。谷粒细长。抗倒能力稍差。经农业部稻米及制品质量监督检验测试中心分析,其糙米率82.3%,精米率为74.5%,整精米率为67.9%,粒长7.0毫米,长宽比值为3.3,垩白粒率为8.0%,垩白度为0.7%,透明度为1级,碱消值为6.1级,胶稠度为54毫米,直链淀粉含量为23.1%,蛋白质含量为10.4%。田间无叶瘟、穗瘟和白叶枯病,轻感纹枯病、稻飞虱和螟虫。产量比金优207增产4.5%左右。

**品种适应性及适种地区** 适宜在湖南、广西和贵州等地种

植。

**栽培技术要点**  选择适宜的播插期,秧龄为35天左右。适当增加用种量和秧田面积,培育壮秧。合理密植,栽足基本苗。科学管理肥水,重施底肥,追肥要早,注意增施磷、钾肥。后期不宜断水过早。干湿壮籽,蜡黄断水。注意防治二化螟、稻纵卷叶螟、稻飞虱和纹枯病。在稻谷85%～90%成熟时收获。

**选(引)育单位**  湖南省杂交水稻研究中心。

## (四十二)中优207

**品种来源**  中9A/207R(湖南杂交水稻研究中心育成)。2000年,广西壮族自治区农作物品种审定委员会审定。

**品种特征特性**  该品种属感温型三系杂交中熟组合。在桂中,早造全生育期为125天,晚造为113天左右。株形集散适中,茎秆青绿色,叶片厚直窄挺,分蘖力中等。株高早造为113厘米,晚造为100厘米左右。每667平方米有效穗为18万～20万穗。每穗总粒数为130粒左右,结实率为85.0%左右,千粒重26.0克。谷粒细长。抗倒能力稍差。经农业部稻米及制品质量监督检验测试中心分析,其糙米率为80.2%,精米率为71.3%,整精米率为42.6%,长宽比值为3.1,垩白粒率为53%,垩白度为13.2%,透明度为1级,碱消值为3.3级,胶稠度为71毫米,直链淀粉含量为20.9%,蛋白质含量为7.7%。1999年,参加广西壮族自治区早稻区试,平均每667平方米产量为485.7千克,比对照汕优Ⅰ4480减产8.5%,居参试种中熟组第二位。1998～1999年,在广西壮族自治区钟山县进行试验和试种示范,早、晚造平均每667平方米产量分别为511.7千克和494.3千克。

**品种适应性及适种地区**  适宜在桂中、桂北作早、晚稻推广种植。

**栽培技术要点**  适时早播、稀播和早插。培育带蘖壮秧,每

667 平方米播种量为 10 ~ 12 千克。要插（抛）足基本苗，一般每 667 平方米基本苗为 6 万 ~ 8 万株。采取前重、中补、后轻，增施磷、钾肥的施肥原则，每 667 平方米施纯氮为 17 ~ 18 千克，磷 5 ~ 6 千克，钾 13 ~ 14 千克。前、中、后期的施肥量，分别为总施肥量的 65% ~ 75%，15% ~ 25%，10% ~ 20%。管水要浅水栽插，浅水回青，浅水分蘖，够苗及时晒田，浅水出穗，干湿成熟，不要过早断水干田。注意防治稻瘟病。

**选（引）育单位**　中国水稻研究所，广西壮族自治区钟山县种子公司。

# （四十三）丰优 207

**品种来源**　丰源 A/R207。2001 年，由广西壮族自治区农作物品种审定委员会审定。

**品种特征特性**　属感温型三系杂交中熟组合。在桂中地区种植，其全生育期早季为 122 天左右，晚季为 105 天左右。株高早季为 100 厘米左右，晚季为 85 厘米左右。每穗总粒数为 130 粒，结实率为 85%，千粒重 27 克。外观品质较好。田间种植表现较抗稻瘟病。2000 年，参加广西壮族自治区水稻早季新品种筛选试验，平均每 667 平方米产量为 462.3 千克，比对照优Ⅰ4480 增产 4.0%；同期参加广西壮族自治区晚季区试，平均每 667 平方米产量为 440.12 千克，比对照汕优桂 99 增产 8.6%，增幅达显著水平。

**品种适应性及适种地区**　适宜在桂中、桂北作早、晚季推广种植。

**栽培技术要点**　适时早播、稀播和早插，培育带蘖壮秧。播种量为每 667 平方米 10 ~ 12 千克。要插（抛）足基本苗，一般每 667 平方米基本苗数为 6 万 ~ 8 万株。要采取前重、中补、后轻的施肥原则。前、中、后期的施肥量分别为总施肥量的 65% ~ 75%，15 ~ 25%，10% ~ 20%。要浅水栽插，浅水回青，浅水分蘖，够苗及时晒田,浅水出穗,干湿成熟。不要过早断水干田;注意防治白叶枯病、细菌性条斑病和纹枯病。

**选(引)育单位** 广西壮族自治区钟山县种子公司。

## (四十四)丰优桂 99

**品种来源** 丰源 A/桂 99。2001 年,由广西壮族自治区农作物品种审定委员会审定。

**品种特征特性** 属感温型三系杂交迟熟组合。在桂中地区种植,全生育期早季为 125~130 天,晚季为 115 天左右。分蘖力较强,熟色好。株高 100 厘米左右。每穗总粒数为 135 粒,结实率为 85%,千粒重 28 克。田间种植,抗稻瘟病能力较强。2000 年,参加广西壮族自治区早季水稻新品种筛选试验,平均每 667 平方米产量为 495.2 千克,比对照汕优桂 99 增产 7.0%。同期参加广西壮族自治区晚季稻区试,平均每 667 平方米产量为 415.7 千克,比对照汕优桂 99 增产 2.5%。

**品种适应性及适种地区** 适宜在桂南、桂中作早、晚季,桂北作晚季推广种植。

**栽培技术要点** 适时早播、稀播和早插,培育带蘖壮秧。播种量为每 667 平方米 10~12 千克。要插(抛)足基本苗,一般每 667 平方米基本苗数为 6 万~8 万株。采取前重、中补、后轻,增施磷、钾肥的原则施肥。前、中、后期的施肥量,分别为总施肥量的 65%~75%、15%~25%、10%~20%。管水,要浅水栽插,浅水回青,浅水分蘖,够苗及时晒田,浅水出穗,干湿成熟。不要过早断水干田。要注意防治病虫害。

**选(引)育单位** 广西壮族自治区钟山县种子公司。

## (四十五)绮优 1025

**品种来源** 绮 A/恢复系 1025。2001 年,由广西壮族自治区农作物品种审定委员会审定。

**品种特征特性** 属感温型三系迟熟杂交水稻新组合。在桂南种植,早季全生育期为130天左右,株高105~110厘米;晚季为112天左右,株高100厘米左右。分蘖力强,穗多,穗大,粒小,粒密,后期熟色好。每穗总粒数为180粒左右,结实率在85%以上,千粒重19克。经广西壮族自治区植保所进行稻瘟病鉴定,其叶瘟5级,穗瘟7级。米质较优。2000年,在南宁、北流等地进行多点生产试验和试种示范,平均每667平方米产量为465.5~559.0千克。

**品种适应性及适种地区** 适宜在桂南作早、晚季,桂中作晚稻推广种植。

**栽培技术要点** 适时早播、稀播和早插,培育带蘖壮秧。每667平方米播种量为10~12千克。要插(抛)足基本苗,一般每667平方米基本苗数为6万~8万株。采取前重、中补、后轻,增施磷、钾肥的原则施肥。其前、中、后期施肥量,分别为总施肥量的65%~75%,15%~25%,10%~20%。管水,要浅水栽插,浅水回青,浅水分蘖,够苗及时晒田,浅水出穗,干湿成熟。不要过早断水干田。要注意防治稻瘟病。

**选(引)育单位** 广西壮族自治区农业科学院水稻研究所。

## (四十六)特优128

**品种来源** 龙特浦A/R128。2001年,由广西壮族自治区农作物品种审定委员会审定。

**品种特征特性** 属感温型三系杂交迟熟组合。在桂南种植,其全生育期早季为130天左右,晚季为125天。分蘖力中等,株高110厘米左右。后期青枝蜡秆,熟色好,每穗总粒数为150粒左右,结实率为80%左右,千粒重24~27克。米质一般。田间种植,表现抗稻瘟病。1999~2000年,参加广西藤县水稻新品种比较试验,其中 1999 年早、晚季折合产量分别为每 667 平方米 568.5 千克和 492.5 千克,分别比对照特优 63、博优桂 99 增产 2.3% 和 3.5%;2000 年早、晚季折合产量分别为 470.0 千克和 423.5 千克,分别比对照特优 86、博优桂 99 减产 2.1% 和 1.3%。2000～2001 年,参加广西岑溪市早季杂交水稻新组合品比试验,平均每 667 平方米产量分别为 575.3 千克和 561.5 千克,分别比对照特优 63 增产 8.7% 和 15.3%。

**品种适应性及适种地区** 适宜在桂南作早、晚季,桂中作晚季和中季种植。

**栽培技术要点** 适时早播、稀播和早插,培育带蘖壮秧。每 667 平方米播种量为 10～12 千克。要插(抛)足基本苗,一般每 667 平方米基本苗为 6 万～8 万苗。采取前重、中补、后轻,增施磷、钾肥的原则施肥。前、中、后期的施肥量,分别为 65%～75%,15%～25%,10%～20%。管水,要浅水栽插,浅水回青,浅水分蘖,够苗及时晒田,浅水出穗,干湿成熟。不要过早断水干田。注意防治病虫害。

**选(引)育单位** 广西壮族自治区藤县种子公司。

## (四十七)中优 66

**品种来源** 中 9A/66。2001 年,由广西壮族自治区农作物品种审定委员会审定。

**品种特征特性** 属感温型三系杂交早熟组合。在桂北种植,其全生育期早季为 102 天左右,晚季为 87 天左右。分蘖力中等,耐肥抗倒性稍差。株高 93 厘米左右,每穗总粒数为 100～120 粒,结实率为 80% 左右,千粒重 23～25 克。米粒外观品质较优,田间种植表现较抗白叶枯病,但抗稻瘟病能力较弱。一般每 667 平方米产量为 440～480 千克。

**品种适应性及适种地区** 适宜在桂北非稻瘟病区作早季稻推

广种植。

**栽培技术要点** ①适时播种,稀播育壮秧。一般3月下旬播种,旱床育秧,秧龄30天左右。每667平方米播种15千克左右。②合理密植,每667平方米插足基本苗8万~9万苗。③重施基肥,合理追肥。应以基肥为主,追肥为辅,后期一般不宜追肥。④科学用水,搞好水浆管理。前期浅水勤灌,中期够苗晒田,齐穗后干干湿湿,以利于壮籽。成熟前不宜断水过早。⑤注意防治稻瘟病、稻纵卷叶螟、钻心虫和稻飞虱。

**选(引)育单位** 广西壮族自治区钟山县种子公司。

# (四十八)金优404

**品种来源** 金23A/R404。2001年,由广西壮族自治区农作物品种审定委员会审定。

**品种特征特性** 属感温型三系杂交早熟组合。在桂北早季种植,全生育期为108天左右,分蘖力较强,株高88厘米,每穗总粒数为110粒左右,结实率约为81%,千粒重25~26克。田间种植,表现较抗稻瘟病和白叶枯病。米粒外观品质较好。一般产量为每667平方米450~500千克。

**品种适应性及适种地区** 适宜在桂中、桂北作早季推广种植。

**栽培技术要点** ①适时播种,稀播育壮秧。一般3月下旬播种,旱床育秧,秧龄30天左右,播种量为每667平方米15千克左右。②合理密植,每667平方米插足基本苗8万~9万株。③重施基肥,合理追肥。应以基肥为主,追肥为辅。在后期,一般不宜追肥。④科学用水,搞好水浆管理。前期浅水勤灌,中期够苗晒田,齐穗后干干湿湿,以利于壮籽。成熟前不宜断水过早。⑤注意防治稻纵卷叶螟、钻心虫和稻飞虱。

**选(引)育单位** 广西壮族自治区桂林地区种子公司。

## （四十九）威优974

**品种来源**　V20A/974。2001年,由广西壮族自治区农作物品种审定委员会审定。

**品种特征特性**　属感温型三系杂交早熟组合。在桂北作早季种植,全生育期为105～108天。分蘖力较强,株高约93厘米。每穗总粒数为100～120粒,结实率约78.6%,千粒重28～29克。田间种植,表现较抗稻瘟病和白叶枯病。米粒外观品质较好。一般产量为每667平方米440～500千克。

**品种适应性及适种地区**　适宜在桂北中等以上肥力田作早季稻推广种植。

**栽培技术要点**　①适时播种,稀播育壮秧。一般3月下旬播种,旱床育秧,秧龄30天左右,每667平方米播种15千克左右。②合理密植,每667平方米插足基本苗8万～9万株。③重施基肥,合理追肥。应以基肥为主,追肥为辅。在后期,一般不宜追肥。④科学用水,搞好水浆管理。前期浅水勤灌,中期够苗晒田,齐穗后干干湿湿,以利于壮籽。成熟前不宜断水过早。⑤注意防治稻纵卷叶螟和稻飞虱。

**选(引)育单位**　湖南省衡阳市农业科学研究所。

## （五十）博优781

**品种来源**　博A/781配组而成。2001年,由广西壮族自治区农作物品种审定委员会审定。

**品种特征特性**　属感光型三系杂交晚稻组合。在桂南作晚季种植,全生育期为125天。株高110～118厘米,分蘖力较强,后期熟色好,青枝蜡秆,但主蘖穗整齐度稍差。每穗总粒数为130～140粒,结实率为80%～85%,千粒重24克。田间种植,表现抗性较好。1999～2000年,在钦州北部地区及藤县、桂平等地进行晚季试种示范,一般每 667 平方米产量为 450~500 千克。

**品种适应性及适种地区** 适宜在桂南稻作区作晚季推广种植。

**栽培技术要点** 适时早播和早插。广东中部,应在 7 月上旬播种。进行稀播,培育带蘖壮秧。每 667 平方米播种量为 10~12 千克。要插(抛)足基本苗,一般每 667 平方米基本苗为 6 万~8 万株。采取前重、中补、后轻的原则施肥。该组合耐肥抗倒,需肥量大,每 667 平方米施纯氮为 17~18 千克,磷 5~6 千克,钾 13~14 千克。前、中、后期的施肥量,分别为总施肥量的 65%~75%,15%~25%,10%~20%。要科学管水,做到浅水栽插,浅水回青,浅水分蘖,够苗及时晒田,浅水出穗,干湿成熟。不要过早断水干田。注意防治病虫害。

**选(引)育单位** 广西壮族自治区种子公司。

# (五十一)华优 8830

**品种来源** Y 华农 A/8830。2001 年由广西壮族自治区农作物品种审定委员会审定;2002 年,又经广东省农作物品种审定委员会审定。

**品种特征特性** 属三系杂交早籼中熟组合。苗期较耐寒,早生快发,分蘖力强,叶片翠绿,株形适中。熟色良好,不易落粒,有效穗多,结实率高,丰产性较好。株高 95~100 厘米,每 667 平方米有效穗为 20 万穗。穗长 23 厘米左右,每穗着 130~140 粒,结实率为 80%~90%,千粒重 23 克左右。米质较优良,高抗稻瘟病,对中 A、中 B、中 C 群及全群抗性频率均为 100%,在田间监测、生产示范及大面积种植中,均极少发病。据农业部稻米及制品质量监督检验测试中心分析结果,其精米率为 73.7%,整精米率为 68.4%,碱消值为 6.7 级,直链淀粉含量为 19.1%,蛋白质含量为 10.7%,这五项指标,达部颁优质米一级标准。糙米率为 80.0%,

粒长 6.2 毫米,长宽比值为 2.7,垩白度为 1.5%,透明度为 2 级。这 5 项指标达部颁优质米二级标准。垩白粒率为 20%,胶稠度为 38 毫米。这两项指标未能达到优质米标准。1996 年,参加广东省早季杂交水稻新组合中熟组区试,12 个试点平均每 667 平方米产量为 466.9 千克,分别比对照组合华优 4480 和汕优 96 增产 0.7% 和 2.1%,增幅均不显著。2001 年,参加广西桂南稻区早稻中熟组区试,7 个试点平均每 667 平方米产量为 500.7 千克,比对照品种粤香占早熟 6 天,增产 5.3%,达极显著水平。

**品种适应性及适种地区** 适宜在广东粤北和粤中北、广西桂北和桂中作早、晚季种植,南方籼稻区适种汕优 64 的地方可引进试种。

**栽培技术要点** 华优 8830 是产量、米质、抗性结合得较好的新组合,但其茎秆较细软,抗倒力较弱,高感白叶枯病,在栽培上应加以注意。①适时播种,及时移植。在两广地区,早季于 3 月上中旬播种,5.5 叶龄前后移植;晚季应安排在安全抽穗期前齐穗,一般 7 月上中旬播种,18 天左右秧期移植。②稀播匀播,培育壮秧,秧田要施足基肥,稀播匀播培育带蘖壮秧。播种量应控制在每 667 平方米 10 千克。③合理密植,插足苗数。华优 8830 分蘖力强,株型适中,可容纳较多穗数,每 667 平方米插 2 万穴左右,双本插,争取每 667 平方米有效穗超过 20 万穗。④重施基肥,早施蘖肥。华优 8830 全生育期较短,本田施肥时应把 80% 左右的施肥量用作基肥和前期分蘖肥,促进栽后早生快发,在较多穗数的基础上,争取穗大粒多。⑤合理排灌,科学用水。本田期的水分管理,应以"浅水插秧,寸水回青,薄水分蘖,够苗晒田,浅水出穗,干湿成熟"为原则。抑制无效分蘖,提高茎秆强度,防止倒伏。后期不宜过早断水,以提高结实率和充实度。⑥防治病虫,确保丰收。在常年白叶枯病发病较多的地区,遇风、涝灾害时要及时施药,防治白叶枯病。

选（引）育单位　华南农业大学农学院。

## （五十二）特优航1号

**品种来源**　龙特浦 A/恢复系航1号。2002年,由福建省农作物品种审定委员会审定。

**品种特征特性**　属三系杂交中、晚稻组合。2000～2001年参加福建省晚杂优质组区试,产量分别比对照的高产组合"汕优63"增长9.7%和9.6%,两年的单产和日产均居参试组合之首,增产能力达到极显著水平。米质优,抗瘟性强,经农业部稻米及制品质量监督检验测试中心检测,6项指标达优质米一级标准,3项指标达优质米二级标准。

**品种适应性及适种地区**　适宜在福建南部作早稻种植,其它地区作中稻或晚稻种植。

**栽培技术要点**　①适期播种,培育分蘖壮秧,作连晚的播种期与汕优63相当,秧龄一般不超过35天。②合理密植,控制基本苗。一般每667平方米播1.8万～2万穴,基本苗数为4万～5万苗。③科学施肥,合理灌溉,早施分蘖肥,巧施穗肥和粒肥。浅水移栽,寸水活棵,薄水分蘖,够苗晒田,后期干干湿湿。不可断水过早。④病虫防治:无须防稻瘟病,但要及时防治螟虫、稻蓟马和纹枯病。

选（引）育单位　福建省农业科学院。

## （五十三）T优7889

**品种来源**　T78A/早恢89。2001年,由福建省农作物品种审定委员会审定。

**品种特征特性**　属三系杂交早籼组合。在福建作早稻种植,全生育期为129天左右,比威优77长1～2天。株高95厘米,株形紧凑,叶片挺直,茎秆弹性好,抗倒力强,后期转色佳。一般每667

平方米的有效穗为 22 万穗,穗长 21～22 厘米,平均为穗粒数为 115 粒,结实率为 80%,千粒重 25 克。经米质检测,其糙米率为 80.9%,精米率为 73.0%,整精米率为 58.2%,粒长 6.1 毫米,长宽比值为 2.7,垩白度为 3.8%,透明度为 2 级,碱消值为 5.8 级,胶稠度为 50 毫米,直链淀粉含量为 21.0%,蛋白质含量为 10.6%,适口性好。中感稻瘟病。1999～2000 年,参加福建省区试,平均每 667 平方米产量分别为 437.4 千克和 458.6 千克,比对照 T 优 8130 分别增产 7.12% 和 8.61%。

**品种适应性及适种地区** 适宜在闽东南及闽西北平原稻瘟病轻发区作早稻种植。

**栽培技术要点** 适时稀播,培育壮秧,秧龄为 25～28 天。合理密植,插足基本苗。T 优 7889 分蘖力一般,应适当密植。科学管理肥水。T 优 7889 较耐肥,应施足基肥,早施分蘖肥。浅水促蘖,适时烤田,控制无效分蘖,增强根系活力,提高分蘖成穗率。

**选(引)育单位** 福建农林大学,福建省种子总站。

## (五十四)新香优 80

**品种来源** 新香 A/R80。1997 年,由湖南省农作物品种审定委员会审定;2001 年,又经福建省农作物品种审定委员会审定。

**品种特征特性** 属三系早籼杂交水稻。株高 95 厘米左右。穗长 20.1 厘米,平均每穗总粒数为 128 粒,结实率为 84%,千粒重 27 克。其糙米率为 82.48%,精米率为 74.23%,整精米率为 58.68%,垩白粒率为 33%,直链淀粉含量为 21.15%,糊化温度为 6 级,粒长 6.4 毫米,长宽比值为 2.9,胶稠度为 30 毫米,蛋白质含量为 8.72%。1999～2000 年,参加湖南省区试,平均每 667 平方米产量分别为 437.4 千克和 464.5 千克,比对照 T 优 8130 分别增产 7.66% 和 10.02%,丰产性好。作早稻种植,全生育期为 128 天,比对照迟熟 2 天左右。米质较优,米饭有香味。抗稻瘟病、中抗白叶枯病;感纹枯病。

**品种适应性及适种地区** 适宜在长江流域作早稻种植。

**栽培技术要点** 适时稀播,培育壮秧,秧龄为 25~28 天。合理密植,插足基本苗。科学管理肥水。重施基肥,以基肥为主,追肥为辅,氮、磷、钾肥配比为 1:0.5:0.8;早追肥,促分蘖,浅水促蘖,适时烤田,控制无效分蘖,增强根系活力,提高分蘖成穗率。后期及时防治病虫害。

**选(引)育单位** 湖南农业大学水稻研究所。

# (五十五)特优 73

**品种来源** 龙特普 A/明恢 73。2001 年,由福建省农作物品种审定委员会审定。

**品种特征特性** 属三系杂交晚稻组合。作中稻种植,其全生育期为 144 天,比对照汕优 63 迟熟 3 天。感稻瘟病。株高 124 厘米左右,穗长 24.1 厘米,每 667 平方米有效穗为 18.3 万穗,平均每穗粒数为 152.5 粒,结实率为 72.3%,千粒重 27.8 克。其糙米率为 80.9%,精米率为 73.3%,整精米率为 54.3%,垩白粒率为 84.5%,垩白度为 22.1%,透明度为 2 级,直链淀粉含量为 21.3%,糊化温度为 7.0 级,粒长 6.3 毫米,长宽比值为 2.5,胶稠度为 34 毫米,蛋白质含量为 8.9%。中抗稻瘟病。1999~2000 年,参加福建省区试,平均每 667 平方米产量分别为 533.8 千克和 493.4 千克,比对照汕优 63 分别增产 7.01%和减产 4.26 %。

**品种适应性及适种地区** 适宜在福建省稻瘟病轻发区作中稻种植,在闽南地区作双季晚稻种植。

**栽培技术要点** 协调穗、粒结构,在足穗、大穗的前提下,努力提高结实率和千粒重。该组合分蘖力中等,应培育多蘖壮秧,插足基本苗。施肥应采用攻头、促中、保尾的施肥方法,氮、磷、钾肥相配合。栽培时应防止倒伏。水管上做到够苗烤田,促进强根壮秆,

并注意防治稻瘟病。

**选(引)育单位** 福建省三明市农业科学研究所。

## (五十六)D优162

**品种来源** D汕A/蜀恢162(从四川引进)。2000年,由广西壮族自治区农作物品种审定委员会审定。

**品种特征特性** 属感温型三系杂交中熟组合。在桂中作早造,其全生育期为122天,晚造为110天左右。株叶形好,茎秆粗壮,分蘖力强,早造株高100~105厘米,晚造株高95~100厘米。每667平方米有效穗为18万~20万穗,每穗总粒数为100~120粒,结实率为80.0%左右,千粒重26.5~27.5克。抗稻瘟病能力中等。1998~1999年,参加广西壮族自治区贺州市早造品比试验,平均每667平方米产量分别为502.4千克和483.4千克,分别比对照汕优77(1998年)、汕优36辐(1999年)增产13.3%和7.9%。同期进行生产试验和试种示范,平均每667平方米产量分别为495.6千克和479.3千克,均比当地主栽组合汕优77和汕优36辐增产,增产幅度为8.2%~10.6%。

**品种适应性及适种地区** 适宜在南方各稻区推广种植。

**栽培技术要点** ①适时播种,稀播育壮秧。D优162在四川一般于4月6~19日播种,每公顷用种量为18~22.5千克,每公顷秧田播种量为150~180千克,分厢过称匀播,三叶期移密补稀。②适时移栽,合理密植,插足基本苗。秧龄控制在45天以内。栽插密度为17厘米×21厘米,或12厘米×21厘米,或宽窄行,每穴1~2粒谷苗。③巧施肥。大田以基肥为主,追肥为辅;有机肥为主,化肥为辅;增施磷、钾肥。④加强田间管理,D优162抗稻瘟病能力强,但要注意防治虫害和纹枯病。

**选(引)育单位** 广西壮族自治区贺州市种子公司。

## (五十七)金两优 36

**品种来源** HS－3/946。2000 年,由福建省农作物品种审定委员会审定。

**品种特征特性** 属两系杂交稻。作中稻栽培,株高 125～130 厘米;作晚稻栽培,株高 115～120 厘米,比汕优 63 高 7～8 厘米。该组合株形集散适中,茎秆坚挺。叶片硬直,叶色清秀。较抗倒伏,分蘖力中等,后期转色好。主要经济性状与汕优 63 相当,但穗粒数较多,作中稻比汕优 63 每穗多 27 粒,作晚稻每穗多 17 粒。该组合精米透明,垩白少,精米率为 67.75%,长宽比值为 2.24,主要外观品质与汕优 63 相当。叶瘟、穗颈瘟及室内接菌抗性指数分别为 67.8%,74.4% 和 28.6%,皆优于汕优 63。1997 年,在福建建阳小区试验中,每 667 平方米产量为 506.7 千克,比汕优 63 增产 6.8%。1998 年,参加福建省中稻区试,平均每 667 平方米产量为 511.3 千克,居于参试组合第一位,比汕优 63 增产 11.2%。同年进行晚稻区试,比汕优 63 增产 1.1%。1998 年在广东揭阳"863"联试中,作早稻种植,每 667 平方米产量为 640.2 千克,比汕优 63 增产 1.6%;作晚稻种植,每 667 平方米产量为 580 千克,比汕优 63 增产 12.62%。

**品种适应性及适种地区** 适宜在福建、广东和广西作早、晚稻种植。

**栽培技术要点** ①适时播种。在福建作中稻栽培,播种期在 4 月中旬至 5 月初,稀播育壮秧,秧龄为 30～35 天,不宜超过 40 天。作双晚栽培,播种期在 6 月中旬(闽北)至下旬(闽南),秧龄以 25 天为宜。②肥水管理,下足基肥促早发,以提高成穗率,基肥占 60%～70%,分蘖肥占 20%～30%,穗肥占 10% 左右;浅水分蘖,够苗晒田,后期干湿交替,以干为主,但不宜断水过早,以免影响灌浆。

**选(引)育单位** 福建农林大学水稻遗传育种研究室。

# (五十八)优优8821

**品种来源** 优ⅠA/R8821。2000年,通过国家农作物品种审定委员会审定。

**品种特征特性** 属三系杂交籼稻组合,株高100厘米,株形较紧凑,功能叶比汕优63短、直、挺、厚。茎秆粗壮,耐肥抗倒,后期熟色好。穗长21.1厘米,每穗总粒数为127.6粒,结实率为80.7%,千粒重27.4克。整精米率为43.3%,垩白度为11%,直链淀粉含量为20.9%。在华南作早稻,全生育期为125天,作晚稻,全生育期为110天。穗大粒重,高产稳产,米质中等。感稻瘟病和白叶枯病。1997年,参加国家华南早籼组区试,平均每667平方米产量为443.7千克,分别比对照七山占(CK1)和汕优桂99(CK2)增产10.3%和7.3%。1998年续试,平均每667平方米产量为459.87千克,分别比对照七山占和汕优桂99增产18.5%和14.43%。1999年参加华南早籼组生产试验,平均每667平方米产量为509.17千克,分别比对照七山占和汕优桂99增产11.54%和12.60%。

**品种适应性及适种地区** 适宜在海南、广东、广西中南部以及福建省南部种植。

**栽培技术要点** 每667平方米秧田播种量为10~12.5千克。作早稻,秧龄为30天左右;作晚稻,秧龄为16~18天。一般每667平方米插2万穴,基本苗为4.5万~5.5万株。施足基肥,早施、重施分蘖肥,后期看苗补施穗肥。田间管理:浅水移栽,寸水活棵,薄水分蘖,够苗晒田。病虫防治:晚造秧苗期注意防治稻瘿蚊,分蘖成穗期防治螟虫、纵卷叶螟和稻飞虱。

**选(引)育单位** 广东省肇庆市农业科学研究所。

# (五十九)优优 128

**品种来源** 优 I A/广恢 128。1999 年,由广东省农作物品种审定委员会审定;同年通过国家农作物品种审定委员会审定。

**品种特征特性** 该品种为三系早籼迟熟杂交稻组合。作早稻,全生育期为 128～134 天;作晚稻,全生育期为 115～120 天。株高 105～110 厘米。分蘖力中等,生长旺盛。叶窄直上举,叶色淡绿。茎秆粗壮,耐肥抗倒。每 667 平方米有效穗为 16 万～20 万穗。每穗有 140～150 粒,结实率为 80%以上,千粒重 24～25 克,粒长 6.2 毫米,长宽比值为 2.6。垩白粒率为 46%,垩白度为 12.9%,透明度为 3 级,碱消值为 4.9 级,胶稠度为 68 毫米,直链淀粉含量为 24.5%。高抗稻瘟病,中抗白叶枯病,不抗稻飞虱。1997 年,参加国家华南早籼组区试,平均每 667 平方米产量为 501.47 千克,分别比对照七山占(CK1)和汕优桂 99(CK2)增产 24.6%和 21.3%。1998 年续试,平均每 667 平方米产量为 465.31 千克,分别比对照七山占和汕优桂 99 增产 19.9%和 15.8%。1998 年,参加华南早籼组生产试验,平均每 667 平方米产量为 423.9 千克,分别比对照七山占和汕优桂 99 增产 13.3%和 20.8%。

**品种适应性及适种地区** 适宜在广东、广西中南部、海南以及福建南部种植。

**栽培技术要点** ①稀播匀播,培育分蘖壮秧。每 667 平方米播种量以 10～12.5 千克为宜。②秧龄,早造以 30 天为宜,晚造以 18～20 天为好。③合理密植。每 667 平方米插 1.8 万～2 万穴,基本苗为 4 万～5 万株。④施肥运筹:早施重施分蘖肥,促进早生快发;后期看苗补施穗肥。⑤田间管理:浅水移栽,寸水活棵,薄水分蘖,够苗晒田。⑥病虫防治:无须防稻瘟病,但要及时防治螟虫、纵卷叶螟和稻飞虱。

**选(引)育单位** 广东省农业科学院水稻研究所。

# (六十) Ⅱ优 128

**品种来源** Ⅱ – 32A/广恢 128。1998 年,由广东省农作物品种审定委员会审定;1999 年,又经海南省、国家农作物品种审定委员会审定。

**品种特征特性** 该品种属迟熟感温型杂交稻组合。作早稻,全生育期为 137 天左右;作晚稻,全生育期为 120 天左右。株高 100～105 厘米。株形紧凑,茎秆粗壮,耐肥抗倒,后期耐寒性强。每 667 平方米有效穗为 16.3 万穗,每穗 140～150 粒,结实率为 85%左右,千粒重 25～26 克。其糙米率为 80.9%,精米率为 74.4%,整精米率为 67.8%,垩白粒率为 40%,垩白度为 5%,透明度为 2 级,胶稠度为 32 毫米,直链淀粉含量为 24%。中感稻瘟病,不抗稻飞虱。1997 年,参加国家华南晚籼组区试,平均每 667 平方米产量为 360.25 千克,分别比对照粳籼 89 和博优桂 99 增产 11.9%和 15.3%;1998 年续试,平均每 667 平方米产量为 488.13 千克,分别比对照粳籼 89 和博优桂 99 增产 15.3%和 10.2%。1998 年,参加国家华南晚籼组生产试验,平均每 667 平方米产量为 511.37 千克,分别比对照粳籼 89 和博优桂 99 增产 19.9%和 9.2%,居于第一位,表现丰产稳产,适应性广。

**品种适应性及适种地区** 适宜在广东、广西中南部、海南以及福建省南部作早、晚造种植。

**栽培技术要点** ①播种量:每 667 平方米的播种量为 10～12.5 千克。②秧龄,早造以 30 天为宜,晚造以 18～20 天为好。③基本苗:每 667 平方米插 1.8 万～2 万穴,基本苗数为 4 万苗左右。抛秧栽培,每 667 平方米不少于 1.8 万棵,基本苗为 4 万～5 万株。④施肥:施足基肥,早施重施分蘖肥,促进早生快发;后期看苗补施穗肥。⑤管水:浅水移栽,寸水活棵,薄水分蘖,够苗晒田。⑥病虫防治:苗期防治稻蓟马,分蘖成穗期防治螟虫、纵卷叶螟和稻飞虱。

选(引)育单位 广东省农业科学院水稻研究所。

## (六十一)优优 389

优优 389,原名优 I 389。

**品种来源** 优 I A/R389。1999 年,通过国家农作物品种审定委员会审定。

**品种特征特性** 该品种系三系杂交稻组合,全生育期为 123 天左右,株高 93~110 厘米。分蘖力较弱,叶色青秀,茎秆粗壮,抗倒力强,后期耐冷性强,熟色好,结实率高,充实度好。每 667 平方米有效穗为 15 万~18 万穗,成穗率为 65%~72%,每穗总粒数为 115~142 粒,结实率为 80%~90%,千粒重 25~26 克。作晚稻种植,米粒腹白小,透明度好。稻穗瘟 3 级,白叶枯病 5 级。1996~1997 年,参加全国籼型杂交晚稻三系早中熟组区试,其中 1996 年平均每 667 平方米产量为 459.91 千克,比对照汕优 46 增产5.44%。1998 年,进行生产试验,平均每 667 平方米产量为 420.36千克,比对照汕优 46 增产 2.7%。

**品种适应性及适种地区** 适宜在长江流域南部双季稻区作晚稻种植。

**栽培技术要点** ①培育分蘖壮秧。②适当增加基本苗,早管促早发。③增施磷、钾肥,中后期控制氮肥用量。④在稻瘟病区种植时,应注意稻瘟病的防治。

选(引)育单位 广东省湛江市杂优种子联合公司。

## (六十二)特优 18

**品种来源** 龙特浦 A/玉 18。1997 年,由广西壮族自治区农作物品种审定委员会审定;1999 年,通过国家农作物品种审定委员会审定。

**品种特征特性** 该组合属感温型早籼迟熟组合。在玉林地区种植,全生育期为128~130天,比特优63早熟1~2天。株高106厘米。株形紧凑,茎秆粗壮,耐肥抗倒,叶片细长厚直,分蘖力中等,繁茂性好。苗期耐寒,后期青枝蜡秆熟色好。穗大粒多粒密,结实率高。1997~1998年,参加全国南方稻区华南早籼组区试,每667平方米有效穗为18.6万穗。穗长22.5厘米,每穗总粒数为128.9粒,结实率为74%,千粒重28.1克。糙米率为80.2%,精米率为71.6%,整精米率为32.2%,粒长6.7毫米,长宽比值为2.6,垩白粒率为96%,垩白度为17.3%,透明度为3级,糊化温度为3.9级,胶稠度为40毫米,直链淀粉含量为19.3%。米质中等,饭软可口。叶瘟5~7级,白叶枯病9级,稻飞虱5~7级。该组合大田种植,表现苗期耐寒,后期熟色好。1997~1998年,参加全国南方稻区早籼组区试,平均每667平方米产量分别为475.68千克和490.66千克,与对照七山占(CK1)、汕优桂99(CK2)相比较,增产均达极显著水平。1998年,参加生产试验,平均每667平方米产量为412.8千克,比对照七山占、汕优桂99显著增产。

**品种适应性及适种地区** 适宜在广东、广西中南部、海南和福建南部稻瘟病轻发区种植。

**栽培技术要点** ①适时播种,培育多蘖壮秧。早造于3月上旬,晚造于7月上旬播种,每667平方米秧田播种量为10~12.5千克,早造秧龄为25~30天,晚造20~25天。②合理密植,插足基本苗数。插植规格为23厘米×23厘米,双本插植,每667平方米插基本苗8万~10万株。③肥水管理:本田施肥,采取前重、中稳、后补的方法,每667平方米施纯氮12.5~15千克,氮、磷、钾肥按1:0.7:1比例配合施用。注意增施有机肥。水分管理采取以下方法实施:浅水回青,分蘖中期露、晒田,抽穗灌水,齐穗后干湿交替到黄熟。④加强病虫害的综合防治工作。

**选(引)育单位** 广西壮族自治区玉林市农业科学研究所。

## (六十三)特优175

**品种来源** 龙特浦 A/R175。2000 年,由福建省农作物品种审定委员会审定。

**品种特征特性** 该组合属三系杂交晚籼组合。在南平市作双晚种植,全生育期为 126~130 天,比汕优 63 迟熟 1~2 天。株高 106~110 厘米。株形紧凑,茎秆粗壮,耐肥抗倒,叶片细长厚直,分蘖力中等,繁茂性好。苗期耐寒,后期青枝蜡秆熟色好。穗大粒多粒密,结实率高。每 667 平方米有效穗为 17 万穗,穗长 23.5 厘米,每穗总粒数为 147.7 粒,结实率为 85.7%,千粒重 28 克。其糙米率为 80.6%,精米率为 72.4%,整精米率为 56.7%,粒长 6.7 毫米,长宽比值为 2.6,垩白粒率为 91%,垩白度为 29.3%,透明度为 3级,糊化温度为 6.3 级,胶稠度为 74.2 毫米,直链淀粉含量为 22.4%。中抗稻瘟病。

1998~1999 年,该品种参加福建省晚杂区试,平均每 667 平方米产量分别为 496.7 千克和 411.3 千克,比对照汕优 63 分别增产 8.61% 和 5.81%,增产均达极显著水平。

**品种适应性及适种地区** 适宜在广东、广西中南部、海南和福建南部稻瘟病轻发区种植。

**栽培技术要点** ①适时播种,培育多蘖壮秧。秧龄在 30 天以内。②合理密植,插足基本苗数。插植规格为 23 厘米×23 厘米,双本插植,每 667 平方米插基本苗 8 万~10 万。③肥水管理:本田施肥,采取前重、中稳、后补的方法,每 667 平方米施纯氮 12.5~15千克,氮、磷、钾肥按 1:0.7:1 比例配合施用。注意增施有机肥。水分管理:浅水回青,分蘖中期露、晒田,抽穗灌水,齐穗后干湿交替到黄熟。④加强病虫害的综合防治工作。

**选(引)育单位** 福建省农业科学院稻麦研究所,福建省南平市农业科学研究所。

## (六十四)两优 2186

**品种来源** SE21S/明恢 86。2000 年,由福建省农作物品种审定委员会审定。

**品种特征特性** 该组合属两系籼型杂交稻组合。在福建作双晚稻种植,全生育期为 122.4 天,比汕优 63 早熟 2.3 天。作中稻种植,全生育期为 132～136 天,比汕优 63 早熟 5～7 天。株高 106～126 厘米。株形紧凑,茎秆粗壮,耐肥抗倒,分蘖力中等,苗期耐寒,后期青枝蜡秆熟色好。穗长 24.3 厘米,每穗总粒数为 135 粒,结实率为 96%,千粒重 29.8 克。其糙米率为 82.3%,精米率为 75.0%,整精米率为 58.7%,粒长 10.0 毫米,长宽比值为 3.0,直链淀粉含量为 17.4%。其余指标达优质米二级标准。中抗稻瘟病。1998～1999 年,参加福建省晚杂区试,比对照汕优 63 平均增产 5.85%。

**品种适应性及适种地区** 适宜在广东、广西中南部、海南和福建南部稻瘟病轻发区作早稻种植,在长江中下游地区作中晚稻栽培。

**栽培技术要点** ①适时播种,培育多蘖壮秧,秧龄在 30 天以内。②合理密植,插足基本苗数。③本田施肥,采取前重、中稳、后补的方法,每 667 平方米施纯氮 12.5～15 千克,氮、磷、钾肥按 1:0.6:0.6 比例配合施用。注意增施有机肥。采取浅水回青,分蘖中期露、晒田,抽穗灌水,齐穗后干湿交替到黄熟的方法,进行水分管理。④加强病虫害的综合防治工作。

**选(引)育单位** 福建省农业科学院稻麦研究所,福建省南平市农业科学研究所。

## (六十五)博Ⅱ优 15

**品种来源** 博ⅡA/HR15。2001 年,由广东省农作物品种审定

委员会审定;2003 年,通过国家农作物品种审定委员会审定。

**品种特征特性** 该组合属弱感光型三系杂交水稻组合。在华南作晚稻种植,全生育期平均为 117 天,与对照博优 903 基本相同。株高 107.9 厘米,茎秆粗壮,耐肥抗倒,每 667 平方米有效穗为 17.1 万穗。穗形较大,穗长 22.1 厘米,平均每穗总粒数为148.4 粒,结实率为 84.8%,千粒重 23 克。抗性:叶瘟 5 级,穗瘟 3级,穗瘟损失率为 23.7%,白叶枯病 6 级,褐飞虱 6 级。米质主要指标:整精米率 66.2%,长宽比值为 2.6,垩白粒率为 44%,垩白度 5.9%,胶稠度为 44 毫米,直链淀粉含量为 24.6%。2000 年,参加华南晚籼组区试,平均每 667 平方米产量为 513.06 千克,分别比对照博优 903(CK1)、粳籼 89(CK2)增产 9.96% 和 8.82%,达极显著水平。2001 年续试,平均每 667 平方米产量为 513.57 千克,比对照博优 903 增产 17.29%,达极显著水平。2001 年,参加生产试验,平均每 667 平方米产量为 458.89 千克,比对照博优 903 增产 7.63%,表现出较好的丰产性和稳产性。

**品种适应性及适种地区** 博Ⅱ优 5 这一水稻优良品种,适宜在广东和广西的中南部、福建南部及海南白叶枯病轻发地区,作为双季晚稻种植。

**栽培技术要点** ①适当早播。②培育壮秧,施足基肥,施好中期肥,后期看苗适量补施。③适时露田晒田,后期不宜断水过早,以免影响结实率和充实度。

**选(引)育单位** 湛江海洋大学杂交水稻研究室。

# (六十六)秋优 1025

**品种来源** 秋 A/1025。2000 年,由广西壮族自治区农作物品种审定委员会审定;2003 年,通过国家农作物品种审定委员会审定。

**品种特征特性** 该品种属感光型晚籼三系杂交水稻组合。全生育期平均为 119 天,比对照博优 903 迟熟 3 天。株高 107.5 厘米,分蘖力强,株形集散适中,叶片直立不披垂,繁茂性好。后期耐寒,转色好,易落粒。每 667 平方米有效穗为 19.9 万穗。穗长 21.8 厘米,平均每穗总粒数为 157 粒,结实率为 77.3%,千粒重 19 克。抗性:叶瘟 3 级,穗瘟 2 级,穗瘟损失率为 5.2%,白叶枯病 9 级,褐飞虱 9 级。米质主要指标:整精米率为 63.5%,长宽比值为 3.2,垩白粒率为 24.5%,垩白度为 4.6%,胶稠度为 36.5 毫米,直链淀粉含量为 21.3%,米质较优。2000 年,参加华南晚籼组区试,平均每 667 平方米产量为 467.97 千克,比对照博优 903(CK1)增产 0.3%,比粳籼 89(CK2)减产 0.7%。2001 年续试,平均每 667 平方米产量为 492.29 千克,比对照博优 903 增产 12.43%,达极显著水平。2001 年,参加生产试验,平均每 667 平方米产量为 427.38 千克,比对照博优 903 增产 0.24%。

**品种适应性及适种地区**　适宜在广东和广西中南部、福建南部及海南白叶枯病轻发地区作双季晚稻种植。

**栽培技术要点**　①适时早播。7 月初播种,注意培育多蘖壮秧苗,宜采用旱育稀植和旱育秧小苗抛栽技术,每 667 平方米大田用种量为 1.0 千克。②插足基本苗。每 667 平方米大田插 2 万~2.5 万穴。如果采取抛秧,每 667 平方米大田应不少于 50 盘秧。③施足基肥,早施分蘖肥。每 667 平方米基肥用量为:400~500 千克农家肥,25 千克碳铵,25 千克磷肥,7~8 千克钾肥。插后 5 天施回青肥,每 667 平方米施尿素 7~8 千克,钾肥 7~8 千克。分蘖肥,每 667 平方米施尿素 7~8 千克。后期看苗补肥。④科学管水,后期不宜断水过早。⑤防治病虫害。要加强对白叶枯病及褐飞虱的防治。⑥该组合易落粒,成熟度达到九成时,便应开始收获。

**选(引)育单位**　广西壮族自治区农业科学院水稻研究所

# （六十七）博优 938

博优 938，原名博优 9308。

**品种来源** 博 A/9308。2000 年，由广西壮族自治区农作物品种审定委员会审定；2003 年，通过国家农作物品种审定委员会审定。

**品种特征特性** 该品种属感光籼型三系杂交水稻组合。全生育期平均为 118 天，比对照博优 903 迟熟 2 天。株高 113 厘米。叶片直挺，叶色青绿。穗长 21.8 厘米，每 667 平方米有效穗为 18.8 万穗，平均每穗总粒数为 139.7 粒，结实率为 85.8%，千粒重 22.1 克。抗性：叶瘟 5.5 级，穗瘟 3 级，穗瘟损失率为 23.7%，白叶枯病 6 级，褐飞虱 9 级。抗倒性偏弱。米质主要指标：整精米率为 67.2%，长宽比值为 2.5，垩白粒率为 45.5%，垩白度为 8.4%，胶稠度为 51.5 毫米，直链淀粉含量为 24.3%。2000 年，该品种参加华南晚籼组区试，平均每 667 平方米产量为 507.78 千克，分别比对照博优 903（CK1）和粳籼 89（CK2）品种增产 8.82% 和 7.7%，达极显著水平。2001 年续试，平均每 667 平方米产量为 494.02 千克，比对照博优 903 增产 12.83%，达极显著水平。2001 年，参加生产试验，平均每 667 平方米产量为 449.1 千克，比对照博优 903 增产 5.33%。

**品种适应性及适种地区** 适宜在广东、广西中南部、福建南部和海南白叶枯病轻发区，作双季晚稻种植。

**栽培技术要点** ①适时早播，培育多蘖壮秧。博优 938 秧龄弹性大，在广西桂南稻区一般在 7 月初播种，秧龄为 25～30 天。播种要稀播匀播。②插足基本苗。每 667 平方米插基本苗 9 万～12 万苗，插植规格为 20 厘米×13.3 厘米，或 23.3 厘米×13.3 厘米。③配方施肥。施足基肥，追肥采用"前重、中控、后补"的施肥方法，促分蘖早生快发，注意氮、磷、钾肥配合施用。④科学管水，保持湿润,以利于灌浆结实。⑤注意防治病虫害,特别是白叶枯病及褐飞虱的防治。

**选(引)育单位** 广西壮族自治区钦州市农业科学研究所。

## (六十八)博Ⅱ优213

**品种来源** 博ⅡA/玉213(原玉175)。2000年,由广西壮族自治区农作物品种审定委员会审定;2003年,通过国家农作物品种审定委员会审定。

**品种特征特性** 该品种属感光型晚籼三系杂交水稻组合,全生育期为118天,比对照博优903迟熟2天。株形集散适中,茎粗壮,耐肥抗倒,叶片厚直,分蘖力中等,穗大粒多,后期耐性强,不早衰,青枝蜡秆,熟相好。每667平方米有效穗数为17.4万穗,株高113.8厘米,穗长23.2厘米,平均每穗总粒数为141.6粒,结实率为78%,千粒重25.8克。抗性:叶瘟6级,穗瘟6级,穗瘟损失率为66.6%,白叶枯病8级,褐飞虱8级。米质主要指标:整精米率为59.1%,长宽比值为2.6,垩白粒率为67.5%,垩白度为9.8%,胶稠度为52.5毫米,直链淀粉含量为19.9%。2000年,参加华南晚籼组区试,平均每667平方米产量为511.47千克,分别比对照博优903(CK1)、粳籼89(CK2)增产9.62%和8.48%,达极显著水平。2001年续试,平均每667平方米产量为493.29千克,比对照博优903增产12.66%,达极显著水平。2001年,参加生产试验,平均每667平方米产量为436.56千克,比对照博优903增产2.39%

**品种适应性及适种地区** 适宜在广东和广西中南部、福建南部及海南稻瘟病和白叶枯病轻发地区,作双季晚稻种植。

**栽培技术要点** ①适时播种,培育分蘖壮秧。一般在7月1~5日播种,每667平方米秧田播种量为10~12.5千克。秧龄为20~25天。②合理密植。插植规格为23厘米×13厘米,每穴插1~2粒谷苗,每667平方米基本苗8万~10万株。③科学管理肥水。施肥采用前重、中稳、后补的方法，每 667 平方米施纯氮 12.5～15 千克，氮、磷、钾按 1∶0.7∶1 的比例搭配施用，增施有机肥。水分管理采取浅水回青、分蘖，中期露、晒田，抽穗干湿交替到黄熟。④加强对稻瘟病、白叶枯病及褐飞虱等病虫的防治。

**选（引）育单位** 广西壮族自治区玉林市农业科学研究所。

## （六十九）岳优 360

**品种来源** 岳 4A/岳恢 360。2003 年，由广西壮族自治区农作物品种审定委员会审定。

**品种特征特性** 属感温型三系杂交水稻组合。在桂中作早稻种植，于 3 月 15～25 日播种，秧龄为 25～30 天，全生育期为 123 天左右（手插秧）。作晚稻种植，于 6 月 25 日至 7 月 5 日播种，秧龄为 20～25 天。全生育期为 110 天左右（手插秧）。株高 102 厘米左右，每 667 平方米有效穗数为 22 万穗左右。穗长 23 厘米左右，每穗总粒数为 121～128 粒，结实率为 73.6%～87.2%，千粒重 26.0 克。谷色淡黄，稃尖无色无芒，谷粒长 9.5 毫米，长宽比值为 3.5。群体整齐度一般，株叶形稍松散，叶鞘、叶片青绿色，叶姿和长势一般，熟期转色好，抗倒性较强，落粒性中等。据农业部稻米及制品质量监督检验测试中心分析，其糙米率为 79.4%，精米率为 70.2%，整精米率为 22.6%，粒长 6.9 毫米，长宽比值为 3.2，垩白粒率 44%，垩白度 14.5%，透明度为 3 级，碱消值为 3.4 级，胶稠度为 81 毫米，直链淀粉含量为 12.9%，蛋白质含量为 8.8%。在试点田间观察，发现有轻度穗颈瘟。人工接种抗性：苗叶瘟 5～7 级，穗瘟 9 级，白叶枯病 5～7 级，褐稻虱 9.0 级。2002 年，参加广西壮族自治区早稻品种中熟组筛选试验，平均每 667 平方米产量为 535.0 千克，比对照粤香占增产 8.6%，每 667 平方米日产量为 4.34 千克，位居第四。参加中熟组晚稻区试，平均每 667 平方米产量为 433.4 千克，比对照中优 838 减产 1.6%，不显著，日产量为

3.94千克,比对照增产2.1%,位居第三。

**品种适应性及适种地区** 适宜桂中和桂北稻作区作早稻与晚稻种植。

**栽培技术要点** ①适时早播、稀播和早插,培育带蘖壮秧,每667平方米播种量为10～12千克。②插(抛)足基本苗,一般每667平方米基本苗为6万～8万株。③采取前重、中补、后轻,增施磷、钾肥的原则施肥,每667平方米施纯氮17～18千克,磷5～6千克,钾13～14千克,前、中、后期施肥量分别为总施肥量的65%～75%,15%～25%,10%～20%。④浅水栽插,浅水回青,浅水分蘖,够苗及时晒田,浅水出穗,干湿成熟。后期不要过早断水干田。⑤注意防治稻瘟病、白叶枯病和稻飞虱。

**选(引)育单位** 湖南省岳阳市农业科学研究所。

# (七十)金优808

金优808,原名金优T80。

**品种来源** 金23A/恢复系T80。2003年,由广西壮族自治区农作物品种审定委员会审定。

**品种特征特性** 属感温型三系杂交水稻组合。在桂中作早稻种植,于3月15～25日播种,秧龄为25～30天,全生育期为115～121天(手插秧)。株高100厘米左右,每667平方米有效穗为20万穗左右。穗长23厘米左右,每穗粒数为130～140粒,结实率为74.6%～83.2%,千粒重26.3～26.8克。谷壳黄色,谷粒长形,长宽比值为3.5,无芒,稃尖紫色。株叶形集散适中,生长整齐,分蘖力中等,耐寒性较强。叶色青绿,叶姿和长势一般,熟期转色好,抗倒性较强,较难落粒。据农业部稻米及制品质量监督检验测试中心分析,其糙米率为81.3%,精米率为73.5%,整精米率为49.2%,粒长6.8毫米,长宽比值为3.2,垩白粒率为62%,垩白度为5.9%,透明度为2级,碱消值为5.8级,胶稠度为49毫米,直链淀粉含量为23.8%,蛋白质含量为9.0%。在试点田间观察,发现有中度穗颈瘟;人工接种抗性鉴定:苗叶瘟5级,穗瘟5~9级,白叶枯病5~7级,褐稻虱6.7~9.0级。2001~2002年,参加广西壮族自治区早稻品种中熟组区试,平均每667平方米产量分别为501.8千克和504.9千克,比对照粤香占分别增产5.5%和5.3%,均达极显著水平,位居于同熟组第四和第五位。在生产试验中,平均每667平方米产量为470.9千克。比对照粤香占减产4.7%。在柳州、贺州、宜州和桂林等地试种,一般每667平方米产量为430~500千克。

**品种适应性及适种地区**　适宜在桂中、桂北稻作区作早、晚稻,桂南作早稻种植。

**栽培技术要点**　①适时早播、稀播和早插,培育带蘖壮秧。每667平方米播种量为10~12千克。②插(抛)足基本苗,一般每667平方米基本苗为6万~8万株。③采取前重、中补、后轻,增施磷、钾肥的原则施肥,每667平方米纯氮17~18千克,磷5~6千克,钾13~14千克,前、中、后期施肥量,分别为总施肥量的65%~75%,15%~25%,10%~20%。④浅水栽插,浅水回青,浅水分蘖,够苗及时晒田,浅水出穗,干湿成熟。后期不要过早断水干田。⑤注意防治稻瘟病和褐稻虱。

**选(引)育单位**　广西壮族自治区柳州地区农业科学研究所。

# (七十一)中优315

**品种来源**　中九A/T315(测64-49/密阳46)。2003年,由广西壮族自治区农作物品种审定委员会审定。

**品种特征特性**　属感温型三系杂交水稻组合。作早稻种植,在桂南于3月上旬播种,桂中于3月中旬播种,秧龄为25~30天,全生育期为121天左右(手插秧);作晚稻种植,在桂南和桂中,于7月上旬播种,秧龄为18~25天,全生育期为110天左右(手插秧)。

株高 115 厘米左右,每 667 平方米有效穗数为 18 万穗左右。穗长
23 厘米左右,每穗总粒数为 155 粒左右,结实率为 77.7%～
81.2%,千粒重 25.4 克。株形适中,群体生长整齐,叶色青绿,叶
姿一般,剑叶长 36～40 厘米,宽 1.8～2.0 厘米,且较挺直,叶鞘绿
色,长势繁茂,熟期转色好。该品种耐寒性中等,抗倒性中等,比较
容易落粒。谷粒长 9 毫米,长宽比值为 3.6。谷色淡黄,稃尖无色,
无芒。

据国家农业部稻米及制品质量监督检验测试中心分析:其糙
米率为 82.8%,精米率为 74.7%,整精米率为 38.3%,粒长 6.7 毫
米,长宽比值为 3.2,垩白粒率为 80%,垩白度为 22.8%,透明度为
3 级,碱消值为 4.9 级,胶稠度为 58 毫米,直链淀粉含量为 25.7%,
蛋白质含量为 8.9%。

在试点田间观察,发现轻度穗颈瘟。人工接种抗性:苗叶瘟 6
级,穗瘟 9 级,白叶枯病 7 级,褐稻虱 8.7 级。2001 年,参加广西壮
族自治区晚稻品种筛选试验,平均每 667 平方米产量为 462.6 千
克,比对照特优 63(CK1)增产 3.5%,比对照博优桂 99(CK2)增产
4.6%。2002 年,参加早稻中熟组区试,平均每 667 平方米产量为
517.2 千克,比对照粤香占增产 7.8%,达极显著水平,位居第一。
同期,在试点面上多点试种,一般每 667 平方米产量为 450～530
千克。

**品种适应性及适种地区** 适宜桂南、桂中稻作区作早、晚稻,
桂北稻作区作晚稻种植。

**栽培技术要点** ①适时早播、稀播和早插,培育带蘖壮秧。每
667 平方米播种量为 10～12 千克。②插(抛)足基本苗,一般每
667 平方米基本苗为 6 万～8 万株。③采取前重、中补、后轻,增施
磷钾肥的原则施肥,每 667 平方米施纯氮 17～18 千克,磷 5～6 千
克,钾 13～14 千克,前、中、后期施肥量分别为总施肥量的 65%～
75%,15%～25%,10%～20%。④浅水栽插,浅水回青,浅水分

蘖,够苗及时晒田,浅水出穗,干湿成熟。后期不要过早断水干田。⑤注意防治稻瘟病和褐稻虱。

**选(引)育单位** 广西大学。

# (七十二)博优315

**品种来源** 博 A/ T315(测 64 - 49/密阳 46)。2003 年,由广西壮族自治区农作物品种审定委员会审定。

**品种特征特性** 属弱感光型三系杂交水稻组合。在桂南作晚造种植,于 7 月上旬播种,秧龄为 25 天左右,全生育期为 122 天左右(手插秧)。群体生长整齐,耐寒性中等,株形适中。叶色浓绿,剑叶长 30 厘米左右,宽 1.9 厘米,叶姿较挺直,叶鞘紫色。长势繁茂,熟期转色较好,抗倒性强,落粒性中等,着粒密。株高 101 厘米左右,每 667 平方米有效穗数为 18 万 ~ 20 万穗。穗长 22.8 厘米左右,每穗总粒数约 142 粒,结实率为 79.8% 左右,千粒重 22.3 克。谷粒黄色,稃尖紫色,无芒,谷粒长宽比值为 2.9。

据国家农业部稻米及制品质量监督检验测试中心分析结果:该品种稻谷的糙米率为 80.0%,精米率为 73.0%,整精米率为 63.1%,粒长 5.6 毫米,长宽比值为 2.5,垩白粒率为 46%,垩白度为 11.3%,透明度为 3 级,碱消值为 6.5 级,胶稠度为 58 毫米,直链淀粉含量为 23.9%,蛋白质含量为 11.4%。

据在试点田间观察,发现有轻度苗叶瘟和白叶枯病。人工接种抗性:苗叶瘟 7 级,穗瘟 9 级,白叶枯病 7 级,褐稻虱 8.9 级。

2001 年,该品种参加广西壮族自治区晚稻品种迟熟组区试初试,平均每 667 平方米产量为 463.1 千克,比对照博优桂 99 增产 8.6%,达极显著水平,位居第二。2002 年晚稻续试,平均每 667 平方米产量为 481.3 千克,比对照博优 253 增产 0.3%,不显著,位居第三。在生产试验中,平均每 667 平方米产量为 483.8 千克,比对照博优 253 减产 3.6%。同期,在试点面上多点试种,一般每 667

水稻良种引种指导

平方米产量为 450～500 千克。

**品种适应性及适种地区** 适宜于桂南稻作区作晚稻种植。

**栽培技术要点** ①适时早播。于 7 月初播种,注意培育多蘖壮秧苗,宜采用旱育稀植和旱育秧小苗抛栽技术,每 667 平方米大田用种量为 1 千克。②插足基本苗。每 667 平方米大田插 2 万～2.5 万穴。如采用抛秧,每 667 平方米大田不少于 50 盘秧。③施足基肥,早施分蘖肥。基肥用量为每 667 平方米施 400～500 千克农家肥,25 千克碳铵,25 千克磷肥,7～8 千克钾肥。插后 5 天施回青肥,每 667 平方米施尿素 7～8 千克,钾肥 7～8 千克;分蘖肥每667 平方米施尿素 7～8 千克,后期看苗补肥。④科学管水,后期不宜断水过早。⑤防治病虫害。在种植该品种时,要加强对稻瘟病的防治。

**选(引)育单位** 广西大学。

# (七十三)博Ⅱ优 270

**品种来源** 博ⅡA/玉 270。2003 年,由广西壮族自治区农作物品种审定委员会审定。

**品种特征特性** 属感光型三系杂交水稻组合。在桂南作晚稻种植,于 7 月上旬播种,秧龄为 25 天左右,全生育期为 120～123 天(手插秧)。群体生长较整齐,耐寒性中等,株形适中。叶色青绿,叶姿一般。长势较繁茂,熟期转色较好,抗倒性强,落粒性中等。株高 99.0～103 厘米,每 667 平方米有效穗为 16.5 万～17.8 万穗。穗长 22.1 厘米左右,每穗总粒数为 135～145 粒,结实率为81.0%～83.4%,千粒重 23.7 克。

据农业部稻米及制品质量监督检验测试中心分析结果,其糙米率为 79.4%,精米率为 73.1%,整精米率为 62.3%,粒长 5.9 毫米,长宽比值为 2.6,垩白粒率为 36%,垩白度为 4.0%,透明度为 2级,碱消值为 5.8 级,胶稠度为 34 毫米,直链淀粉含量为 18.2%,

· 306 ·

蛋白质含量为 12.8%。

在试点田间观察,发现该品种有轻度苗叶瘟和白叶枯病。人工接种抗性:苗叶瘟 7 级,穗瘟 9 级,白叶枯病 5～7 级,褐稻虱 9.0 级。2000～2001 年,参加广西壮族自治区玉林市晚稻区试,平均每 667 平方米产量为分别为 516.6 千克和 529.5 千克,比对照博优桂 99 分别增产 3.24% 和 8.09%。2001～2002 年,参加广西壮族自治区晚稻品种迟熟组区试,其中 2001 年平均每 667 平方米产量为 448.0 千克,比对照博优桂 99 增产 5.1%,达极显著水平,位居第五;2002 年平均每 667 平方米产量为 473.1 千克,比对照博优 253 减产 1.4%,不显著,位居第五。

进行生产试验,该品种平均每 667 平方米产量为 478.5 千克,比对照博优 253 减产 4.6%。同期,在试点面上多点试种,一般每 667 平方米产量为 450～500 千克。

**品种适应性及适种地区**  适宜桂南稻作区作晚稻种植。

**栽培技术要点**  ①适时早播。于 7 月初播种,注意培育多蘖壮秧苗。宜采用旱育稀植和旱育秧小苗抛栽技术,每 667 平方米大田用种量为 1 千克。②插足基本苗。每 667 平方米大田插 2 万～2.5 万穴。如采取抛秧,则每 667 平方米大田不少于 50 盘秧。③施足基肥,早施分蘖肥。基肥用量为每 667 平方米施 400～500 千克农家肥,25 千克碳铵,25 千克磷肥,7～8 千克钾肥。插后 5 天,施回青肥,每 667 平方米施尿素 7～8 千克,钾肥 7～8 千克。分蘖肥,每 667 平方米施尿素 7～8 千克,后期看苗补肥。④科学管水,后期不宜断水过早。⑤防治病虫害。要加强对稻瘟病和褐稻虱的防治。

**选(引)育单位**  广西壮族自治区玉林市农业科学研究所。

# 第七章　云贵高原稻区水稻良种引种

# 一、概　述

云贵高原稻区,位于云贵高原和青藏高原。包括湘、黔、桂、滇、川、藏、青七省(自治区)的部分或大部。该稻作区气候垂直差异明显,地貌、地形复杂。稻田在山间盆地、山原坝地、梯地和垄脊都有分布,高至海拔2 700多米,低至于海拔160米,立体农业的特点非常显著。种植制度以单季稻为主。稻种资源丰富多彩,是本区的特色。陆稻有一定面积。病虫害种类多。此稻区分为以下三个亚区:

## (一)黔东湘西高原山地单、双季稻亚区

该亚区属中亚热带温湿季风高原气候,雾多湿度大,日照少,降水分布不均匀。在它的北部,3～5月份常发生春旱,7～8月份常出现伏旱,气候条件较差。该亚区地形复杂,稻田分散。大部分地方种一熟中稻,稻田复种形式单一,多数为油菜—稻或麦—稻。冬水田一年只种一熟水稻;冬炕田视春雨多寡,有雨种稻,无雨种旱粮。湘西南、黔东南和黔南低热谷地,有双季稻或双季稻三熟种植方式。籼稻、粳稻呈垂直分布。在该亚区,稻瘟病危害重,流行面广。黔东和湘西地区,是南方稻飞虱向内地迁入的通道之一。稻飞虱发生量大,威胁早、中稻,要注意加强对它的防治。今后重点在于加强水利建设,提高稻田复种指数,因地制宜地发展双季稻,加快杂交稻推广速度,应用先进适用技术,增产稻谷,做到粮食自给并且有余。

· 308 ·

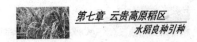

## (二)滇川高原岭谷单季稻两熟亚区

该亚区地势高峻,河川深切,地形错综复杂,大小坝子星罗棋布。从整体看,属亚热干湿交替的西南高原气候,冬无严寒,夏无酷暑,年温差小,日温差大,光照充足,干、湿季节分明,冬春旱季长。分地区看,气候类型多样,西北部属寒带型气候,东部属温带型气候,南部属亚热带气候,而且各种气候类型的热量垂直分布差异十分明显,正所谓"一山有四季,十里不同天"。我国稻田分布的最高极限云南省宁蒗县,位于本亚区西北部。由于高原的立体气候特点,基本为蚕豆(小麦)—稻或油菜—稻两熟方式。一年一季稻的冬水田,占稻田面积的1/3以上。由于有多种气候类型,因而病虫害种类甚多。根据本亚区特点,水稻生产要采取分类的方式进行。海拔600~1500米的河谷地带,水利条件好的积极发展双季稻,水利条件差的发展陆稻;海拔1200~2000米的高原丘陵谷地,以发展杂交稻为主;海拔1500~2500米的半山地带,以发展一季粳稻为主。

## (三)青藏高原河谷单季稻亚区

该亚区地域广大,但适种水稻的区域极小,水稻种植面积为各亚区中最少。稻田分布在海拔较低、水热条件好、灌溉方便的河谷地带,主要是藏东的少数县和滇西北、川西的个别县。

# 二、云贵高原稻区常规稻良种

## (一)安粳698

安粳698,原品系号为96H-698。

**品种来源** 系用Huaciga Yu124作母本,安粳314作父本,杂

交选育而成的优质高产粳稻品种。2000 年 11 月,由贵州省农作物品种审定委员会审定。

**品种特征特性**　全生育期为 160 ~ 167 天。叶色浓绿,叶片挺拔不披。株形集散适中,茎具弹性不软秆,转色协调,株高 100 ~ 106.8 厘米。每 667 平方米有效穗为 19.4 万 ~ 23.0 万穗,每穗总粒数为 128.4 ~ 150.0 粒,实粒数为 108 ~ 125 粒,千粒重 27.0 克。中抗稻瘟病和纹枯病。米质测定表明,两项指标达二级优质米标准,其余指标均达一级优质米标准。1998 ~ 1999 年,参加贵州省区试,平均每 667 平方米产量为 489.3 千克,比对照毕粳 37 增产 21.92%。1999 ~ 2000 年,参加贵州省生产试验,平均每 667 平方米产量为 422.0 千克,比对照增产 9.02%。

**品种适应性及适种地区**　该品种适于贵州中部籼粳稻混栽稻作区和贵州西部海拔 1 500 米以下的粳稻稻作区栽种。

**栽培技术要点**　①适时早播,适度稀播,保温育苗,培育壮秧。适于清明至谷雨期间适当提早播种。应推广保温育秧措施。每 667 平方米净秧床播种量以 30 ~ 40 千克为宜。在有条件情况下,可采取两段法育秧。②适龄移栽,适当密植,栽够基本苗,早促分蘖苗。适于播后 55 天(5 ~ 6 叶龄)内移栽,插植密度为每 667 平方米不少于 2.0 万穴,每穴宜栽 3 ~ 4 粒谷秧(不含分蘖)。③重施底肥,早追蘖肥,控施氮肥,增施磷、钾肥。大田每 667 平方米腐熟有机肥不少于 1 000 千克,配施磷肥 30 ~ 50 千克,或多元复配肥 25 ~ 30 千克。一般应在移栽后 20 天内追施分蘖肥,如每 667 平方米施尿素 5.0 ~ 7.5 千克,孕穗期酌施穗肥。④严格进行种子消毒,抓好"三期"防范,综合预防稻瘟病。

**选(引)育单位**　贵州省安顺市农业科学研究所。

# (二)毕粳 40

**品种来源**　籼粳复合杂交后代材料 Y15 – 4(F4)作母本,用粳型恢复系 T2040 作父本,经杂交系统选择而育成。2002 年 2 月,由贵州省农作物品种审定委员会审定。

**品种特征特性** 属中熟中粳,全生育期为 166～172 天,比毕粳 37 晚 6～10 天。株高 100～105 厘米,每 667 平方米有效穗为 25.5 万～34.5 万穗,每穗 150 粒,结实率为 78%～86.3%,千粒重 28 克,米质中上等。籽粒椭圆形,无芒,谷壳带浅色麻斑,易落粒。株形紧凑,剑叶上挺,青秆黄熟不早衰。抗稻瘟病和纹枯病,轻感稻曲病。1998 年,参加贵州省粳稻区试,平均每 667 平方米产量为 431.0 千克,比对照毕粳 37 增产 10.09%。1999 年续试,平均每 667 平方米产量为 472.4 千克,比对照毕粳 37 增产 10.9%。2000 年,参加贵州省粳稻良种生产试验,平均每 667 平方米产量为 506.3 千克,比对照毕粳 37 增产 16.7%。2001 年继续参加贵州省粳稻生产试验,平均每 667 平方米产量为 544.0 千克,比对照毕粳 37 增产 16.7%。

**品种适应性及适种地区** 主要适宜于黔西北海拔 1 300～1 700 米及滇东北一季中粳稻区种植。

**栽培技术要点** ①适时早播,旱育壮秧。当气温稳定通过 6℃～7℃时,即可采用保温播种育苗。黔西北及滇东北地区,最适播期为 3 月下旬至 4 月上旬;黔中地区在 4 月上中旬播种。②合理密植,移栽时叶龄为 4.0～4.5 叶,最适密度为每 667 平方米 2 万～2.4 万穴。③适宜施氮量为每 667 平方米 16～19 千克尿素,施用有机肥与无机肥各占 50%,底肥比例占 46.2%～53.85%。④加强田间管理,及时进行病虫害防治。

**选(引)育单位** 贵州省毕节地区农业科学研究所。

## (三)楚粳 23

**品种来源** 用 25－3－3/楚粳 9 号为母本,楚粳 8 号为父本,进行杂交选育而成。1999 年,由云南省农作物品种审定委员会审定。

**品种特征特性** 属中粳中熟品种,全生育期为 170～175 天,与对照合系 24 相近。株高 95～100 厘米,株形好,剑叶挺直。分蘖力强,成穗率较高,穗粒数为 100～130 粒,结实率为 85% 左右,千粒重 23～24 克。据云南省农业科学院粳稻育种中心稻瘟病接种鉴定结果,其叶瘟 4 级,穗瘟 5 级,中抗稻瘟病。稻米品质据农业部稻米及制品质量监督检验测试中心分析,糙米率、精米率、碱消值、胶稠度和粒长等五项指标,均达部颁优质米一级标准;整精米率、透明度、直链淀粉含量等三项指标,达优质米二级标准。米饭柔软,口感好。1997～1998 年,参加云南省水稻良种区域试验,两年平均每 667 平方米产量 656.41 千克,居参试品种之首,比对照合系 24 增产 10.97%,达显著水平。

**品种适应性及适种地区** 适宜于滇中海拔 1 500～1 850 米稻区种植;云南省以外相似生态类型稻区亦可种植。

**栽培技术要点** ①一般适宜播种期为 3 月 10～20 日,每 667 平方米秧田播种量为 20～25 千克,秧龄为 45～50 天。②一般每 667 平方米栽插 3.33 万穴,采用宽窄行或宽行窄株的栽插方式,每穴栽 2～3 苗。够蘖晒田,控制无效分蘖和防止后期倒伏。③施肥采用前促、中控、后补、氮磷钾合理搭配的施肥原则。④浅水插秧,深水活棵,薄水分蘖,中期够蘖晒田,后期干湿灌浆。⑤苗期要注意防治稻飞虱,预防条纹叶枯病。在孕穗期和破口抽穗前,要喷施井冈霉素、三环唑药液,以防治稻曲病和稻瘟病。

**选(引)育单位** 云南省楚雄州农业科学研究所。

# (四)凤稻 14 号

**品种来源** 中丹 2 号为母本,滇榆 1 号为父本,进行杂交选育而成,编号为滇粳 57 号。2001 年,由云南省农作物品种审定委员会审定。

**品种特征特性** 属早熟粳型品种,全生育期为 185 天左右,较凤稻 9 号早熟 3~5 天。株高 90 厘米左右,耐肥抗倒,分蘖力强,剑叶直立,成熟时为叶下禾,株形好。每 667 平方米最高苗数为 50 万~60 万苗,有效穗为 38 万~44 万穗,成穗率为 75%。穗长 17~20 厘米,每穗总粒数为 90~100 粒,实粒数为 75~80 粒,结实率为 80% 左右,千粒重 24~25 克。籽粒短卵圆形,短顶芒,不易落粒。经多年多点自然鉴定,较抗稻瘟病,轻感白叶枯病及稻曲病与恶苗病。经云南省农产品质量监督站分析,糙米率为 84.2%,精米率为 79.0%,整精米率为 65.8%,长宽比值为 1.73,垩白粒率为 3%,垩白度为 1%,碱消值为 6.6 级,胶稠度为 92 毫米,直链淀粉含量为 15.72%,蛋白质含量为 6.16%。其中出糙米率、垩白粒率、垩白度、胶稠度和直链淀粉含量六项指标,达国家优质稻谷一级标准,整精米率达二级。1999~2000 年,参加云南省中北部水稻良种区试,两年平均每 667 平方米产量为 537.94 千克,较云粳 9 号增产 22.49%,极显著。

**品种适应性及适种地区** 适于云南省海拔 1 950~2 200 米的稻区推广种植。

**栽培技术要点** ①严格进行种子处理,预防种传病害的危害。②坚持旱育秧,培育带蘖壮秧。③适期早栽,避免 8 月份低温冷害。④合理密植,插足基本苗。⑤施足基肥,早施追肥,适施磷、钾配合的穗肥。⑥科学管理,及时防除病虫草鼠害。

**选 ( 引 ) 育单位** 云南省大理州农业科学研究所。

# (五)合系 41 号

**品种来源** 滇靖 8 号/合系 22-2 系谱选育而成。1999 年,由云南省农作物品种审定委员会审定,编号为滇粳 51 号。

**品种特征特性** 属中熟落粒型粳稻品种,全生育期为 165~180 天。株高 85~100 厘米,分蘖力强,千粒重 24.6 克。耐寒力强,叶、穗瘟抗性均强。米粒无心白,半透明,外观品质为 4.5 级,米饭食味品质中等,直链淀粉含量为 19.23%,蛋白质含量为 9.88%,糊化温度为 6.0 级,胶稠度为 77.5 毫米,糙米率为 85.4%,精米率为 76.4%,整精米率为 68.5%。1997～1998 年,参加云南省中部和中北部区域试验,中北部区试 11 个试点,两年平均每 667 平方米产量为 521.74 千克,比对照云粳 9 号增产 14.95%。

**品种适应性及适种地区** 适宜于云南省海拔 1 400～2 000 米地区种植。

**栽培技术要点** ①该品种耐寒力强,宜适时早播,一般于 3 月 10～20 日播种,每 667 平方米秧田播种量为 20～25 千克,秧龄为 45～50 天。②合理密植,一般每 667 平方米栽 3 万穴,采用宽窄行或宽行窄株的栽插方式,每穴栽 2～3 苗。够蘖晒田,控制无效分蘖和防止后期倒伏。③施肥要氮、磷、钾肥合理搭配。④浅水插秧,深水活棵,薄水分蘖,中期够蘖晒田,后期干湿灌浆。

**选(引)育单位** 云南省农业科学院粳稻育种中心。

# (六)黔恢 15

**品种来源** 以母本 1155(东乡野生稻/75P12//滇渝 1 号)与父本 R481 杂交而育成。2000 年 8 月,由贵州省农作物品种审定委员会审定。

**品种特征特性** 生育期为 155 天,比汕优晚 3 迟熟 4 天,比桂朝 2 号早熟 7 天左右。株高 100 厘米,每 667 平方米有效穗为 16 万～20 万穗,每穗实粒数为 95～120 粒,结实率为 85%。谷粒黄色,千粒重 27 克。株叶形好,适应性强,抗寒性好,在秋季低温危害的条件下结实率高,后期熟色好,不早衰。经农业部稻米及制品质量监督检验测试中心分析,其糙米率为 84.0%,精米率为 74.5%,整精米率为 50.2%,粒长 6.2 毫米,长宽比值为 2.7,垩白粒率为 65%,垩白度为 7.0%,透明度为 2 级,碱消值为 4.2 级,胶稠度为 80 毫米,直链淀粉含量为 15.2%,蛋白质含量为 9.7%。4 项指标达到农业部颁发的优质米一级标准,五项指标达二级标准。1996～1997 年,参加贵州省中籼区试,两年平均每 667 平方米产量为 529.5 千克,比对照桂朝 2 号增产 8.8%。1998 年,在贵州省进行生产试验,平均每 667 平方米产量为 572.8 千克,比对照桂朝 2 号增产 11.9%。1999 年,667 平方米产量为 564.5 千克,比对照汕优晚 3 增产 3.9%。

**品种适应性及适种地区**　适于贵州省海拔 600 米以上的中高海拔籼稻地区,尤其是在高海拔易受低温危害的地区种植。

**栽培技术要点**　在一般肥力条件下,每 667 平方米栽插 1.5 万～2.0 万穴。可根据田块的肥力情况,按 26 厘米 × 17 厘米,或 23 厘米 × 17 厘米,或 20 厘米 × 17 厘米的密度栽插,每穴 3～5 棵苗。可按杂交水稻的栽培方法,每 667 平方米用种量为 1.5～3 千克,比杂交稻多用一些种子。栽培管理,按当地矮秆常规稻或杂交稻的中等水平实施。

**选(引)育单位**　贵州省农业科学院水稻研究所。

# (七)银桂粘

**品种来源**　以 IR2061 的选系作母本,与湘东品种天杂品系 321 进行杂交,选育而成。1992 年,由贵州省农作物品种审定委员会审定。

**品种特征特性**　全生育期较短,在贵州各地平均为 136 天,比广二矮 104 早熟 7 天左右。株高 95 厘米,分蘖力中等偏弱。在中等肥力下,每 667 平方米有效穗为 18 万～20 万穗,每穗有实粒 140 粒,结实率为 85% 左右,千粒重 29 克左右。经吉林省农业科学院测定,银桂粘芽期和苗期抗寒性较好(1～3 级)。大面积种植反映,银桂粘较抗稻瘟病和纹枯病,抗白背飞虱,抗旱耐瘠,抗早衰,后期熟色较好。经农业部稻米及制品质量监督检验测试中心和湖北省农业科学院测试中心检测,银桂粘的品质指标为:精米率为68.2%~72.6%,整精米率为58.3%~67.8%,米粒长7.3毫米,长宽比值为3.3,米粒半透明有光泽,垩白少而小,直链淀粉含量为11.42%~18.45%,糊化温度为4.5级,胶稠度为83~100毫米,蛋白质含量为7.5%~8.0%。该品种米饭柔软,色泽洁白油亮,食味好,冷后不回生。外观、加工和蒸煮,食味品质优良。1988年和1990年,参加贵州省优质中籼区试,平均每667平方米产量达463.5千克,与对照广二矮104相当,其生育期缩短6.5天。1990~1991年,进行生产试验,每667平方米产量分别为521.5千克和415.3千克。

**品种适应性及适种地区** 该品种适应范围较广,在贵州和湖南,主要适宜于海拔900~1400米气候温凉的稻区作中稻种植。在低海拔和气温较高地区,可作多熟制的换茬品种和双季稻早稻或晚稻种植。

**栽培技术要点** ①由于银桂粘的生育期较短,分蘖能力不太强,在播种时,要适当稀播,培育壮秧,适时移栽。②栽插前,施足基肥,并施用适当面肥。③本田要注意栽插密度,中稻一般每667平方米为2万穴左右。④栽插后,应早管理、施肥和防治病虫害。

**选(引)育单位** 贵州省农业科学院水稻研究所。

# 三、云贵高原稻区杂交稻良种

## (一)抗优98

**品种来源** Ⅱ-32A/抗恢98。2002年,由云南省农作物品种审定委员会审定。

**品种特征特性** 属三系杂交中籼组合。株高90~100厘米,株形集散适中,茎秆粗壮。叶片深绿色,主茎叶片数为 15 叶,剑叶短挺。根系发达,分蘖力中等。每 667 平方米有效穗为 16.5 万~22.4 万穗,成穗率为 80%~85%。穗大粒多,穗长 19.8~23.9 厘米,平均每穗着 131.5 粒,结实率为 83.65% 左右,千粒重 26.4~32.4 克。2000~2001 年,参加云南省杂交籼稻区试,平均每 667 平方米产量为 746.7 千克,比汕优 63 增产。参加生产试验,也比汕优 63 增产。全生育期为 160 天,比汕优 63 长 6 天。米质中等,糙米率为 80.7%,精米率为 73.6%,整精米率为 60.8%,碱消值为 5.2 级,胶稠度为 44 毫米,直链淀粉含量为 22.1%,蛋白质含量为 10.6%。高抗白叶枯病,中抗稻瘟病。

**品种适应性及适种地区** 抗优 98 品种适宜在南方稻区作中稻种植。

**栽培技术要点** ①适时播种,稀播培育多蘖壮秧。每 667 平方米播量为 15~20 千克,播前进行药剂浸种消毒,秧龄为 40 天左右,带蘖率达 95% 以上,带两蘖以上者要达到 70% 以上。②合理密植。每 667 平方米栽 2.5 万丛,每丛 1~2 棵谷秧,保证基本苗 15 万苗,有效穗 23 万穗。③施足底肥,每 667 平方米用农家肥 1 500 千克、尿素 10 千克(或碳铵 30 千克)、普钙 30~50 千克作底肥。栽后 1 周,每 667 平方米施尿素 10 千克,硫酸钾 5~7 千克,作分蘖肥。抽穗前 15 天,视苗情轻施尿素 2~5 千克、普钙 10 千克和硫酸钾 5 千克。④前期浅水分蘖,中期适时晒田,后期干湿交替,收割前不宜过早断水。⑤种植该水稻品种,要注意病、虫、草、鼠害的综合防治。

**选(引)育单位** 南京农业大学。

# (二)滇杂 31

**品种来源** 榆密 1A/南 34。2002 年,由云南省农作物品种审定委员会审定。

**品种特征特性** 属三系优质抗病滇型杂交粳稻组合。组合株形紧凑,剑叶挺直,秆硬不倒伏,谷粒黄色,颖尖白色,落粒性适中,熟相好。全生育期为 160~180 天,株高 90~100 厘米,单株有效穗为 7~12 穗。剑叶长 25~28 厘米,宽 1.28~1.50 厘米。穗长 18.6~22.1 厘米,穗总粒数为 128~146 粒,穗实粒数为 114~139 粒,结实率为 72%~93%,千粒重 24 克左右。米质优良,经农业部稻米及制品质量监督检验测试中心检测,在 12 项检测指标中,有 11 项指标达国家优质米一级标准。糙米率为 84.9%,精米率为 77.6%,整精米率为 76.6%,粒长 5.0 毫米,长宽比值为 1.7,垩白粒率为 34%,垩白度为 2.7%,透明度为 1 级,碱消值为 7.0 级,胶稠度为 84 毫米,直链淀粉含量为 17.4%,蛋白质含量为 8.8%。其稻瘟病抗性,经云南省农业科学院植保所鉴定,接种的全部 8 个菌株,对其均为抗性,田间表现不感或轻感稻瘟病。2000~2001 年,参加云南省杂交粳稻区试,两年平均每 667 平方米产量为 667.3 千克,比对照云光 8 号(CK1)和合系 39(CK2)分别增产 11.30% 和 16.15%。

**品种适应性及适种地区** 适于云南、四川、贵州和广西等省、自治区种植,尤其适于在海拔 1 500~2 000 米的地区种植。

**栽培技术要点** 主要目标是提高成穗率和结实率。肥床稀播(播种量为每 667 平方米 15 千克)培育带蘖壮秧,以带 2~3 个分蘖较好。大田施足底肥,适龄早栽,以叶龄 4.5~6.0 叶移栽为好。要浅插稀植,在海拔 1 900 米左右的地区,栽插密度为每 667 平方米 2.5 万~3.5 万丛。在海拔 1 600~1 800 米的地区,栽插密度为 2.0 万~3.0 万丛。在海拔 1 600 米以下的地区,栽插密度为每 667 平方米 1.8 万~2.5 万丛。早施追肥一次清,生长中后期不再追施氮肥。按常规栽培方法防治病虫害,在稻瘟病多发地区,视情况防治稻瘟病。在抽穗期,可补施钾肥,以提高粒重。

**选(引)育单位** 云南农业大学稻作研究所。

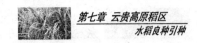

# (三)滇杂32

**品种来源** 黎榆 A/南 34。2002 年,由云南省农作物品种审定委员会审定。

**品种特征特性** 属三系优质抗病滇型杂交粳稻组合。组合株形紧凑,剑叶挺直,秆硬不倒伏。谷粒黄色,颖尖白色,落粒性适中,熟相好。全生育期为 165～188 天,株高 89～96 厘米,单株有效穗为 10～14 穗。剑叶长 26～30 厘米,宽 1.32～1.70 厘米。穗长 19.3～23.2 厘米,穗总粒数为 149～190 粒,穗实粒数为 119.7～145.6 粒,结实率为 76.90%～85.62%,千粒重 23～24 克。米质优良,经农业部稻米及制品质量监督检验测试中心检测,在 12 项检测指标中,有 11 项指标达国家优质米一级标准。其糙米率为 84.2%,精米率为 76.3%,整精米率为 70.1%,粒长 5.0 毫米,长宽比值为 1.7,垩白粒率为 21%,垩白度为 1.5%,透明度为 1 级,碱消值为 7.0 级,胶稠度为 84 毫米,直链淀粉含量为 17.8%,蛋白质含量为 9.0%。对稻瘟病的抗性,经云南省农业科学院植保所鉴定,其对所接种的 8 个菌株中的 6 个,表现为抗性,对另外 2 个表现为部分抗性。田间表现不感或轻感稻瘟病。2000～2001 年,参加云南省杂交粳稻区试,两年平均每 667 平方米产量为 650 千克,比对照云光 8 号(CK1)和合系 39(CK2)分别增产 7.38% 和 12.85%。

**品种适应性及适种地区** 适于云南、四川和贵州等省种植,尤其适宜于海拔 1 300～2 100 米的地区种植。

**栽培技术要点** 主要目标是提高成穗率和结实率。技术措施要点是:①肥床稀播(播种量为每 667 平方米 15 千克),培育带蘖壮秧,以带 2～3 个分蘖较好。②大田施足底肥,适龄早栽,以叶龄 4.5～6.0 叶移栽为好。浅插稀植,在海拔 1 900 米左右的地区,栽插密度为每 667 平方米 2.5 万～3.5 万丛。在海拔 1 600～1 800

米的地区,栽插密度为每667平方米2.0万~3.0万丛。③在海拔1600米以下的地区,栽插密度为每667平方米1.8万~2.5万丛。④早施追肥(移栽后5~7天)一次清,生长中后期不再追施氮肥;抽穗期,可补施钾肥,以提高粒重。⑤按常规栽培方法防治病虫害,在稻瘟病多发地区视情况防治稻瘟病。

**选(引)育单位** 云南农业大学稻作研究所。

# (四)滇杂籼1号

**品种来源** 蜀光612S/云恢808。2000年,由云南省农作物品种审定委员会审定。

**品种特征特性** 属籼型两系杂交水稻组合。株高100~110厘米,株形紧凑。分蘖力强,每667平方米有效穗为22万~25万穗,穗总粒数为160~170粒,实粒数为145粒左右,千粒重27克。易落粒。据云南省农业科学院测试中心米质分析结果,其糙米率为83%,精米率为69%,整精米率为56.5%,直链淀粉含量为14.96%,胶稠度为104毫米,糊化温度为3级,粗蛋白质含量为8.36%,垩白粒率为34%,垩白度为10%,米粒透明,腹白极少,米饭松软,冷不回生,适口性好,粒长5.96毫米,长宽比值为2.49。综合评价为优质米。全生育期为137~158天。根系发达,茎秆弹性好,抗倒伏。抽穗整齐,青秆成熟,抗稻瘟病和白叶枯病。1998年,参加云南省籼型杂交水稻引种试验,平均每667平方米产量为725千克,比汕优63增产2.67%。每667平方米最高产量达827.5千克。在生产示范中,每667平方米产量为700千克左右。

**品种适应性及适种地区** 适宜于云南省海拔1400米以下稻区种植。

**栽培技术要点** ①适时播种,稀播培育多蘖壮秧。每667平方米播量为15~20千克。播种前要进行药剂浸种消毒,秧龄在45天左右,带蘖率达95%以上,带两蘖以上者要达到70%以上。采

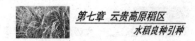

用旱育稀植的,每 667 平方米大田用种 1.5 千克。每平方米秧床播种量不超过 100 克。②建立合理群体,每 667 平方米栽插 2.5 万丛,每丛 1~2 棵谷秧,保证基本苗数达 15 万株,有效穗达 23 万穗。③施足底肥,每 667 平方米用农家肥 1 500 千克,尿素 10 千克(或碳铵 30 千克)、普钙 30~50 千克作底肥。栽后 1 周,每 667 平方米施尿素 10 千克、硫酸钾 5~7 千克作分蘖肥。抽穗前 15 天,视苗情轻施尿素 2~5 千克,普钙 10 千克,硫酸钾 5 千克。④前期浅水分蘖,中期适时晒田,后期干湿交替,收割前不宜过早断水。⑤注意病虫草鼠害的综合防治,主要是防治纹枯病和稻曲病。在分蘖末期和破口期,用井冈霉素等对水喷施一次。

**选(引)育单位** 云南省农业科学院粮食作物研究所。

## (五)云光 14 号

**品种来源** N5088S/云恢 14。2000 年,由云南省农作物品种审定委员会审定。

**品种特征特性** 属两系粳型杂交稻,较三系杂交籼稻耐寒耐肥。米质好,植株紧凑,分蘖力强,茎秆弹性好,抗倒伏,茎叶角度小,抽穗一致,穗型整齐,适应性广,高产稳产,出米率高。高抗稻瘟病和白叶枯病。籽粒无芒,易落粒。生产田每 667 平方米有效穗为 22 万~25 万穗。株高 100 厘米。全生育期为 137~138 天,较三系杂交籼稻早熟 8~12 天。穗粒数为 159.6~166.2 粒,结实率为 91.5%~93.6%,千粒重 26.5~28.2 克。糙米率为 83%,精米率为 69%,整精米率为 56.5%,米质达部颁一、二级标准,属优质米。该品种在云南省海拔 1 400 米以下的籼粳交错区和籼稻区,试种两年,平均每 667 平方米产量为 748.6 千克,比对照汕优 63 平均增产 118.52 千克,增幅达 18.8%。两年中,各点产量变幅不大,较为稳定。

**品种适应性及适种地区** 适宜在云南省海拔 1 400 米以下稻

区和贵州毕节地区的籼稻区种植。

**栽培技术要点**　①适时早播早栽。海拔较高地区,于3月上旬播种。其它地区在当地最佳节令播种。宜稀播培育壮秧。秧田每667平方米播种15~20千克。播前进行药剂浸种消毒。采用旱育秧或湿润育秧方法,培育多蘖壮秧。秧龄为35~45天,秧苗90%以上带蘖,单株带蘖应2个以上。②适度密植,规格化条栽,可采取行距为23.3厘米和16.5厘米的宽窄行,穴距为16.5厘米或21.6厘米的栽植规格,每667平方米栽2.5万丛,每丛栽2粒谷秧,使基本苗达12万~15万含蘖苗。每667平方米有效穗为20万~23万穗。③水肥运筹:每667平方米施农家肥1500千克、尿素10千克或碳铵30千克、普钙30~50千克作底肥。栽后7天,每667平方米施分蘖肥尿素10千克,硫酸钾5~7千克。抽穗前15天,视苗情施尿素2~5千克,普钙10千克,硫酸钾5千克。水浆管理:除返青期、分蘖期、孕穗期浅水管理外,其它时期以湿润灌溉为主。栽后25天,茎蘖数达到26万苗以上时,撤水晒田,以提高成穗率。收获前不宜过早断水。④注意病虫害防治。

**选(引)育单位**　云南省农业科学院粮食作物研究所。

# 附录一 水稻良种标准及种子
# 质量的鉴定与识别

## 1 水稻良种标准

据国家技术监督局 1996 年 12 月 28 日批准、1997 年 6 月 1 日实施的中华人民共和国国家标准"GB 4404.1—1996 粮食作物种子 禾谷类"规定,水稻种子质量指标如下表所示:

### 水稻种子质量指标 (%)

| 项目<br>作物名称 | | 级别 | 纯度不低于 | 净度不低于 | 发芽率<br>不低于 | 水分不高于 |
|---|---|---|---|---|---|---|
| 水稻 | 常规种 | 原 种 | 99.9 | 98.0 | 85 | 13.0(籼)<br>14.5(粳) |
| | | 良 种 | 98.0 | | | |
| | 不育系<br>保持系<br>恢复系 | 原 种 | 99.9 | 98.0 | 80 | 13.0 |
| | | 良 种 | 99.0 | | | |
| | 杂交种 | 一 级 | 98.0 | 98.0 | 80 | 13.0 |
| | | 二 级 | 96.0 | | | |

注:长城以北和高寒地区的水稻、玉米、高粱的水分允许高于 13%,但不能高于16%。调往长城以南的种子(高寒地区除外)水分不能高于 13%

## 2 种子质量的鉴定与识别

水稻种子质量的鉴定与识别分为扦样、检测和结果报告三部分。本标准为中华人民共和国国家标准 GB/T 3543—1995,1996 年 6 月 1 日实施。

### 2.1 扦 样

扦样是从大量的种子中,随机取得一个重量适当、有代表性的供检样品。样品应由从种子批不同部位随机扦取若干次的小部分种子合并而成,然后把这个样品经对分递减或随机抽取法分取规定重量的样品。不管哪一步骤都

要有代表性。

## 2.2 检 测

### 2.2.1 净度分析

净度分析是测定供检样品不同成分的重量百分率和样品混合物特性,并据此推出种子批的组成。

分析时将试验样品分成三种成分:净种子、其它植物种子和杂质,并测定各成分的重量百分率。样品中的所有植物种子和各种杂质,尽可能加以鉴定。

为便于操作,将其它植物种子的数目测定也归于净度分析中,它主要用于测定种子批中是否含有有毒或有害种子,用供检样品中的其它种子数目来表示,如需鉴定,可按植物分类鉴定到属。

### 2.2.2 发芽试验

发芽试验是测定种子批的最大发芽潜力,据此可比较不同种子批的质量,也可估测田间播种价值。

发芽试验须用经净度分析后的净种子,在适宜水分和规定的发芽技术条件进行试验,到幼苗适宜评价阶段后,按结果报告要求检查每个重复,并计数不同类型的幼苗。如需经过预处理的,应在报告上注明。

### 2.2.3 真实性和品种纯度鉴定

测定送检样品的种子真实性和品种纯度,据此推测种子批的种子真实性和品种纯度。

真实性和品种纯度鉴定,可用种子、幼苗和植株。通常,把种子与标准样品的种子进行比较,或将幼苗和植株与同期邻近种植在同一环境条件下的同一发育阶段的标准样品的幼苗和植株进行比较。

但品种的鉴定性状比较一致时(如自花授粉作物),则对异作物、异品种的种子、幼苗或植株进行计数;当品种的鉴定性状一致性较差时(如异花授粉作物),则对明显的变异株进行计数,并做出总体评价。

### 2.2.4 水分测定

测定送验样品的种子水分,为种子安全贮藏、运输等提供依据。

种子水分测定必须使种子水分中自由水和束缚水全部除去,同时要尽最大可能减少氧化、分解或其它挥发性物质的损失。

### 2.2.5 其它项目测定

**2.2.5.1 生活力的生化测定**

在短期内急需了解种子发芽率或当某些样品在发芽末期尚有较多的休眠种子时,可应用生活力的生化法快速估测种子生活力。

生活力测定是应用 2,3,5 – 三苯基氯化四氮唑(简称四唑,TTC)无色溶液作为一种指示剂,这种指示剂被种子活组织吸收后,接受活细胞脱氢酶中的氢,被还原成一种红色的、稳定的、不会扩散的和不溶于水的三苯基甲朁。据此,可依据胚和胚乳组织的染色反应来区别有生活力和无生活力的种子。

除完全染色的有生活力种子和完全不染色的无生活力种子外,部分染色种子有无生活力,主要是根据胚和胚乳坏死组织的部位和面积大小来决定,染色颜色深浅可判别组织是健全的,还是衰弱的或死亡的。

**2.2.5.2 重量测定**

测定送检样品每1 000 粒种子的重量。

从净种子中数取一定数量的种子,称其重量,计算其1 000 粒种子的重量,并换算成国家种子质量标准规定水分条件下的重量。

**2.2.5.3 种子健康测定**

通过种子样品的健康测定,可推知种子批的健康状况,从而比较不同种子批的使用价值,同时可采取措施,弥补发芽试验的不足。

根据送验者的要求,测定样品是否存在病原体、害虫,尽可能选用适宜的方法,估计受感染的种子数。已经处理过的种子批,应要求送验者说明处理方法和所用的化学药品。

**2.2.5.4 包衣种子测定**

包衣种子是泛指采用某种方法将其它非种子材料包裹在种子外面的各种处理的种子。包括丸化种子、包膜种子、种子带和种子毯等。

**2.3 结果报告**

种子检验结果单是按照本标准进行扦样与检测而获得检验结果的一种证书表格。

**2.3.1 签发结果报告单的条件**

签发种子检验结果单的机构除需要做好填报的检验事项外,还要:

　　a. 该机构目前从事这项工作;

　　b. 被检种属于本规程所列举的一个种;

　　c. 种子批是与本规程规定的要求相符合;

d. 送验样品是按本规程要求扦取和处理的；

e. 检验是按本规程规定方法进行的。

### 2.3.2 结果报告单

检验项目结束后，检验结果应包括：

a. 签发站名称；

b. 扦样及封检单位的名称；

c. 种子批的正式记号及印章；

d. 来样数量、代表数量；

e. 扦样日期；

f. 检验站收到样品日期；

g. 样品编号；

h. 检验项目；

i. 检验日期。

结果报告单不得涂改。

# 附录二 中华人民共和国种子法

（2000年7月8日第九届全国人民代表大会
常务委员会第十六次会议通过）

## 第一章 总 则

第一条 为了保护和合理利用种质资源，规范品种选育和种子生产、经营、使用行为，维护品种选育者和种子生产者、经营者、使用者的合法权益，提高种子质量水平，推动种子产业化，促进种植业和林业的发展，制定本法。

第二条 在中华人民共和国境内从事品种选育和种子生产、经营、使用、管理等活动，适用本法。

本法所称种子，是指农作物和林木的种植材料或者繁殖材料，包括籽粒、果实和根、茎、苗、芽、叶等。

第三条 国务院农业、林业行政主管部门分别主管全国农作物种子和林木种子工作；县级以上地方人民政府农业、林业行政主管部门分别主管本行政区域内农作物种子和林木种子工作。

第四条 国家扶持种质资源保护工作和选育、生产、更新、推广使用良种，鼓励品种选育和种子生产、经营相结合，奖励在种质资源保护工作和良种选育、推广等工作中成绩显著的单位和个人。

第五条 县级以上人民政府应当根据科教兴农方针和种植业、林业发展的需要制定种子发展规划，并按照国家有关规定在财政、信贷和税收等方面采取措施保证规划的实施。

第六条 国务院和省、自治区、直辖市人民政府设立专项资金，用于扶持良种选育和推广。具体办法由国务院规定。

第七条 国家建立种子贮备制度，主要用于发生灾害时的生产需要，保障农业生产安全。对贮备的种子应当定期检验和更新。种子贮备的具体办法由国务院规定。

## 第二章 种质资源保护

第八条 国家依法保护种质资源,任何单位和个人不得侵占和破坏种质资源。

禁止采集或者采伐国家重点保护的天然种质资源。因科研等特殊情况需要采集或者采伐的,应当经国务院或者省、自治区、直辖市人民政府的农业、林业行政主管部门批准。

第九条 国家有计划地收集、整理、鉴定、登记、保存、交流和利用种质资源,定期公布可供利用的种质资源目录。具体办法由国务院农业、林业行政主管部门规定。

国务院农业、林业行政主管部门应当建立国家种质资源库,省、自治区、直辖市人民政府农业、林业行政主管部门可以根据需要建立种质资源库、种质资源保护区或者种质资源保护地。

第十条 国家对种质资源享有主权,任何单位和个人向境外提供种质资源的,应当经国务院农业、林业行政主管部门批准;从境外引进种质资源的,依照国务院农业、林业行政主管部门的有关规定办理。

## 第三章 品种选育与审定

第十一条 国务院农业、林业、科技、教育等行政主管部门和省、自治区、直辖市人民政府应当组织有关单位进行品种选育理论、技术和方法的研究。

国家鼓励和支持单位和个人从事良种选育和开发。

第十二条 国家实行植物新品种保护制度,对经过人工培育的或者发现的野生植物加以开发的植物品种,具备新颖性、特异性、一致性和稳定性的,授予植物新品种权,保护植物新品种权所有人的合法权益。具体办法按照国家有关规定执行。选育的品种得到推广应用的,育种者依法获得相应的经济利益。

第十三条 单位和个人因林业行政主管部门为选育林木良种建立测定林、试验林、优树收集区、基因库而减少经济收入的,批准建立的林业行政主管部门应当按照国家有关规定给予经济补偿。

第十四条 转基因植物品种的选育、试验、审定和推广应当进行安全性评价,并采取严格的安全控制措施。具体办法由国务院规定。

第十五条 主要农作物品种和主要林木品种在推广应用前应当通过国家级或者省级审定,申请者可以直接申请省级审定或者国家级审定。由省、自治区、直辖市人民政府农业、林业行政主管部门确定的主要农作物品种和主要林木品种实行省级审定。

主要农作物品种和主要林木品种的审定办法应当体现公正、公开、科学、效率的原则,由国务院农业、林业行政主管部门规定。

国务院和省、自治区、直辖市人民政府的农业、林业行政主管部门分别设立由专业人员组成的农作物品种和林木品种审定委员会,承担主要农作物品种和主要林木品种的审定工作。

在具有生态多样性的地区,省、自治区、直辖市人民政府农业、林业行政主管部门可以委托设区的市、自治州承担适宜于在特定生态区域内推广应用的主要农作物品种和主要林木品种的审定工作。

第十六条 通过国家级审定的主要农作物品种和主要林木良种由国务院农业、林业行政主管部门公告,可以在全国适宜的生态区域推广。通过省级审定的主要农作物品种和主要林木良种由省、自治区、直辖市人民政府农业、林业行政主管部门公告,可以在本行政区域内适宜的生态区域推广;相邻省、自治区、直辖市属于同一适宜生态区的地域,经所在省、自治区、直辖市人民政府农业、林业行政主管部门同意后可以引种。

第十七条 应当审定的农作物品种未经审定通过的,不得发布广告,不得经营、推广。

应当审定的林木品种未经审定通过的,不得作为良种经营、推广,但生产确需使用的,应当经省级以上人民政府林业行政主管部门审核,报同级林木品种审定委员会认定。

第十八条 审定未通过的农作物品种和林木品种,申请人有异议的,可以向原审定委员会或者上一级审定委员会申请复审。

第十九条 在中国没有经常居所或者营业场所的外国人、外国企业或者外国其他组织在中国申请品种审定的,应当委托具有法人资格的中国种子科研、生产、经营机构代理。

## 第四章 种子生产

第二十条 主要农作物和主要林木的商品种子生产实行许可制度。

主要农作物杂交种子及其亲本种子、常规种原种种子、主要林木良种的种子生产许可证,由生产所在地县级人民政府农业、林业行政主管部门审核,省、自治区、直辖市人民政府农业、林业行政主管部门核发;其他种子的生产许可证,由生产所在地县级以上地方人民政府农业、林业行政主管部门核发。

第二十一条 申请领取种子生产许可证的单位和个人,应当具备下列条件:

(一)具有繁殖种子的隔离和培育条件;

(二)具有无检疫性病虫害的种子生产地点或者县级以上人民政府林业行政主管部门确定的采种林;

(三)具有与种子生产相适应的资金和生产、检验设施;

(四)具有相应的专业种子生产和检验技术人员;

(五)法律、法规规定的其他条件。

申请领取具有植物新品种权的种子生产许可证的,应当征得品种权人的书面同意。

第二十二条 种子生产许可证应当注明生产种子的品种、地点和有效期限等项目。

禁止伪造、变造、买卖、租借种子生产许可证;禁止任何单位和个人无证或者未按照许可证的规定生产种子。

第二十三条 商品种子生产应当执行种子生产技术规程和种子检验、检疫规程。

第二十四条 在林木种子生产基地内采集种子的,由种子生产基地的经营者组织进行,采集种子应当按照国家有关标准进行。

禁止抢采掠青、损坏母树,禁止在劣质林内、劣质母树上采集种子。

第二十五条 商品种子生产者应当建立种子生产档案,载明生产地点、生产地块环境、前茬作物、亲本种子来源和质量、技术负责人、田间检验记录、产地气象记录、种子流向等内容。

## 第五章 种子经营

第二十六条 种子经营实行许可制度。种子经营者必须先取得种子经营许可证后,方可凭种子经营许可证向工商行政管理机关申请办理或者变更营业执照。

种子经营许可证实行分级审批发放制度。种子经营许可证由种子经营者所在地县级以上地方人民政府农业、林业行政主管部门核发。主要农作物杂交种子及其亲本种子、常规种原种种子、主要林木良种的种子经营许可证,由种子经营者所在地县级人民政府农业、林业行政主管部门审核,省、自治区、直辖市人民政府农业、林业行政主管部门核发。实行选育、生产、经营相结合并达到国务院农业、林业行政主管部门规定的注册资本金额的种子公司和从事种子进出口业务的公司的种子经营许可证,由省、自治区、直辖市人民政府农业、林业行政主管部门审核,国务院农业、林业行政主管部门核发。

第二十七条 农民个人自繁、自用的常规种子有剩余的,可以在集贸市场上出售、串换,不需要办理种子经营许可证,由省、自治区、直辖市人民政府制定管理办法。

第二十八条 国家鼓励和支持科研单位、学校、科技人员研究开发和依法经营、推广农作物新品种和林木良种。

第二十九条 申请领取种子经营许可证的单位和个人,应当具备下列条件:

(一)具有与经营种子种类和数量相适应的资金及独立承担民事责任的能力;

(二)具有能够正确识别所经营的种子、检验种子质量、掌握种子贮藏、保管技术的人员;

(三)具有与经营种子的种类、数量相适应的营业场所及加工、包装、贮藏保管设施和检验种子质量的仪器设备;

(四)法律、法规规定的其他条件。

种子经营者专门经营不再分装的包装种子的,或者受具有种子经营许可证的种子经营者以书面委托代销其种子的,可以不办理种子经营许可证。

第三十条 种子经营许可证的有效区域由发证机关在其管辖范围内确定。种子经营者按照经营许可证规定的有效区域设立分支机构的,可以不再办理种子经营许可证,但应当在办理或者变更营业执照后十五日内,向当地农业、林业行政主管部门和原发证机关备案。

第三十一条 种子经营许可证应当注明种子经营范围、经营方式及有效期限、有效区域等项目。

禁止伪造、变造、买卖、租借种子经营许可证;禁止任何单位和个人无证

或者未按照许可证的规定经营种子。

第三十二条　种子经营者应当遵守有关法律、法规的规定,向种子使用者提供种子的简要性状、主要栽培措施、使用条件的说明与有关咨询服务,并对种子质量负责。

任何单位和个人不得非法干预种子经营者的自主经营权。

第三十三条　国务院或者省、自治区、直辖市人民政府的林业行政主管部门建立的林木种子生产基地生产的种子,由国务院或者省、自治区、直辖市人民政府的林业行政主管部门指定的单位有计划地统一组织收购和调剂使用,非指定单位不得在基地范围内组织收购。

未经国务院或者省、自治区、直辖市人民政府的林业行政主管部门批准,不得收购珍贵树木种子和同级人民政府规定限制收购的林木种子。

第三十四条　销售的种子应当加工、分级、包装。但是,不能加工、包装的除外。

大包装或者进口种子可以分装;实行分装的,应当注明分装单位,并对种子质量负责。

第三十五条　销售的种子应当附有标签。标签应当标注种子类别、品种名称、产地、质量指标、检疫证明编号、种子生产及经营许可证编号或者进口审批文号等事项。标签标注的内容应当与销售的种子相符。

销售进口种子的,应当附有中文标签。

销售转基因植物品种种子的,必须用明显的文字标注,并应当提示使用时的安全控制措施。

第三十六条　种子经营者应当建立种子经营档案,载明种子来源、加工、贮藏、运输和质量检测各环节的简要说明及责任人、销售去向等内容。

一年生农作物种子的经营档案应当保存至种子销售后二年,多年生农作物和林木种子经营档案的保存期限由国务院农业、林业行政主管部门规定。

第三十七条　种子广告的内容应当符合本法和有关广告的法律、法规的规定,主要性状描述应当与审定公告一致。

第三十八条　调运或者邮寄出县的种子应当附有检疫证书。

## 第六章　种子使用

第三十九条　种子使用者有权按照自己的意愿购买种子,任何单位和个

人不得非法干预。

第四十条　国家投资或者国家投资为主的造林项目和国有林业单位造林,应当根据林业行政主管部门制定的计划使用林木良种。国家对推广使用林木良种营造防护林、特种用途林给予扶持。

第四十一条　种子使用者因种子质量问题遭受损失的,出售种子的经营者应当予以赔偿,赔偿额包括购种价款、有关费用和可得利益损失。

经营者赔偿后,属于种子生产者或者其他经营者责任的,经营者有权向生产者或者其他经营者追偿。

第四十二条　因使用种子发生民事纠纷的,当事人可以通过协商或者调解解决。当事人不愿通过协商、调解解决或者协商、调解不成的,可以根据当事人之间的协议向仲裁机构申请仲裁。当事人也可以直接向人民法院起诉。

## 第七章　种子质量

第四十三条　种子的生产、加工、包装、检验、贮藏等质量管理办法和行业标准,由国务院农业、林业行政主管部门制定。

农业、林业行政主管部门负责对种子质量的监督。

第四十四条　农业、林业行政主管部门可以委托种子质量检验机构对种子质量进行检验。

承担种子质量检验的机构应当具备相应的检测条件和能力,并经省级以上人民政府有关主管部门考核合格。

第四十五条　种子质量检验机构应当配备种子检验员。种子检验员应当具备以下条件:

(一)具有相关专业中等专业技术学校毕业以上文化水平;

(二)从事种子检验技术工作三年以上;

(三)经省级以上人民政府农业、林业行政主管部门考核合格。

第四十六条　禁止生产、经营假、劣种子。

下列种子为假种子:

(一)以非种子冒充种子或者以此种品种种子冒充他品种种子的;

(二)种子种类、品种、产地与标签标注的内容不符的。

下列种子为劣种子:

(一)质量低于国家规定的种用标准的;

(二)质量低于标签标注指标的;

(三)因变质不能作种子使用的;

(四)杂草种子的比率超过规定的;

(五)带有国家规定检疫对象的有害生物的。

第四十七条　由于不可抗力原因,为生产需要必须使用低于国家或者地方规定的种用标准的农作物种子的,应当经用种地县级以上地方人民政府批准;林木种子应当经用种地省、自治区、直辖市人民政府批准。

第四十八条　从事品种选育和种子生产、经营以及管理的单位和个人应当遵守有关植物检疫法律、行政法规的规定,防止植物危险性病、虫、杂草及其他有害生物的传播和蔓延。

禁止任何单位和个人在种子生产基地从事病虫害接种试验。

## 第八章　种子进出口和对外合作

第四十九条　进口种子和出口种子必须实施检疫,防止植物危险性病、虫、杂草及其他有害生物传入境内和传出境外,具体检疫工作按照有关植物进出境检疫法律、行政法规的规定执行。

第五十条　从事商品种子进出口业务的法人和其他组织,除具备种子经营许可证外,还应当依照有关对外贸易法律、行政法规的规定取得从事种子进出口贸易的许可。

从境外引进农作物、林木种子的审定权限,农作物、林木种子的进出口审批办法,引进转基因植物品种的管理办法,由国务院规定。

第五十一条　进口商品种子的质量,应当达到国家标准或者行业标准。没有国家标准或者行业标准的,可以按照合同约定的标准执行。

第五十二条　为境外制种进口种子的,可以不受本法第五十条第一款的限制,但应当具有对外制种合同,进口的种子只能用于制种,其产品不得在国内销售。

从境外引进农作物试验用种,应当隔离栽培,收获物也不得作为商品种子销售。

第五十三条　禁止进出口假、劣种子以及属于国家规定不得进出口的种子。

第五十四条　境外企业、其他经济组织或者个人来我国投资种子生产、经营的,审批程序和管理办法由国务院有关部门依照有关法律、行政法规规定。

## 第九章　种子行政管理

第五十五条　农业、林业行政主管部门是种子行政执法机关。种子执法人员依法执行公务时应当出示行政执法证件。

农业、林业行政主管部门为实施本法,可以进行现场检查。

第五十六条　农业、林业行政主管部门及其工作人员不得参与和从事种子生产、经营活动;种子生产经营机构不得参与和从事种子行政管理工作。种子的行政主管部门与生产经营机构在人员和财务上必须分开。

第五十七条　国务院农业、林业行政主管部门和异地繁育种子所在地的省、自治区、直辖市人民政府应当加强对异地繁育种子工作的管理和协调,交通运输部门应当优先保证种子的运输。

第五十八条　农业、林业行政主管部门在依照本法实施有关证照的核发工作中,除收取所发证照的工本费外,不得收取其他费用。

## 第十章　法律责任

第五十九条　违反本法规定,生产、经营假、劣种子的,由县级以上人民政府农业、林业行政主管部门或者工商行政管理机关责令停止生产、经营,没收种子和违法所得,吊销种子生产许可证、种子经营许可证或者营业执照,并处以罚款;有违法所得的,处以违法所得五倍以上十倍以下罚款;没有违法所得的,处以二千元以上五万元以下罚款;构成犯罪的,依法追究刑事责任。

第六十条　违反本法规定,有下列行为之一的,由县级以上人民政府农业、林业行政主管部门责令改正,没收种子和违法所得,并处以违法所得一倍以上三倍以下罚款;没有违法所得的,处以一千元以上三万元以下罚款;可以吊销违法行为人的种子生产许可证或者种子经营许可证;构成犯罪的,依法追究刑事责任:

(一)未取得种子生产许可证或者伪造、变造、买卖、租借种子生产许可证,或者未按照种子生产许可证的规定生产种子的;

(二)未取得种子经营许可证或者伪造、变造、买卖、租借种子经营许可证,或者未按照种子经营许可证的规定经营种子的。

第六十一条 违反本法规定,有下列行为之一的,由县级以上人民政府农业、林业行政主管部门责令改正,没收种子和违法所得,并处以违法所得一倍以上三倍以下罚款;没有违法所得的,处以一千元以上二万元以下罚款;构成犯罪的,依法追究刑事责任:

(一)为境外制种的种子在国内销售的;

(二)从境外引进农作物种子进行引种试验的收获物在国内作商品种子销售的;

(三)未经批准私自采集或者采伐国家重点保护的天然种质资源的。

第六十二条 违反本法规定,有下列行为之一的,由县级以上人民政府农业、林业行政主管部门或者工商行政管理机关责令改正,处以一千元以上一万元以下罚款:

(一)经营的种子应当包装而没有包装的;

(二)经营的种子没有标签或者标签内容不符合本法规定的;

(三)伪造、涂改标签或者试验、检验数据的;

(四)未按规定制作、保存种子生产、经营档案的;

(五)种子经营者在异地设立分支机构未按规定备案的。

第六十三条 违反本法规定,向境外提供或者从境外引进种质资源的,由国务院或省、自治区、直辖市人民政府的农业、林业行政主管部门没收种质资源和违法所得,并处以一万元以上五万元以下罚款。

未取得农业、林业行政主管部门的批准文件携带、运输种质资源出境的,海关应当将该种质资源扣留,并移送省、自治区、直辖市人民政府农业、林业行政主管部门处理。

第六十四条 违反本法规定,经营、推广应当审定而未经审定通过的种子的,由县级以上人民政府农业、林业行政主管部门责令停止种子的经营、推广,没收种子和违法所得,并处以一万元以上五万元以下罚款。

第六十五条 违反本法规定,抢采掠青、损坏母树或者在劣质林内和劣质母树上采种的,由县级以上人民政府林业行政主管部门责令停止采种行为,没收所采种子,并处以所采林木种子价值一倍以上三倍以下的罚款;构成犯罪的,依法追究刑事责任。

第六十六条 违反本法第三十三条规定收购林木种子的,由县级以上人民政府林业行政主管部门没收所收购的种子,并处以收购林木种子价款二倍以下的罚款。

第六十七条 违反本法规定,在种子生产基地进行病虫害接种试验的,由县级以上人民政府农业、林业行政主管部门责令停止试验,处以五万元以下罚款。

第六十八条 种子质量检验机构出具虚假检验证明的,与种子生产者、销售者承担连带责任;并依法追究种子质量检验机构及其有关责任人的行政责任;构成犯罪的,依法追究刑事责任。

第六十九条 强迫种子使用者违背自己的意愿购买、使用种子给使用者造成损失的,应当承担赔偿责任。

第七十条 农业、林业行政主管部门违反本法规定,对不具备条件的种子生产者、经营者核发种子生产许可证或者种子经营许可证的,对直接负责的主管人员和其他直接责任人员,依法给予行政处分;构成犯罪的,依法追究刑事责任。

第七十一条 种子行政管理人员徇私舞弊、滥用职权、玩忽职守的,或者违反本法规定从事种子生产、经营活动的,依法给予行政处分;构成犯罪的,依法追究刑事责任。

第七十二条 当事人认为有关行政机关的具体行政行为侵犯其合法权益的,可以依法申请行政复议,也可以依法直接向人民法院提起诉讼。

第七十三条 农业、林业行政主管部门依法吊销违法行为人的种子经营许可证后,应当通知工商行政管理机关依法注销或者变更违法行为人的营业执照。

## 第十一章 附 则

第七十四条 本法下列用语的含义是:

(一)种质资源是指选育新品种的基础材料,包括各种植物的栽培种、野生种的繁殖材料以及利用上述繁殖材料人工创造的各种植物的遗传材料。

(二)品种是指经过人工选育或者发现并经过改良,形态特征和生物学特性一致,遗传性状相对稳定的植物群体。

(三)主要农作物是指稻、小麦、玉米、棉花、大豆以及国务院农业行政主管部门和省、自治区、直辖市人民政府农业行政主管部门各自分别确定的其他一至二种农作物。

水稻良种引种指导

(四)林木良种是指通过审定的林木种子,在一定的区域内,其产量、适应性、抗性等方面明显优于当前主栽材料的繁殖材料和种植材料。

(五)标签是指固定在种子包装物表面及内外的特定图案及文字说明。

第七十五条　本法所称主要林木由国务院林业行政主管部门确定并公布;省、自治区、直辖市人民政府林业行政主管部门可以在国务院林业行政主管部门确定的主要林木之外确定其他八种以下的主要林木。

第七十六条　草种、食用菌菌种的种质资源管理和选育、生产、经营、使用、管理等活动,参照本法执行。

第七十七条　中华人民共和国缔结或者参加的与种子有关的国际条约与本法有不同规定的,适用国际条约的规定;但是,中华人民共和国声明保留的条款除外。

第七十八条　本法自 2000 年 12 月 1 日起施行。1989 年 3 月 13 日国务院发布的《中华人民共和国种子管理条例》同时废止。

# 附录三 水稻优良品种供种单位及其 通信地址与邮政编码

## 一、北方水稻良种

### (一)北方主要粳稻良种

**1. 保丰 2 号**

供种单位 吉林省吉农水稻高新科技发展有限责任公司

地　址　吉林省公主岭市西华兴街 6 号

邮　编　136100

**2. 长白 10 号(吉丰 8 号)**

供种单位 吉林省吉农水稻高新科技发展有限责任公司

地　址　吉林省公主岭市西华兴街 6 号

邮　编　136100

**3. 超产 1 号**

供种单位 吉林省农科院水稻研究所

地　址　吉林省公主岭市南崴子乡

邮　编　136012

**4. 丹 9334**

供种单位 辽宁省丹东农科院稻作所

地　址　辽宁省凤城市草河区

邮　编　118109

**5. 丹粳 8 号**

供种单位 辽宁省丹东农科院稻作所

地　址　辽宁省凤城市草河区

邮　编　118109

**6.** 抚粳 4 号(原名抚 85101)

　　供种单位　辽宁省抚顺市农业科学院

　　地　址　辽宁省清原县清原镇南八家

　　邮　编　113300

**7.** 富源 4 号(原名吉 96D10)

　　供种单位　吉林省农业科学院水稻研究所

　　地　址　吉林省公主岭市南崴子乡

　　邮　编　136012

**8.** 吉粳 81 号(晶星 1 号)

　　供种单位　吉林省农业科学院水稻研究所

　　地　址　吉林省公主岭市南崴子乡

　　邮　编　136012

**9.** 吉粳 83 号(丰优 307)

　　供种单位　吉林省农业科学院水稻研究所

　　地　址　吉林省公主岭市南崴子乡

　　邮　编　136012

**10.** 吉粳 93(新生 71)

　　供种单位　吉林省吉农水稻高新科技发展有限责任公司

　　地　址　吉林省公主岭市西华兴街 6 号

　　邮　编　136100

**11.** 津星 1 号(原代号 92 – 10)

　　供种单位　天津市水稻研究所

　　地　址　天津市红桥区杨庄子大堤外

　　邮　编　300112

**12.** 津原 101(原名 94 – 101)

　　供种单位　天津市原种场

　　地　址　天津市宁河县廉庄西于庄北

　　邮　编　301500

**13.** 京稻 21

　　供种单位　北京市农林科学院作物研究所

　地　　址　　北京市海淀区西郊板井

　邮　编　　100089

## 14. 九稻 22 号 ( 原名九 9432 )

　供种单位　吉林省吉林市农业科学院

　地　　址　　吉林省吉林经济技术开发区九站街

　邮　编　　132101

## 15. 九稻 23 号 ( 原名九 9423 )

　供种单位　吉林省吉林市农业科学院

　地　　址　　吉林省吉林经济技术开发区九站街

　邮　编　　132101

## 16. 九稻 27 ( 原名九新 152 )

　供种单位　吉林省吉林市农业科学院

　地　　址　　吉林省吉林经济技术开发区九站街

　邮　编　　132101

## 17. 开粳 3 号 ( 原名开 9502 )

　供种单位　辽宁省开原市农科所

　地　　址　　辽宁省开原市

　邮　编　　112300

## 18. 垦稻 98 – 1

　供种单位　河北省稻作研究所

　地　　址　　河北省唐海县城关

　邮　编　　063200

## 19. 垦育 12 号 ( 原名 WD06 )

　供种单位　河北省稻作研究所

　地　　址　　河北省唐海县城关

　邮　编　　063200

## 20. 垦育 16 号

　供种单位　河北省稻作研究所

　地　　址　　河北省唐海县城关

　邮　编　　063200

**21. 空育 131(原代号垦鉴 90 – 31)**

  供种单位 黑龙江省农垦科学院水稻所

  地  址 黑龙江省佳木斯市

  邮  编 154007

**22. 丽稻 1 号(9603)**

  供种单位 天津市东丽区农业技术推广中心

  地  址 天津市东丽区

  邮  编 300300

**23. 辽粳 288**

  供种单位 辽宁省农业科学院稻作研究所

  地  址 沈阳市苏家屯区枫杨路 129 号

  邮  编 110101

**24. 辽粳 294**

  供种单位 辽宁省农业科学院稻作研究所

  地  址 沈阳市苏家屯区枫杨路 129 号

  邮  编 110101

**25. 辽粳 931**

  供种单位 辽宁省农业科学院稻作研究所

  地  址 沈阳市苏家屯区枫杨路 129 号

  邮  编 110101

**26. 辽盐 283**

  供种单位 辽宁省北方农业技术开发总公司

  地  址 辽宁省盘锦市大洼县

  邮  编 124200

**27. 辽盐 9 号**

  供种单位 辽宁省北方农业技术开发总公司

  地  址 辽宁省盘锦市大洼县

  邮  编 124200

**28. 辽盐糯 10 号**

  供种单位 辽宁省北方农业技术开发总公司

地　　址　　辽宁省盘锦市大洼县

邮　编　　124200

## 29. 宁粳 23 号

供种单位　宁夏回族自治区农林科学院作物研究所

地　　址　　宁夏回族自治区永宁县王太堡

邮　编　　750105

## 30. 沈农 8718

供种单位　沈阳农业大学

地　　址　　辽宁省沈阳市东陵路 120 号

邮　编　　110161

## 31. 新稻 9 号

供种单位　新疆维吾尔自治区农业科学院粮食作物研究所

地　　址　　新疆乌鲁木齐市南昌路 38 号

邮　编　　830000

## 32. 延粳 23(原名延 504)

供种单位　吉林省延边州农业科学院水稻研究所

地　　址　　吉林省龙井市

邮　编　　133400

## 33. 雨田 1 号

供种单位　辽宁省盘锦北方农业技术开发有限公司

地　　址　　辽宁省盘锦市大洼县

邮　编　　124200

## 34. 雨田 7 号(原名辽盐 6 号)

供种单位　辽宁省盘锦北方农业技术开发有限公司

地　　址　　辽宁省盘锦市大洼县

邮　编　　124200

## 35. 中农稻 1 号(原名中作 9128)

供种单位　中国农业科学院作物所

地　　址　　北京市海淀区中关村南大街 12 号

邮　编　　100081

## (二)北方主要杂交粳稻组合良种

**1. 辽优 3418(原名 3A/C 418)**

  供种单位 辽宁省农业科学院稻作研究所

  地  址 沈阳市苏家屯区枫杨路 129 号

  邮  编 110101

**2. 辽优 4418(原名秀岭 A/C 418)**

  供种单位 辽宁省农业科学院稻作研究所

  地  址 沈阳市苏家屯区枫杨路 129 号

  邮  编 110101

**3. 3 优 4418(原名 3A/18, 又名 3 优 18)**

  供种单位 天津市农业科学院水稻研究所

  地  址 天津市红桥区杨庄子大堤外

  邮  编 300112

**4. 辽优 5218**

  供种单位 辽宁省农业科学院稻作研究所

  地  址 沈阳市苏家屯区枫杨路 129 号

  邮  编 110101

**5. 辽优 3225**

  供种单位 辽宁省农业科学院稻作研究所

  地  址 沈阳市苏家屯区枫杨路 129 号

  邮  编 110101

**6. 9 优 418**

  供种单位 江苏省徐州市农业科学研究所

  地  址 江苏省徐州市东贺村

  邮  编 221121

**7. 泗优 418**

  供种单位 江苏省淮阴市农业科学研究所

  地  址 江苏省淮安市淮海北路 104 号

  邮  编 223201

**8.津粳杂 2 号(津优 9701)**

  供种单位 天津市农业科学院水稻研究所

  地  址 天津市红桥区杨庄子大堤外

  邮  编 300112

**9.盐两优 2818**

  供种单位 辽宁省盐碱地利用研究所

  地  址 辽宁省大洼县大洼镇永顺街 2 号

  邮  编 124200

**10.8 优 682**

  供种单位 江苏省徐州市农科所

  地  址 江苏省徐州市东贺村

  邮  编 221121

**11.盐优 1 号**

  供种单位 江苏省盐都县农业科学研究所

  地  址 江苏省盐都县龙岗镇北首

  邮  编 224011

**12.69 优 8 号**

  供种单位 江苏省徐州市农科所

  地  址 江苏省徐州市东贺村

  邮  编 221121

**13.86 优 242**

  供种单位 江苏省太湖地区农科所

  地  址 江苏省吴县太湖地区

  邮  编 215155

**14.津粳杂 3 号**

  供种单位 天津市农业科学院水稻研究所

  地  址 天津市红桥区杨庄子大堤外

  邮  编 300112

**15.辽优 5 号**

  供种单位 辽宁省农业科学院

地　址　辽宁省沈阳市东陵马关桥

邮　编　110161

## 16. 常优 1 号（又名常优 99 – 1）

供种单位　江苏省常熟市农科所

地　址　江苏省常熟市抱慈北路 5 号

邮　编　215500

## 17. 9 优 138

供种单位　江苏省徐州市农科所

地　址　江苏省徐州市东贺村

邮　编　221121

## 18. 泗优 9022

供种单位　辽宁省农业科学院稻作研究所

地　址　沈阳市苏家屯区枫杨路 129 号

邮　编　110101

供种单位　江苏省淮阴市农科所

地　址　江苏省淮阴市黄河路 2 号

邮　编　223001

## 19. 盐优 2 号

供种单位　江苏省盐都县农科所

地　址　江苏省盐都县龙岗镇北首

邮　编　224011

# 二、长江流域主要常规稻品种良种

## （一）长江流域主要常规稻—早籼良种

## 1. 长早籼 10 号（原名 95 – 81）

供种单位　湖南省宁乡县农业技术推广中心

地　址　湖南省宁乡县

邮　编　410600

**2. 鄂早 13**

　　供种单位　湖北大学生命科学学院

　　地　　址　湖北省武汉市武昌宝积庵

　　邮　　编　430062

**3. 鄂早 14**

　　供种单位　湖北省黄冈市农业科学研究所

　　地　　址　湖北省黄冈市东郊路 16 号

　　邮　　编　436100

**4. 鄂早 15**

　　供种单位　湖北省荆州市农业科学院

　　地　　址　湖北省荆州沙市东郊吴家桥

　　邮　　编　434129

**5. 鄂早 16**

　　供种单位　湖北省荆州市种子总公司

　　地　　址　湖北省荆州市荆州区东环路 54 号

　　邮　　编　434100

**6. 鄂早 18**

　　供种单位　湖北省黄冈市农业科学研究所

　　地　　址　湖北省黄冈市东郊路 16 号

　　邮　　编　436100

　　供种单位　湖北省种子集团公司

　　地　　址　武汉市洪山区洛狮路 310 号

　　邮　　编　430070

**7. 嘉育 164**

　　供种单位　浙江省嘉兴市农业科学研究院

　　地　　址　浙江省嘉兴市双桥

　　邮　　编　314016

**8. 嘉育 202**

　　供种单位　浙江省嘉兴市农业科学研究院

　　地　　址　浙江省嘉兴市双桥

邮　编　314016

供种单位　湖北省种子管理站

地　址　武汉市武昌南湖壕沟

邮　编　430070

**9. 嘉育 948**

供种单位　浙江省嘉兴市农业科学研究所

地　址　浙江省嘉兴市双桥

邮　编　314016

**10. 嘉早 935**

供种单位　浙江省嘉兴市农业科学研究所

地　址　浙江省嘉兴市双桥

邮　编　314016

**11. 湘早籼 31 号（原名丰优早 11 号）**

供种单位　湖南省水稻研究所

地　址　湖南省长沙市芙蓉区马坡岭

邮　编　410125

**12. 浙福 910**

供种单位　浙江大学核农学研究所

地　址　浙江省杭州市凯旋路

邮　编　310029

**13. 中鉴 99－38**

供种单位　中国水稻研究所

地　址　浙江省杭州市体育场路 359 号

邮　编　310006

供种单位　湖南省水稻研究所

地　址　湖南省长沙市芙蓉区马坡岭

邮　编　410125

**14. 中鉴 100**

供种单位　中国水稻研究所

地　址　浙江省杭州市体育场路 359 号

邮　编　310006

**15. 中优早 5 号**

供种单位　中国水稻研究所

地　址　浙江省杭州市体育场路 359 号

邮　编　310006

**16. 中早 1 号**

供种单位　中国水稻研究所

地　址　浙江省杭州市体育场路 359 号

邮　编　310006

**17. 中早 21**

供种单位　中国水稻研究所

地　址　浙江省杭州市体育场路 359 号

邮　编　310006

**18. 中组 1 号**

供种单位　中国水稻研究所

地　址　浙江省杭州市体育场路 359 号

邮　编　310006

**19. 舟 903**

供种单位　浙江省舟山市农业科学研究所

地　址　浙江省舟山市定海盐仓

邮　编　316000

## (二)长江流域稻区中晚稻良种

**1. 宝农 12(原名 92 - 12)**

供种单位　上海市宝山区农业良种繁育场

地　址　上海市宝山区

邮　编　201900

**2. 成糯 397**

供种单位　四川省农业科学院作物研究所

地　址　四川省成都市静居寺 20 号

水稻良种引种指导

邮　编　610066

**3.春江 15**

供种单位　中国水稻研究所

地　址　浙江省杭州市体育场路 359 号

邮　编　310006

**4.鄂糯 7 号**

供种单位　湖北省荆州市农科所

地　址　湖北省荆州市荆州区东环路 54 号

邮　编　434100

**5.赣晚籼 30 号(923)**

供种单位　江西省农业科学院水稻研究所

地　址　江西省南昌市莲塘伍农岗

邮　编　330200

**6.淮稻 6 号**

供种单位　江苏省徐淮地区淮阴农科所

地　址　江苏省淮安市淮海北路 104 号

邮　编　223001

**7.连粳 2 号(原名连 8671)**

供种单位　江苏省连云港市农科所

地　址　江苏省连云港市新浦海连路

邮　编　222001

**8.皖稻 89(原名 96－2)**

供种单位　安徽省凤台县农科所

地　址　安徽省凤台县

邮　编　232100

**9.武运粳 7 号**

供种单位　江苏省武进市农科所

地　址　江苏省武进市滆湖良种场

邮　编　213149

**10. 湘晚籼 13 号（原名农香 98）**

　　供种单位　湖南省水稻研究所

　　地　　址　湖南省长沙市芙蓉区马坡岭

　　邮　　编　410125

**11. 秀 水 110**

　　供种单位　浙江省嘉兴市农业科学研究院

　　地　　址　浙江省嘉兴市双桥

　　邮　　编　314016

**12. 秀 水 13（丙 95 − 13）**

　　供种单位　浙江省嘉兴市农业科学研究院

　　地　　址　浙江省嘉兴市双桥

　　邮　　编　314016

**13. 秀 水 63（原名丙 93 − 63）**

　　供种单位　浙江省嘉兴市农业科学研究院

　　地　　址　浙江省嘉兴市双桥

　　邮　　编　314016

**14. 盐稻 6 号**

　　供种单位　江苏省盐城地区农业科学研究院

　　地　　址　江苏省盐城市通榆中路 9 号

　　邮　　编　224002

**15. 盐粳 7 号**

　　供种单位　江苏省盐都县农科所

　　地　　址　江苏省盐都县龙岗镇北首

　　邮　　编　224011

**16. 扬稻 6 号**

　　供种单位　江苏省里下河地区农科所

　　地　　址　江苏省扬州市扬子江北路 568 号

　　邮　　编　225007

**17. 扬辐糯 4 号**

　　供种单位　江苏省里下河地区农业科学研究所

地　　址　江苏省扬州市扬子江北路 568 号
邮　　编　225007
供种单位　湖北省孝感市孝南区农业局
地　　址　湖北省孝感市长征路东段
邮　　编　432100
供种单位　湖北省孝感市优质农产品开发公司
地　　址　湖北省孝感市长征二路 104 号
邮　　编　432100
供种单位　湖北省种子管理站
地　　址　武汉市武昌南湖壕沟
邮　　编　430070

**18. 越糯 3 号 ( 原名绍 95 – 51 )**
供种单位　浙江省绍兴市农业科学研究所
地　　址　浙江省绍兴市东湖
邮　　编　312003

**19. 浙粳 20**
供种单位　浙江省农业科学院作物研究所
地　　址　杭州市石桥路 48 号
邮　　编　310021

**20. 浙农大 454**
供种单位　浙江大学农业与生物技术学院
地　　址　浙江省杭州市凯旋路
邮　　编　310029

**21. 镇稻 6 号 ( 原名镇稻 532 )**
供种单位　江苏省丘陵地区镇江农业科学研究所
地　　址　江苏省句容市宁杭路 112 号
邮　　编　212400

**22. 镇稻 7 号 ( 原名镇稻 5171 )**
供种单位　江苏省丘陵地区镇江农业科学研究所
地　　址　江苏省句容市宁杭路 112 号

邮　编　212400

**23. 镇稻 99**

供种单位　江苏省丘陵地区镇江农业科学研究所

地　址　江苏省句容市宁杭路 112 号

邮　编　212400

**24. 中健 2 号**

供种单位　中国水稻研究所

地　址　浙江省杭州市体育场路 359 号

邮　编　310006

供种单位　湖南金健米业股份有限公司

地　址　湖南省常德市德山开发区金健工业城

邮　编　415000

**25. 中香 1 号**

供种单位　中国水稻研究所

地　址　浙江省杭州市体育场路 359 号

邮　编　310006

## (三) 长江流域主要杂交早稻组合良种

**1. 金优 F6**

供种单位　江西省农业科学院水稻研究所

地　址　江西省南昌市莲塘伍农岗

邮　编　330200

**2. K 优 66**

供种单位　江西省赣州市农业科学研究所

地　址　江西省赣州市沙石乡

邮　编　341000

供种单位　江西省赣州市种子管理站

地　址　江西省赣州市

邮　编　341000

**3. 九两优丰**

  供种单位 江西省农业科学院水稻研究所

  地  址 江西省南昌市莲塘伍农岗

  邮 编 330200

**4. 九两优 F6**

  供种单位 江西省农业科学院水稻研究所

  地  址 江西省南昌市莲塘伍农岗

  邮 编 330200

**5. 株两优 83**

  供种单位 湖南省亚华种业科学院

  地  址 湖南省长沙市中意路 558 号

  邮 编 410116

  供种单位 湖南省株洲市农科所

  地  址 湖南省株洲市攸县

  邮 编 412309

**6. 陆两优 28**

  供种单位 湖南省亚华种业科学院

  地  址 湖南省长沙市中意路 558 号

  邮 编 410116

**7. K 优 402**

  供种单位 四川省农业科学院水稻高粱研究所

  地  址 四川省泸州市大驿坝 4 号

  邮 编 646100

**8. 金优 1176**

  供种单位 湖北省咸宁市农业科学研究所

  地  址 湖北省咸宁市

  邮 编 437100

**9. 株两优 02**

  供种单位 湖南省亚华种业科学院

地　　址　湖南省长沙市中意路 558 号

邮　编　410116

供种单位　湖南省株洲市农科所

地　　址　湖南省株洲市攸县

邮　　编　412309

## 10. Ⅰ优 974

供种单位　湖南省衡阳市农科所

地　　址　湖南省衡南县衡塘镇

邮　　编　421101

供种单位　广西蒙山县种子公司

地　　址　广西蒙山县蒙山镇湄江街 156 号

邮　　编　546700

## 11. 株两优 112

供种单位　湖南省亚华种业科学院

地　　址　湖南省长沙市中意路 558 号

邮　　编　410116

供种单位　湖南省株洲市农科所

地　　址　湖南省株洲市攸县

邮　　编　412309

## 12. 香两优 68

供种单位　湖南省杂交水稻研究中心

地　　址　湖南省长沙市芙蓉区马坡岭

邮　　编　410125

## 13. K 优 619

供种单位　浙江省温州市农业科学院浙南育种中心

地　　址　浙江省温州市

邮　　编　325000

## 14. K 优 404

供种单位　四川省农业科学院水稻高粱研究所

地　　址　四川省泸州市大驿坝 4 号

邮　编　646100

## 15. 优 I 66

供种单位　中国水稻研究所

地　址　浙江省杭州市体育场路 359 号

邮　编　310006

## 16. 威优 402

供种单位　湖南省安江农校

地　址　湖南省怀化市河西

邮　编　418000

## 17. 八两优 96

供种单位　湖南省株洲市农科所

地　址　湖南省株洲市河西长江北路

邮　编　412007

供种单位　湖南省亚华种业科学院

地　址　湖南省长沙市中意路 558 号

邮　编　410116

## (四)长江流域杂交中晚稻组合良种

## 1. 两优培九

供种单位　江苏省农业科学院

地　址　江苏省南京市孝陵卫钟陵街 50 号

邮　编　210014

## 2. 70 优 9 号

供种单位　安徽省农业科学院研究所

地　址　安徽省合肥市农科南路 40 号

邮　编　230031

## 3. 中 9 优 838 选(原名国丰 1 号)

供种单位　中国水稻研究所

地　址　浙江省杭州市体育场路 359 号

邮　编　310006

供种单位　安徽省合肥丰乐种业股份有限公司

地　　址　安徽省合肥市西七里塘樊洼路 8 号

邮　　编　230031

## 4. 协优 963

供种单位　浙江省农业科学院作物研究所

地　　址　杭州市石桥路 48 号

邮　　编　310021

## 5. K 优 047

供种单位　四川省农业科学院作物研究所

地　　址　四川省成都市狮子山路 2 号

邮　　编　610066

供种单位　四川省农科院水稻高粱研究所

地　　址　四川省泸州市大驿坝 4 号

邮　　编　646100

## 6. D 优多系 1 号(原名 D702A/多系 1 号)

供种单位　四川农业大学水稻研究所

地　　址　四川省成都市温江县城东外

邮　　编　611130

## 7. D 优 13(原名 D702A/527)

供种单位　四川农业大学水稻研究所

地　　址　四川省成都市温江县城东外

邮　　编　611130

## 8. K 优 77

供种单位　四川省农业科学院水稻高粱研究所

地　　址　四川省泸州市大驿坝 4 号

邮　　编　646100

供种单位　四川省泸州市农业局

地　　址　四川省泸州市

邮　　编　646000

## 9. 冈优 725

供种单位　四川省绵阳市农业科学研究所

地　址　四川省绵阳市涪城市青义镇
邮　编　621002

**10. 菲优多系 1 号**

供种单位　四川省内江杂交稻科技开发中心
地　址　四川省内江市花园滩
邮　编　641000

**11. Ⅱ优 501**

供种单位　四川省绵阳市农业科学研究所
地　址　四川省绵阳市涪城市青义镇
邮　编　621002
供种单位　西南科技大学
地　址　四川省绵阳市
邮　编　621010

**12. Ⅱ优 725**

供种单位　四川省绵阳市农业科学研究所
地　址　四川省绵阳市涪城市青义镇
邮　编　621002

**13. 协优赣 26( 协优 1429)**

供种单位　江西省宜春市农业科学院研究所
地　址　江西省宜春市东郊厚田
邮　编　336000

**14. 特优 37**

供种单位　浙江大学核农所
地　址　浙江省杭州市凯旋路
邮　编　310029

**15. Ⅱ优 7954**

供种单位　浙江省农业科学院作物所
地　址　杭州市石桥路 48 号
邮　编　310021

**16. 协优 7954**

供种单位　浙江省农业科学院作物所

地　址　杭州市石桥路 48 号

邮　编　310021

## 17. 甬优 3 号

供种单位　浙江省宁波市农业科学院

地　址　浙江省宁波市江东宁穿路 6 号桥

邮　编　315040

供种单位　浙江省宁波市种子公司

地　址　浙江省宁波市柳汀街 153 号

邮　编　315012

## 18. 86 优 8 号

供种单位　江苏省农业科学院粮食作物研究所

地　址　江苏省南京市孝陵卫钟灵街 50 号

邮　编　210014

## 19. 金优 198

供种单位　湖南农业大学

地　址　湖南省长沙市芙蓉区

邮　编　410128

## 20. 协优 962

供种单位　江西省抚州市农业科学研究所

地　址　江西省抚州市临川县鹏溪

邮　编　344100

## 21. 金优 752

供种单位　江西省农业科学院水稻研究所

地　址　南昌市莲塘伍岗

邮　编　330200

## 22. 协优 218

供种单位　中国水稻研究所

地　址　浙江省杭州市体育场路 359 号

邮　编　310006

## 23. 培两优 210

供种单位　湖南省水稻研究所

地　　址　湖南省长沙市芙蓉区马坡岭
邮　编　410125
供种单位　湖南杂交水稻研究中心
地　　址　湖南省长沙市芙蓉区马坡岭
邮　编　410125

### 24. 川香优2号

供种单位　四川省农业科学院作物研究所
地　　址　四川省成都市狮子山路2号
邮　编　610066

### 25. 粤优938

供种单位　江苏省农业科学院
地　　址　江苏省南京市孝陵卫钟灵街50号
邮　编　210014

### 26. 丰两优1号

供种单位　北方粳稻杂交稻研究中心
地　　址　沈阳市苏家屯区枫杨路129号
邮　编　110101
供种单位　安徽省合肥市丰乐种业股份有限公司
地　　址　安徽省合肥市西七里塘樊洼路8号
邮　编　230031

### 27. 陆两优106

供种单位　湖南省亚华种业科学院
地　　址　湖南省长沙市中意路558号
邮　编　410116

### 28. II优92(原名II优20964)

供种单位　浙江省金华市农科所
地　　址　浙江省金华市
邮　编　321000

### 29. II优906

供种单位　成都市第二农业科学研究所

地　　址　　四川省成都市温江县东郊
邮　编　　611130

## 30. Ⅱ优3027

供种单位　　浙江大学核农所
地　　址　　浙江省杭州市凯旋路
邮　　编　　310029

## 31. D优68

供种单位　　四川农业大学水稻研究所
地　　址　　四川省成都市温江县城东外
邮　　编　　611130
供种单位　　四川省内江杂交水稻中心
地　　址　　四川省内江市花园滩
邮　　编　　641000

## 32. K优17

供种单位　　四川省农业科学院水稻高粱研究所
地　　址　　四川省泸州市大驿坝4号
邮　　编　　646100

## 33. 协优559

供种单位　　江苏省盐城地区农科所
地　　址　　江苏省盐城市通榆中路9号
邮　　编　　224002

## 34. Ⅱ优559

供种单位　　江苏省盐城地区农科所
地　　址　　江苏省盐城市通榆中路9号
邮　　编　　224002

## 35. 协优9308

供种单位　　中国水稻研究所
地　　址　　浙江省杭州市体育场路359号
邮　　编　　310006

## 36. 丰优9号

供种单位　　湖南杂交水稻研究中心

　　地　址　湖南长沙市芙蓉区马坡岭

　　邮　编　410125

## 37. 冈优 22

　　供种单位　四川农业大学水稻研究所

　　地　址　四川省成都市温江县城东外

　　邮　编　611130

　　供种单位　四川省农业科学院作物研究所

　　地　址　四川省成都市狮子山路 2 号

　　邮　编　610066

## 38. 川丰 2 号（原名冈优 364）

　　供种单位　四川省种子站

　　地　址　四川省成都市一环路三段

　　邮　编　610041

　　供种单位　四川省川丰种业育种中心

　　地　址　四川省成都市玉林北路五号

　　邮　编　610041

　　供种单位　四川省江油市水稻研究所

　　地　址　四川省江油市

　　邮　编　621700

## 39. Ⅱ优 084

　　供种单位　江苏省丘陵地镇江农业科学研究所

　　地　址　江苏省句容市宁杭路 112 号

　　邮　编　212400

## 40. 红莲优 6 号

　　供种单位　湖北省武汉大学

　　地　址　湖北省武汉市武昌珞珈山

　　邮　编　430072

## 41. 两优 273

　　供种单位　华中师范大学

　　地　址　湖南省长沙市河西二里半

邮　编　410006

## 42. 绵 2 优 838

供种单位　四川省绵阳市农业科学研究所

地　　址　四川省绵阳市涪城市青义镇

邮　编　621002

## 43. Ⅱ 优 162

供种单位　四川农业大学水稻研究所

地　　址　四川省成都市温江县城东外

邮　编　611130

## 44. 华粳杂 2 号

供种单位　华中农业大学

地　　址　湖北省武汉市洪山区狮子山街

邮　编　430070

## 45. 两优 932

供种单位　湖北省农业科学院

地　　址　湖北省武汉市南湖瑶苑 1 号

邮　编　430064

## 46. 汕优 111

供种单位　湖南杂交水稻研究中心

地　　址　湖南长沙市芙蓉区马坡岭

邮　编　410125

## 47. 陆两优 63

供种单位　湖南省亚华种业科学院

地　　址　湖南省长沙市中意路 558 号

邮　编　410116

供种单位　湖南省株洲市农科所

地　　址　湖南省株洲市攸县

邮　编　412309

## 48. 雁两优 921

供种单位　湖南省水稻研究所

地　　址　湖南省长沙市芙蓉区马坡岭

邮　　编　410125

供种单位　湖南省衡阳市农科所

地　　址　湖南省衡南县三塘镇

邮　　编　421101

供种单位　湖南省亚华种业科学院衡阳育种中心

地　　址　湖南省衡南县三塘镇

邮　　编　421101

## 49. 新香优 63

供种单位　湖南省杂交水稻研究中心

地　　址　湖南省长沙市芙蓉区马坡岭

邮　　编　410125

## 50. Ⅱ优 118

供种单位　江苏省农垦大华种子集团

地　　址　江苏省南京市珠海路4号

邮　　编　210018

## 51. 丰优 559

供种单位　江苏沿海地区农科所

地　　址　江苏省盐城市通榆中路9号

邮　　编　224002

供种单位　广东省农业科学院水稻研究所

地　　址　广东省广州市五山

邮　　编　510640

## 52. 汕优 559

供种单位　江苏省盐城地区农科所

地　　址　江苏省盐城市通榆中路9号

邮　　编　224002

## 53. 协优 57

供种单位　安徽省农业科学院水稻研究所

地　　址　安徽省合肥市农科南路40号

　　邮　编　230031
　　供种单位　安徽省种子公司
　　地　址　安徽省合肥市美菱大道 18 号
　　邮　编　230051

**54. 金优 207**

　　供种单位　湖南省杂交水稻研究中心
　　地　址　湖南省长沙市芙蓉区马坡岭
　　邮　编　410125

**55. K 优 817**

　　供种单位　四川省农业科学院水稻高粱研究所
　　地　址　四川省泸州市大驿坝 4 号
　　邮　编　646100

**56. 协优 9516**

　　供种单位　浙江省农业科学院
　　地　址　浙江省杭州市石桥路 48 号
　　邮　编　310021

**57. 宜香 1577(原名宜香优 1577)**

　　供种单位　四川省宜宾市农业科学研究所
　　地　址　四川省宜宾市西郊天池
　　邮　编　644000

**58. 光亚 2 号**

　　供种单位　中国水稻研究所
　　地　址　浙江省杭州市体育场路 359 号
　　邮　编　310006

**59. 甬优 2 号**

　　供种单位　浙江省宁波市农科院
　　地　址　浙江省宁波市江东宁穿路 6 号桥
　　邮　编　315040
　　供种单位　浙江省宁波市种子公司
　　地　址　浙江省宁波市柳汀街 153 号

邮　编　315012

## 60. 八优 161
供种单位　上海市农业科学院
地　址　上海市南华路 35 号
邮　编　201106

## 61. K 优 17
供种单位　四川省农业科学院水稻高粱研究所
地　址　四川省泸州市大驿坝 4 号
邮　编　646100

## 62. K 优 88
供种单位　重庆三峡市农科所
地　址　重庆市万州区龙宝镇夏门路 100 号
邮　编　404001

## 63. K 优 5 号
供种单位　四川省农业科学院水稻高粱研究所
地　址　四川省泸州市大驿坝 4 号
邮　编　646100

## 64. Ⅱ 优 838
供种单位　四川省原子核应用技术研究所
地　址　四川省成都市东外狮子山
邮　编　610066

## 65. 新优赣 22 号(原名新优 752)
供种单位　江西省杂交水稻技术工程研究中心、江西萍乡市农科所
地　址　江西省萍乡市城关区
邮　编　337000

## 66. 冈优 1577
供种单位　四川省宜宾市农业科学研究所
地　址　四川宜宾市西郊天池
邮　编　644000

**67.冈优 527**

  供种单位 四川农业大学水稻研究所

  地  址 四川省成都市温江县城东外

  邮  编 611130

**68.D 优 527**

  供种单位 四川农业大学水稻研究所

  地  址 四川省成都市温江县城东外

  邮  编 611130

**69.汕优 448**

  供种单位 四川省农业科学院作物研究所

  地  址 四川省成都市狮子山路 2 号

  邮  编 610066

**70.Ⅱ优 718**

  供种单位 四川省原子核应用技术研究所、四川省种子站、成都南方杂
交水稻研究所

  地  址 成都市东外狮子山

  邮  编 610066

**71.清江 1 号(原名福优 57)**

  供种单位 湖北清江种业有限责任公司

  地  址 湖北恩施市三孔桥路 76 号

  邮  编 445000

**72.长优 838**

  供种单位 四川省农业科学院作物研究所

  地  址 四川省成都市狮子山路 2 号

  邮  编 610066

**73.甬优 4 号**

  供种单位 浙江省宁波市农业科学院和宁波市种子公司

  地  址 浙江省宁波市江东宁穿路 6 号桥

  邮  编 315040

**74. K 优 818**

　　供种单位　江苏省里下河地区农科所

　　地　址　江苏省扬州市扬子江北路 568 号

　　邮　编　225007

**75. 培两优 559**

　　供种单位　湖南省杂交水稻研究中心

　　地　址　湖南省长沙市芙蓉区马坡岭

　　邮　编　410125

　　供种单位　湖南农业大学

　　地　址　湖南省长沙市芙蓉区马坡岭

　　邮　编　410125

**76. 培两优 500**

　　供种单位　湖南农业大学水稻研究所

　　地　址　湖南省长沙市芙蓉区马坡岭

　　邮　编　410125

# 三、华南水稻良种

## (一)华南主要籼稻优良品种

**1. 八桂香**

供种单位　广西壮族自治区农业科学院水稻研究所

地　址　广西壮族自治区南宁市西乡塘西路 44 号

邮　编　530007

**2. 丰澳占**

供种单位　广东省农业科学院水稻研究所

地　址　广东省广州市五山

邮　编　510640

**3. 丰八占**

供种单位　广东省农业科学院水稻研究所

　　地　　址　　广东省广州市五山
　　邮　　编　　510640

**4. 丰华占**

　　供种单位　广东省农业科学院水稻研究所
　　地　　址　　广东省广州市五山
　　邮　　编　　510640

**5. 广协 1 号**

　　供种单位　广西壮族自治区河池地区农科所
　　地　　址　　广西壮族自治区宜山县洛西镇
　　邮　　编　　546306

**6. 桂银占**

　　供种单位　广西壮族自治区农业科学院水稻研究所
　　地　　址　　广西壮族自治区南宁市西乡塘西路 44 号
　　邮　　编　　530007

**7. 桂优糯**

　　供种单位　广西壮族自治区农业科学院水稻研究所
　　地　　址　　广西壮族自治区南宁市西乡塘西路 44 号
　　邮　　编　　530007

**8. 桂占 4 号**

　　供种单位　广西壮族自治区农业科学院水稻研究所
　　地　　址　　广西南宁市西乡塘西路 44 号
　　邮　　编　　530007

**9. 华航 1 号**

　　供种单位　华南农业大学农学院
　　地　　址　　广东省广州市五山
　　邮　　编　　510642

**10. 华粳籼 74**

　　供种单位　华南农业大学农学院
　　地　　址　　广东省广州市五山
　　邮　　编　　510642

**11. 佳福占**

　　供种单位　厦门大学生命科学学院

　　地　址　福建省厦门市

　　邮　编　361005

**12. 佳禾早占**

　　供种单位　厦门大学生物学院

　　地　址　福建省厦门市

　　邮　编　361005

**13. 粳珍占 4 号**

　　供种单位　广东省惠州市农业科学研究所

　　地　址　广东省惠州市汤泉

　　邮　编　516000

**14. 联育 2 号**

　　供种单位　广西壮族自治区农业科学院水稻研究所

　　地　址　广西壮族自治区南宁市西乡塘西路 44 号

　　邮　编　530007

**15. 联育 3 号**

　　供种单位　广西壮族自治区农业科学院水稻研究所

　　地　址　广西壮族自治区南宁市西乡塘西路 44 号

　　邮　编　530007

**16. 绿黄占**

　　供种单位　广东省农业科学院水稻研究所

　　地　址　广东省广州市五山

　　邮　编　510640

**17. 绿源占 1 号**

　　供种单位　广东省农业科学院水稻研究所

　　地　址　广东省广州市五山

　　邮　编　510640

**18. 茉莉新占**

　　供种单位　广东省农业科学院水稻研究所

　地　址　广东省广州市五山

　邮　编　510640

**19. 七桂占**

　供种单位　广西壮族自治区农业科学院水稻研究所

　地　址　广西壮族自治区南宁市西乡塘西路44号

　邮　编　530007

**20. 山溪占 11**

　供种单位　广东省佛山市农业科学研究所

　地　址　广东省南海县平洲大茧围

　邮　编　528251

**21. 胜泰 1 号**

　供种单位　广东省农业科学院水稻研究所

　地　址　广东省广州市五山

　邮　编　510640

**22. 特籼占 13**

　供种单位　广东省佛山市农业科学研究所

　地　址　广东省南海县平洲大茧围

　邮　编　528251

**23. 特籼占 25**

　供种单位　广东省佛山市农业科学研究所

　地　址　广东省南海县平洲大茧围

　邮　编　528251

**24. 闻香占(原名占桂香 1 号)**

　供种单位　广西壮族自治区农业科学院水稻研究所

　地　址　广西壮族自治区南宁市西乡塘西路44号

　邮　编　530007

**25. 溪野占 10**

　供种单位　广东省佛山市农业科学研究所

　地　址　广东省南海县平洲大茧围

　邮　编　528251

**26. 湘晚籼 10 号**

  供种单位 湖南省水稻研究所

  地  址 湖南省长沙市芙蓉区马坡岭

  邮  编 410125

**27. 野籼占 6 号**

  供种单位 广东省惠州市农业科学研究所

  地  址 广东省惠州市汤泉

  邮  编 516000

**28. 粤丰占**

  供种单位 广东省农业科学院水稻研究所

  地  址 广东省广州市五山

  邮  编 510640

**29. 粤香占**

  供种单位 广东省农业科学院水稻研究所

  地  址 广东省广州市五山

  邮  编 510640

**30. 粤野占**

  供种单位 广东省佛山市农业科学研究所

  地  址 广东省南海县平洲大茧围

  邮  编 528251

**31. 早桂 1 号**

  供种单位 广西壮族自治区玉林市农业科学研究所

  地  址 广西玉林市玉林镇

  邮  编 537000

**32. 中二软占**

  供种单位 广东省农业科学院水稻研究所

  地  址 广东省广州市五山

  邮  编 510640

## (二)华南主要籼型杂交水稻组合良种

**1. 中优 223**

　　供种单位　中国科学院华南植物研究所

　　地　址　广东省广州市天河乐意居

　　邮　编　510650

**2. 华优 86**

　　供种单位　华南农业大学农学院

　　地　址　广东省广州市五山

　　邮　编　510642

　　供种单位　广西壮族自治区藤县种子公司

　　地　址　广西壮族自治区藤县藤城镇绣江路 162 号

　　邮　编　543300

　　供种单位　广东省饶平县种子公司

　　地　址　广东省饶平县

　　邮　编　515700

**3. 培杂茂三**

　　供种单位　广东省茂名市杂交稻研究发展中心

　　地　址　广东省茂名市河东迎宾路 9 号

　　邮　编　525000

**4. 培杂双七**

　　供种单位　广东省农业科学院水稻研究所

　　地　址　广东省广州市五山

　　邮　编　510640

**5. 优优 122**

　　供种单位　广东省农业科学院水稻研究所

　　地　址　广东省广州市五山

　　邮　编　510640

**6. Ⅱ优明 86**

　　供种单位　福建省三明市农业科学研究所

　　地　　址　　福建省沙县琅口镇

　　邮　　编　　365509

## 7. 特优 70

　　供种单位　福建省三明市农业科学研究所

　　地　　址　　福建省沙县琅口镇

　　邮　　编　　365509

## 8. 华优桂 99

　　供种单位　广西壮族自治区藤县种子公司

　　地　　址　　广西壮族自治区藤县藤城绣江路 162 号

　　邮　　编　　543300

　　供种单位　华南农业大学农学院

　　地　　址　　广东省广州市五山

　　邮　　编　　510642

　　供种单位　广东省饶平县种子公司

　　地　　址　　广东省饶平县

　　邮　　编　　515700

## 9. 特优多系 1 号

　　供种单位　福建省漳州市农业科学研究所

　　地　　址　　福建省漳州市东郊

　　邮　　编　　363109

## 10. 华优 229

　　供种单位　广东省肇庆市农业科学研究所

　　地　　址　　广东省肇庆市鼎湖

　　邮　　编　　526070

　　供种单位　华南农业大学农学院

　　地　　址　　广东省广州市五山

　　邮　　编　　510640

　　供种单位　广东省农作物杂种优势开发利用中心

　　地　　址　　广东省广州市先烈东路 135 号

　　邮　　编　　510500

## 11. 中优 229

供种单位 广东省肇庆市农业科学研究所

地　址 广东省肇庆市鼎湖

邮　编 526070

供种单位 中国农业科学院华南植物研究所

地　址 广东省广州市天河乐意居

邮　编 510650

供种单位 广东省农作物杂种优势开发利用中心

地　址 广东省广州市先烈东路 135 号

邮　编 510500

## 12. 华优 63

供种单位 华南农业大学农学院

地　址 广东省广州市五山

邮　编 510642

供种单位 广东省饶平县种子公司

地　址 广东省饶平县

邮　编 515700

供种单位 广西壮族自治区藤县种子公司

地　址 广西壮族自治区藤县藤城绣江路 162 号

邮　编 543300

## 13. 华优 128

供种单位 华南农业大学农学院

地　址 广东省广州市五山

邮　编 510642

供种单位 广东省饶平县种子公司

地　址 广东省饶平县

邮　编 515700

供种单位 广西壮族自治区藤县种子公司

地　址 广西壮族自治区藤县藤城绣江路 162 号

邮　编 543300

**14. 特优 721**

　　供种单位　广东省汕头市农业科学研究所

　　地　　址　广东省汕头市潮汕路 81 号

　　邮　　编　515021

**15. 秋优 998**

　　供种单位　广东省农业科学院水稻研究所

　　地　　址　广东省广州市五山

　　邮　　编　510640

**16. 培杂 620**

　　供种单位　湛江海洋大学杂优稻研究室

　　地　　址　广东省湛江市湖光岩东

　　邮　　编　524088

**17. 培杂南胜**

　　供种单位　中国科学院华南植物研究所

　　地　　址　广东省广州市天河乐意居

　　邮　　编　510650

**18. 培杂 28**

　　供种单位　华南农业大学农学院

　　地　　址　广东省广州市五山

　　邮　　编　510642

**19. 汕优 122**

　　供种单位　广东省农业科学院水稻研究所

　　地　　址　广东省广州市五山

　　邮　　编　510640

**20. 粤优 122**

　　供种单位　广东省农业科学院水稻研究所

　　地　　址　广东省广州市五山

　　邮　　编　510640

**21. 博优 998**

　　供种单位　广东省农业科学院水稻研究所

　　地　　址　广东省广州市五山
　　邮　编　510640

**22. 丰优 128**

　　供种单位　广东省农业科学院水稻研究所
　　地　　址　广东省广州市五山
　　邮　　编　510640

**23. 培杂茂选**

　　供种单位　广东省茂名市两系杂交稻研究发展中心
　　地　　址　广东省茂名市河东迎宾路 9 号
　　邮　　编　525000

**24. 博优 122**

　　供种单位　广东省农业科学院水稻研究所
　　地　　址　广东省广州市五山
　　邮　　编　510640

**25. 培杂粤马**

　　供种单位　华南植物研究所
　　地　　址　广东省广州市天河乐意居
　　邮　　编　510650

**26. 博优晚三**

　　供种单位　广西壮族自治区玉林市种子公司
　　地　　址　广西壮族自治区玉林市玉林镇
　　邮　　编　537000

**27. 特优 1025**

　　供种单位　广西壮族自治区农业科学院杂交水稻研究中心
　　地　　址　广西壮族自治区南宁市西乡塘西路 44 号
　　邮　　编　530007

**28. 安两优 321（原名安 S/321）**

　　供种单位　广东省农业科学院杂交水稻研究中心
　　地　　址　广东省广州市五山
　　邮　　编　510640

**29. 秋优桂 99**

　　供种单位　广西壮族自治区农业科学院水稻研究中心

　　地　　址　广西壮族自治区南宁市西乡塘西路 44 号

　　邮　　编　530007

**30. 特优 216**

　　供种单位　广西壮族自治区玉林市农科所

　　地　　址　广西壮族自治区玉林市玉林镇

　　邮　　编　537000

**31. Ⅱ优 3550**

　　供种单位　广西壮族自治区岑溪市种子公司

　　地　　址　广西壮族自治区岑溪市岑溪镇工农路 77 号

　　邮　　编　543200

**32. 特优 86**

　　供种单位　广西壮族自治区岑溪市种子公司

　　地　　址　广西壮族自治区岑溪市岑溪镇工农路 77 号

　　邮　　编　543200

**33. 优Ⅰ桂 99**

　　供种单位　广西壮族自治区蒙山县种子公司

　　地　　址　广西壮族自治区蒙山县蒙山镇湄江街 156 号

　　邮　　编　546700

**34. 特优 838**

　　供种单位　广西壮族自治区容县种子公司

　　地　　址　广西壮族自治区容县容城东郊

　　邮　　编　537500

　　供种单位　广西壮族自治区平南县种子公司

　　地　　址　广西壮族自治区平南县平南镇

　　邮　　编　537300

**35. 特优 233**

　　供种单位　广西壮族自治区玉林市农科所

　　地　　址　广西壮族自治区玉林市玉林镇

邮　编　537000

## 36. 优Ⅰ 838

供种单位　广西壮族自治区钟山县种子公司

地　址　广西壮族自治区钟山县钟山镇广场路 83 号

邮　编　542600

## 37. 中优桂 99

供种单位　中国水稻研究所

地　址　浙江省杭州市体育场路 359 号

邮　编　310006

供种单位　广西壮族自治区钟山县种子公司

地　址　广西壮族自治区钟山县钟山镇广场路 83 号

邮　编　542600

## 38. 中优 838

供种单位　中国水稻研究所

地　址　浙江省杭州市体育场路 359 号

邮　编　310006

供种单位　广西壮族自治区钟山县种子公司

地　址　广西壮族自治区钟山县钟山镇广场路 83 号

邮　编　542600

## 39. 中优 1 号

供种单位　广西壮族自治区钟山县种子公司

地　址　广西壮族自治区钟山县钟山镇广场路 83 号

邮　编　542600

供种单位　中国水稻研究所

地　址　浙江省杭州市体育场路 359 号

邮　编　310006

## 40. 中优 402

供种单位　中国水稻研究所

地　址　浙江省杭州市体育场路 359 号

邮　编　310006

　　供种单位　广西壮族自治区钟山县种子公司
　　地　址　广西壮族自治区钟山县钟山镇广场路83号
　　邮　编　542600

## 41. T优 207

　　供种单位　湖南杂交水稻中心
　　地　址　湖南省长沙市芙蓉区马坡岭
　　邮　编　410125

## 42. 中优 207

　　供种单位　中国水稻研究所
　　地　址　浙江省杭州市体育场路359号
　　邮　编　310006
　　供种单位　广西壮族自治区钟山县种子公司
　　地　址　广西壮族自治区钟山县钟山镇广场路83号
　　邮　编　542600

## 43. 丰优 207

　　供种单位　广西壮族自治区钟山县种子公司
　　地　址　广西壮族自治区钟山县钟山镇广场路83号
　　邮　编　542600

## 44. 丰优桂 99

　　供种单位　广西壮族自治区钟山县种子公司
　　地　址　广西壮族自治区钟山县钟山镇广场路83号
　　邮　编　542600

## 45. 绮优 1025

　　供种单位　广西壮族自治区农业科学院水稻研究所
　　地　址　广西壮族自治区南宁市西乡塘西路44号
　　邮　编　530007

## 46. 特优 128

　　供种单位　广西壮族自治区藤县种子公司
　　地　址　广西壮族自治区藤县藤城绣江路162号
　　邮　编　543300

**47. 中优 66**

　供种单位　广西壮族自治区钟山县种子公司

　地　址　广西壮族自治区钟山县钟山镇广场路 83 号

　邮　编　542600

**48. 金优 404**

　供种单位　广西壮族自治区桂林地区种子公司

　地　址　广西壮族自治区桂林市螺丝山 14 号

　邮　编　541000

**49. 威优 974**

　供种单位　湖南省衡阳市农科所

　地　址　湖南省衡南县三塘镇

　邮　编　421101

**50. 博优 781**

　供种单位　广西壮族自治区种子公司

　地　址　广西壮族自治区南宁市七星路 135 号

　邮　编　530022

**51. 华优 8830**

　供种单位　华南农业大学农学院

　地　址　广东省广州市天河五山

　邮　编　510642

**52. 特优航 1 号**

　供种单位　福建省农业科学院稻麦研究所

　地　址　福建省福州市华林路 41 号

　邮　编　350019

**53. T 优 7889**

　供种单位　福建农林大学、福建种子总站

　地　址　福建省福州市金山

　邮　编　350002

**54. 新香优 80**

　供种单位　湖南农业大学水稻研究所

地　址　湖南省长沙市芙蓉区马坡岭

邮　编　410125

### 55. 特优 73

供种单位　福建省三明市农科所

地　址　福建省沙县琅口镇

邮　编　365509

### 56. D 优 162

供种单位　广西壮族自治区贺州市种子公司

地　址　广西壮族自治区贺州市八步镇

邮　编　542800

### 57. 金两优 36

供种单位　福建农林大学水稻遗传育种研究室

地　址　福建省福州市金山

邮　编　350002

### 58. 优优 8821

供种单位　广东省肇庆市农业科学研究所

地　址　广东省肇庆市鼎湖

邮　编　526070

### 59. 优优 128

供种单位　广东省农业科学院水稻研究所

地　址　广东省广州市五山

邮　编　510640

### 60. Ⅱ 优 128

供种单位　广东省农科院稻作所

地　址　广东省广州市五山

邮　编　510640

### 61. 优优 389（原名优Ⅰ389）

供种单位　广东省湛江市杂优种子联合公司

地　址　广东省湛江市赤坎区

邮　编　524000

**62. 特优 18**

供种单位 广西壮族自治区玉林市农科所

地　址 广西壮族自治区玉林市玉林镇

邮　编 537000

**63. 特优 175**

供种单位 福建省农业科学院稻麦研究所

地　址 福建省福州市华林路 41 号

邮　编 350019

供种单位 福建省南平市农科所

地　址 福建省南平市建阳童游东桥东路 13 号

邮　编 353000

**64. 两优 2186**

供种单位 福建省农业科学院稻麦研究所

地　址 福建省福州市华林路 41 号

邮　编 350019

供种单位 福建省南平市农科所

地　址 福建省南平市建阳童游东桥东路 13 号

邮　编 353000

**65. 博Ⅱ优 15**

供种单位 广东省湛江海洋大学杂交水稻研究室

地　址 广东省湛江市湖光岩东

邮　编 524088

**66. 秋优 1025**

供种单位 广西壮族自治区农业科学院水稻研究所

地　址 广西壮族自治区南宁西乡塘西路 44 号

邮　编 530007

**67. 博优 938(原名博优 9308)**

供种单位 广西壮族自治区钦州市农业科学研究所

地　址 广西壮族自治区钦州市沙埠

邮　编 535000

## 68. 博Ⅱ优 213

供种单位　广西壮族自治区玉林市农业科学研究所

地　址　广西壮族自治区玉林市玉林镇

邮　编　537000

## 69. 岳优 360

供种单位　湖南省岳阳市农业科学研究所

地　址　湖南省岳阳市花板桥

邮　编　414000

## 70. 金优 808(原名金优 T80)

供种单位　广西壮族自治区柳州地区农科所

地　址　广西壮族自治区柳州市沙塘

邮　编　545003

## 71. 中优 315

供种单位　广西大学

地　址　广西壮族自治区南宁市秀灵路75号

邮　编　530005

## 72. 博优 315

供种单位　广西大学

地　址　广西壮族自治区南宁市秀灵路75号

邮　编　530005

## 73. 博Ⅱ优 270

供种单位　广西壮族自治区玉林市农科所

地　址　广西壮族自治区玉林市玉林镇

邮　编　537000

# 四、云贵高原稻区良种

## (一)云贵高原稻区常规稻良种

**1. 安粳 698(原品系号 96H－698)**

供种单位　贵州省安顺市农科所

地　址　贵州省安顺市东郊

邮　编　561000

**2. 毕粳 40**

供种单位　贵州省毕节地区农业科学研究所

地　址　贵州省毕节县德沟

邮　编　551700

**3. 楚粳 23**

供种单位　云南省楚雄州农科所

地　址　云南省楚雄市果树园 1 号

邮　编　675000

**4. 凤稻 14 号**

供种单位　云南省大理州农科所

地　址　云南省大理市凤仪

邮　编　671001

**5. 合系 41 号**

供种单位　云南省农业科学院粳稻育种中心

地　址　云南省昆明市龙头街

邮　编　650205

**6. 黔恢 15**

供种单位　贵州省农业科学院水稻研究所

地　址　贵州省贵阳市花溪金竹镇

邮　编　550006

**7. 银桂粘**

　　供种单位　贵州省农业科学院水稻研究所

　　地　　址　贵州省贵阳市花溪金竹镇

　　邮　　编　550006

## (二)云贵高原稻区杂交稻良种

**1. 抗优98**

　　供种单位　南京农业大学

　　地　　址　江苏省南京市中山门外卫岗

　　邮　　编　210095

**2. 滇杂31**

　　供种单位　云南农业大学稻作研究所

　　地　　址　云南省昆明市黑龙潭

　　邮　　编　650201

**3. 滇杂32**

　　供种单位　云南农业大学稻作研究所

　　地　　址　云南省昆明市黑龙潭

　　邮　　编　650201

**4. 滇杂籼1号**

　　供种单位　云南省农业科学院粮作所

　　地　　址　云南省昆明市北郊龙头街

　　邮　　编　650205

**5. 云光14号**

　　供种单位　云南省农业科学院粮作所

　　地　　址　云南省昆明市北郊龙头街

　　邮　　编　650205

# 主要参考文献

1　罗利军,应存山,汤圣祥.稻种资源学.湖北科学技术出版社,2002

2　西北农学院主编.作物育种学.北京:中国农业出版社,1979

3　中华人民共和国农业部.全国农作物品种审定委员会审定通过品种,1979~2002年

4　中华人民共和国农业部.中华人民共和国农业部公告第248号,2003.2

5　闵绍楷,申宗坦,熊振民,汤圣祥.水稻育种学.北京:中国农业出版社,1996

6　熊振民,蔡洪法,闵绍楷,厉葆初.中国水稻.北京:中国农业科技出版社,1992

7　杂交水稻,1999(1)~2003(3)

8　中国稻米,1999(1)~2003(3)

9　王莉江等.籼稻明恢63成熟种子愈伤组织的诱导及转基因水稻的抗性检测.生物工程学报,2003;18(3):323~326

10　王慧中等.磷酸甘露醇脱氢酶基因转化水稻的研究.中国水稻科学,2003;17(1):6~12

11　庄杰云,郑康乐.水稻产量性状遗传机理及分子标记辅助高产育种.生物技术通报,1998;(1):1~9

12　华志华,黄大年.转基因植物中外源基因的遗传学行为.植物学报,1999;41(1):1~5

13　陈秀花等.反义Wx基因导入我国籼型杂交稻重点亲本.科学通报,2002;47(9):684~688

14　苏金,陈丕铃.甘露醇-1-P脱氢酶转基因表达对转基因水稻幼苗抗盐性的影响.中国农业科学,1999;32(6):101~103

15　吴小金.提高水稻杂种优势水平的可能途径.中国水稻科学,2000;

14(1):61～64

16 张祥喜等. 水稻抗性转基因研究进展. 生物工程进展,2001;21(2):15～19

17 唐克轩等. 通过遗传转化获得含多基因的水稻转基因纯合植株. 复旦学报:自然科学版,2003;5:483～490,496

18 高越峰等. 高赖氨酸蛋白基因导入水稻及可育转基因植株的获得. 植物学报,2001;43(5):506～511

19 曹立勇等. 抗白叶枯病杂交水稻的分子标记辅助育种. 中国水稻科学,2003;17(2):184～186

20 程志强等. 转铁蛋白基因增强水稻对氧化胁迫与稻瘟病菌的抗性. 中国水稻科学,2003;17(1)85～88

21 Berloo R van, Stam P. Simultaneous marker – assisted selection for multiple traits in autogamous crops. Theoretical and Applied Genetics, 2001; 102(6～7): 1107～1112

22 Beyer P et al. Golden Rice: Introducing the β – Carotene Biosynthesis Pathway into Rice Endosperm by Genetic Engineering to Defeat Vitamin A Deficiency. Journal of Nutrition, 2002;132(3):506～510

23 Chen S et al. Improvement of bacterial blight resistance of 'Minghui 63', an elite restorer line of hybrid rice, by molecular marker – assisted selection. Crop Science, 2000;4(1):239～244

24 Chen S et al. Improving bacterial blight resistance of '6078', an elite restorer line of hybrid rice, by molecular marker – assisted selection. Plant Breeding, 2001;120(2): 133～137

25 Datta K et al. Agrobacterium – mediated engineering for sheath blight resistance of indica rice cultivars from different ecosystems. Theoretical Applied Genetics, 2000;100(6):832～839

26 Datta K et al. Pyramiding transgenes for multiple resistance in rice against bacterial blight, yellow stem borer and sheath blight. Theoretical an Applied Genetics, 2002;106(1):1～8

27 Davierwala AP et al. Marker Assisted Selection of Bacterial Blight Resistance Genes in Rice. Bioch Genet, 2001;39(7～8): 261～278

28 Hospital F et al. Efficient marker – based recurrent selection for multiple quantitative trait loci. Genetic Research, 2000;75(3): 357 ~ 368

29 Huang J et al. Expression of natural antimicrobial human lysozyme in rice grains. Molecular Breeding, 2002;10(1 ~ 2):83 ~ 94

30 Huang N et al. Pyramiding of bacterial blight resistance genes in rice: marker – assisted selection using RFLP and PCR. Theoretical and Applied Genetics, 1997; 95: 313 ~ 320

31 Jeon J et al. Production of transgenic rice plants showing reduced heading date and plant height by ectopic expression of rice MADS – box genes. Molecular Breeding, 2000;6(6):581 ~ 592

32 Maruta Y et al. Transgenic rice with reduced glutelin content by transformation with glutelin A antisense gene. Molecular Breeding, 2002;8(4):273 ~ 284

33 Narayanan N et al. Molecular Breeding for the Development of Blast and Bacterial Blight Resistance in Rice cv. IR50. Crop Science, 2002;42(6):2072 ~ 2079

34 Ramalingam J et al. STS and microsatellite marker – assisted selection for bacterial blight resistance and waxy genes in rice, Oryza sativa L. Euphytica, 2002; 127(2): 255 ~ 260

35 Shu Q – Y et al. Agronomic and morphological characterization of Agrobacterium – transformed Bt rice plants. Euphytica, 2002; 127(3):345 ~ 352

36 Takahashi M et al. Enhanced tolerance of rice to low iron availability in alkaline soils using barley nicotianamine aminotransferase genes. Nature Biotechnology, 2001;19(5):466 ~ 469

37 Takesawa T et al. Transgenic rice plants conferring increased tolerance to rice blast and multiple environmental stresses. Molecular Breeding, 2002;9(1):25 ~ 31

38 Takesawa T. Over – expression of ζ glutathione S – transferase in transgenic rice enhances germination and growth at low temperature. Molecular Breeding, 2002; 9(2):93 ~ 101

39 Yang D et al. Expression of the REB transcriptional activator in rice grains improves the yield of recombinant proteins whose genes are controlled by a Reb – re-

 *水稻良种引种指导*

sponsive promoter. Proceeding of National Academy of Science of the United State of America, 2001;98(20):11438 ~ 11443

40　Xu Y – B. Global view of QTL: rice as a model. Quantitative Genetics, Genomics and Plant Breeding (M S Kang ed.), 2002;pp109 ~ 130

# 金盾版图书，科学实用，
## 通俗易懂，物美价廉，欢迎选购

| | | | |
|---|---|---|---|
| 科学种稻新技术 | 6.00元 | 小麦良种引种指导 | 9.50元 |
| 杂交稻高产高效益栽培 | 6.00元 | 小麦丰产技术(第二版) | 6.90元 |
| 双季杂交稻高产栽培技 | | 优质小麦高效生产与综 | |
| 术 | 3.00元 | 合利用 | 5.00元 |
| 水稻栽培技术 | 5.00元 | 小麦地膜覆盖栽培技术 | |
| 水稻良种引种指导 | 19.00元 | 问答 | 4.50元 |
| 水稻杂交制种技术 | 9.00元 | 小麦病害防治 | 4.00元 |
| 水稻良种高产高效栽培 | 11.50元 | 麦类作物病虫害诊断与 | |
| 水稻旱育宽行增粒栽培 | | 防治原色图谱 | 20.50元 |
| 技术 | 4.50元 | 玉米高粱谷子病虫害诊 | |
| 水稻病虫害防治 | 6.00元 | 断与防治原色图谱 | 21.00元 |
| 水稻病虫害诊断与防治 | | 黑粒高营养小麦种植与 | |
| 原色图谱 | 23.00元 | 加工利用 | 12.00元 |
| 香稻优质高产栽培 | 9.00元 | 大麦高产栽培 | 3.00元 |
| 黑水稻种植与加工利用 | 7.00元 | 荞麦种植与加工 | 4.00元 |
| 北方水稻旱作栽培技术 | 6.50元 | 谷子优质高产新技术 | 4.00元 |
| 玉米杂交制种实用技术 | | 高粱高产栽培技术 | 3.80元 |
| 问答 | 7.50元 | 甜高粱高产栽培与利用 | 5.00元 |
| 玉米栽培技术 | 3.60元 | 小杂粮良种引种指导 | 10.00元 |
| 玉米高产新技术(第二版) | 6.00元 | 小麦水稻高粱施肥技术 | 4.00元 |
| 黑玉米种植与加工利用 | 6.00元 | 黑豆种植与加工利用 | 8.50元 |
| 特种玉米优良品种与栽 | | 大豆栽培与病虫害防治 | 5.00元 |
| 培技术 | 7.00元 | 大豆花生良种引种指导 | 10.00元 |
| 特种玉米加工技术 | 10.00元 | 大豆病虫害诊断与防治 | |
| 玉米螟综合防治技术 | 5.00元 | 原色图谱 | 12.50元 |
| 玉米病害诊断与防治 | 7.50元 | 绿豆小豆栽培技术 | 1.50元 |
| 玉米甘薯谷子施肥技术 | 3.50元 | 豌豆优良品种与栽培技 | |

| | | | |
|---|---|---|---|
| 术 | 4.00元 | 原色图谱 | 19.50元 |
| 蚕豆豌豆高产栽培 | 5.20元 | 抗虫棉栽培管理技术 | 4.00元 |
| 甘薯栽培技术 | 4.00元 | 怎样种好Bt抗虫棉 | 4.50元 |
| 甘薯栽培技术(修订版) | 4.00元 | 棉花病害防治新技术 | 4.00元 |
| 花生高产种植新技术 | 7.00元 | 棉花病虫害防治实用技 | |
| 花生高产栽培技术 | 3.50元 | 术 | 4.00元 |
| 花生病虫草鼠害综合防 | | 棉花规范化高产栽培技 | |
| 治新技术 | 9.50元 | 术 | 11.00元 |
| 优质油菜高产栽培与利 | | 棉花良种繁育与成苗技 | |
| 用 | 3.00元 | 术 | 3.00元 |
| 双低油菜新品种与栽培 | | 棉花良种引种指导 | 10.00元 |
| 技术 | 9.00元 | 棉花育苗移栽技术 | 5.00元 |
| 油菜芝麻良种引种指导 | 5.00元 | 棉花红麻施肥技术 | 4.00元 |
| 芝麻高产技术(修订版) | 3.50元 | 麻类作物栽培 | 2.90元 |
| 黑芝麻种植与加工利用 | 8.00元 | 葛的栽培与葛根的加工 | |
| 花生大豆油菜芝麻施肥 | | 利用 | 11.00元 |
| 技术 | 4.50元 | 甘蔗栽培技术 | 4.00元 |
| 花生芝麻加工技术 | 4.80元 | 甜菜甘蔗施肥技术 | 3.00元 |
| 蓖麻高产栽培技术 | 2.20元 | 烤烟栽培技术 | 9.00元 |
| 蓖麻栽培及病虫害防治 | 7.50元 | 药烟栽培技术 | 7.50元 |
| 蓖麻向日葵胡麻施肥技 | | 烟草施肥技术 | 5.00元 |
| 术 | 2.50元 | 烟草病虫害防治手册 | 11.00元 |
| 棉花高产优质栽培技术 | | 烟草病虫害防治彩色 | |
| (修订版) | 6.00元 | 图解 | 19.00元 |
| 棉花高产优质栽培技术 | | 米粉条生产技术 | 6.50元 |
| (第二次修订版) | 7.50元 | 粮食实用加工技术 | 7.50元 |
| 棉铃虫综合防治 | 4.90元 | 植物油脂加工实用技术 | 15.00元 |
| 棉花虫害防治新技术 | 4.00元 | 橄榄油及油橄榄栽培技 | |
| 棉花病虫害诊断与防治 | | 术 | 7.00元 |

以上图书由全国各地新华书店经销。凡向本社邮购图书者,另加10%邮挂费。书价如有变动,多退少补。邮购地址:北京太平路5号金盾出版社发行部,联系人徐玉珏,邮政编码100036,电话66886188。